普通高等教育"十三五"规划教材

水轮发电机原理及运行

（第2版）

主　编　陈铁华

副主编　马新红　李　涛　陈　伟

中国水利水电出版社

www.waterpub.com.cn

·北京·

内 容 提 要

　　本书分为 8 篇共 21 章，着重讲述了水轮发电机的结构、运行原理和运行方式，同时还讲述了水轮发电机常见故障及事故、励磁方式与控制，以及水电厂发电机常规试验、监测与控制等内容。

　　本书可作为热能与动力工程专业（水动方向）及水电站动力设备专业的教材，也可供电气专业及从事水电行业的工程技术人员参考。

图书在版编目（CIP）数据

　水轮发电机原理及运行 / 陈铁华主编. -- 2版. --
北京：中国水利水电出版社，2018.4（2021.6重印）
　普通高等教育"十三五"规划教材
　ISBN 978-7-5170-6325-4

　Ⅰ. ①水… Ⅱ. ①陈… Ⅲ. ①水轮发电机—高等学校
—教材 Ⅳ. ①TM312

中国版本图书馆CIP数据核字（2018）第092300号

书　　名	普通高等教育"十三五"规划教材 **水轮发电机原理及运行（第 2 版）** SHUILUN FADIANJI YUANLI JI YUNXING
作　　者	主　编　陈铁华 副主编　马新红　李　涛　陈　伟
出版发行	中国水利水电出版社 （北京市海淀区玉渊潭南路 1 号 D 座　100038） 网址：www. waterpub. com. cn E - mail：sales@waterpub. com. cn 电话：（010）68367658（营销中心）
经　　售	北京科水图书销售中心（零售） 电话：（010）88383994、63202643、68545874 全国各地新华书店和相关出版物销售网点
排　　版	中国水利水电出版社微机排版中心
印　　刷	清淞永业（天津）印刷有限公司
规　　格	184mm×260mm　16 开本　17.5 印张　414 千字
版　　次	2009 年 12 月第 1 版第 1 次印刷 2018 年 4 月第 2 版　2021 年 6 月第 2 次印刷
印　　数	2001—4000 册
定　　价	**49.00 元**

第 2 版前言

水电是中国最早发展，也是技术最成熟的可再生能源，不仅具有防洪、供水、航运、灌溉等综合利用功能，同时还有高效、低碳、经济等诸多优点。最新水力资源复查结果显示，中国大陆水力资源理论蕴藏量在 1 万 kW 及以上的河流共 3886 条，水力资源技术可开发装机容量为 6.61 亿 kW，年发电量为 3 万亿 kW·h，水能资源技术可开发量居世界首位。水电在中国经历了多个发展阶段，装机规模先后超过法国、英国、加拿大、德国、俄罗斯和日本，从 1996 年年底开始排在世界第二位，2011 年超过美国后稳居世界第一。

目前，我国水电建设已进入稳定发展期或成熟期，"十二五"期间，水电、风电、太阳能发电装机规模分别增长 1.4 倍、4 倍和 168 倍，直接带动非化石能源消费比重提高了 2.6 个百分点，对我国要完成 2020 年非化石能源消费比重达到 15％的国际减排目标有着举足轻重的作用。

在新的水电发展形势下，我国水电工程技术水平也在不断提高和进步，已经形成了规划、设计、施工、装备制造、运行维护等全产业链整合能力。我国与 80 多个国家建立了水电规划、建设和投资的长期合作关系，成为推动世界水电发展的主要力量。

为了紧跟水电技术发展脚步，我们对第 1 版相关内容进行了修订。第 2 版仍然以理论为基础，详实地讲述了水轮发电机运行原理，更新了近年来水电建设和发展方面的信息，删除了对水电技术发展初期情况相对较久远的介绍，在水轮发电机结构和发电机励磁系统等部分增加了新的技术应用，对发电机试验部分有关定值进行了修订。

第 2 版由长春工程学院陈铁华主持编写，并由其修订了第 2～第 7 章；黄河水利水电开发总公司马新红策划并修订了第 1 章、第 8 章及第 14～第 18 章；黄河水利水电开发总公司李涛编写了绪论，修订了第 9～第 12 章；黄河水利水电开发总公司陈伟修订了第 13 章、第 19～第 21 章。赵万清对全书给出了指导性建议。

第 2 版的修订内容主要由黄河水利水电开发总公司提供。此外，丰满发电厂检修公司多名技术人员对机组结构部分内容提出了很多有价值的建议。同时编者也在网上查阅了大量资料并有适当引用，在此向资料的提供者表示感谢。

我们希望第 2 版仍能受到广大水电工程技术人员的喜欢，希望读者继续给我们提出更多的宝贵建议，以便我们以后的工作有更大的进步。

编者

2018 年 1 月

第1版前言

电力工业是国民经济发展的基础工业，只有当其发展速度高于其他工业，才能促使整个国民经济的全面快速增长。电能在生产、传输、分配、使用等方面都比较方便，所以在现代工农业生产、交通运输、国防工程以及日常生活中，电能的使用占有十分重要的地位。

目前发电厂的类型主要有水电厂、火电厂、风电场、核电站及太阳能电站等。有关数据表明，截至 2008 年年底，全国发电装机容量已达到 7.9 亿 kW。其中水电装机容量 1.72 亿 kW，火电装机容量 6.01 亿 kW，风电装机容量 0.12 亿 kW，核电装机容量 0.09 亿 kW。

水电是清洁能源，可再生、无污染、运行费用低，便于进行电力调峰，有利于提高资源利用率和经济社会的综合效益。在地球传统能源日益紧张的情况下，世界各国普遍优先开发水电，大力利用水力资源。我国的水力资源蕴藏量不论是已探明的，还是可能开发的，都居世界第一位。水力资源在我国能源发展战略中具有重要的地位。

我国也是当今世界上水电装机容量最大的国家。目前，已建装机容量达百万千瓦以上的大型水电厂共 11 座，在建大中型水电站共 69 座，其装机容量为 4917.8 万 kW。已建和在建的装机总容量占全国经济可开发装机容量的 39%。

从再生能源发电量上看，水电是绝对主力。水电运行成本明显低于火电，水电运行成本一般为 0.04～0.09 元/(kW·h)，而火电站为 0.09～0.19 元/(kW·h)。可见，水电成本具有明显的优势。除了国家规划的大型水电开发外，越来越多的私人资金也投入到中、小水电的开发中，所以从"十一五"到"十三五"是我国水电产业高速增长期，到 2020 年，我国的水能开发将达到 70% 左右，总装机容量可达 3.0 亿 kW。

中国水电在科学发展观的指引下，水电勘测设计、科研、施工、设备制造安装和建设管理的技术正步入有序开发、和谐发展的新阶段。

在我国水电行业正蓬勃发展的新形势下，为了培养和进一步提高从事水电生产技术人员的素质，编辑出版了本书。该书是在原长春水利电力高等专科学校使用了多年的校内教材《水轮发电机》基础上修编的，由具有丰富教学经验的专业授课教师和具有丰富现场实践经验的工程师共同编写。该书在原有讲述同步电机理论基础上，增加了水轮发电机运行、试验和技术改造等方面的内容，部分内容是多年现场经验的总结，使本书真正做到理论与实践相结合。因此，本书不仅适用于学校的理论教学，也适合作为从事水力发电厂工作的技术人员的理论参考和实践指导书。

本书第1～第7章由长春工程学院陈铁华编写，第9～第18章由云峰发电厂赵万清编写，绪论、第8章及第19～第21章由松辽水利水电开发有限责任公司郭岩编写。在编撰本书之前，编者博览了众多电机学、电力系统概论等相关书籍，并查阅了大量关于同步电机教学与现场运行的技术资料，结合水电站动力设备专业教学与现场实际应用情况，注重基本概念讲解，强调理论联系实际，以便给读者提供更方便、更经典和更实用的知识与信息。

本书在编撰中，由于作者的水平有限，难免有不妥的地方，敬请读者不吝指正，以便再版时更正。

编者

2009 年 8 月

主 要 符 号 表

本书所用到的主要符号：

a——交流绕组每相并联支路数；

B_a——电枢反应磁场磁密；

B_{ad}——直轴电枢反应磁场磁密；

B_{aq}——交轴电枢反应磁场磁密；

B_{f1}——励磁磁场的基波磁密；

B_v——v 次谐波磁密；

E_0——空载电势，励磁电势；

E_a——电枢反应电势；

E_{ad}——直轴电枢反应电势；

E_{aq}——交轴电枢反应电势；

E_v——v 次谐波电势；

E_σ——定子漏电势；

F_a——电枢磁势（基波幅值）；

F_{ad}——直轴电枢磁势（基波幅值）；

F_{aq}——交轴电枢磁势（基波幅值）；

F_{f1}——励磁磁势基波幅值；

I_a——电枢电流；

I_d——电枢电流的直轴分量（直轴电流）；

I_q——电枢电流的交轴分量（交轴电流）；

k_c——短路比；

k_{q1}——电势或磁势基波的绕组分布系数；

k_{qv}——电势或磁势，v 次谐波的绕组分布系数；

k_{w1}——电势或磁势基波的绕组系数；

k_{wv}——电势或磁势，v 次谐波的绕组系数；

k_{y1}——电势或磁势基波的线圈短距系数；

k_{yv}——电势或磁势，v 次谐波的线圈短距系数；

n_1——同步转速，定子基波旋转磁场的转速；

n_2——转子基波旋转磁场相对于转子的转速；

s——转差率；

T_a——定子绕组的时间常数；

T_d'——励磁绕组的时间常数；

T_d''——阻尼绕组的时间常数；

x_0——零序电抗；

x_a——电枢反应电抗；

x_{ad}——直轴电枢反应电抗；

x_{aq}——交轴电枢反应电抗；

x_c——变压器与线路的阻抗之和；

x_d——直轴同步电抗；

x_d'——直轴瞬变电抗；

x_d''——直轴超瞬变电抗；

$x_{\Sigma d}$——发电机与电网的联系电抗；

x_q——交轴同步电抗；

x_t——同步电抗；

x_σ——定子漏抗；

x_-——负序电抗；

x_+——正序电抗；

Z——槽数，阻抗（复量）；

Z_0——零序阻抗；

Φ_0——励磁磁通；

Φ_1——基波磁通；

Φ_a——电枢反应磁通；

Φ_{ad}——直轴电枢反应磁通；

Φ_{aq}——交轴电枢反应磁通；

Φ_v——v 次谐波磁通；

Ω_1——同步角速度。

目录

第 2 版前言

第 1 版前言

主要符号表

绪论 ·· 1

   0.1 水力资源分布概述 ·· 1

   0.2 水力资源开发概述 ·· 1

   0.3 水轮发电机介绍 ··· 4

   0.4 水轮发电机组在电力系统中的作用 ····························· 5

   0.5 电力系统对水轮发电机组的要求 ······························· 5

   0.6 本书理论基础及学习要求 ·· 6

第 1 篇　水 轮 发 电 机 结 构

第 1 章　水轮发电机结构 ·· 7

   1.1 水轮发电机的基本概念 ··· 7

   1.2 水轮发电机的主要技术条件 ······································ 8

   1.3 水轮发电机的分类 ·· 8

   1.4 水轮发电机的型号及参数 ·· 12

   1.5 水轮发电机的结构 ·· 15

  本章小结 ··· 52

  思考题与习题 ··· 53

第 2 篇　水 轮 发 电 机 原 理

第 2 章　水轮发电机定子绕组、电势和磁势 ················ 54

   2.1 水轮发电机的定子绕组 ··· 54

   2.2 水轮发电机定子绕组的感应电势 ······························· 69

   2.3 在非正弦分布磁场下绕组的谐波电势及其削弱方法 ····· 73

   2.4 单相绕组的脉振磁势 ··· 76

   2.5 三相绕组的合成磁势 ··· 82

   2.6 主磁通、漏磁通及漏电抗 ·· 85

本章小结 ……………………………………………………………………………… 87

思考题与习题 ………………………………………………………………………… 87

第 3 章　水轮发电机运行原理 …………………………………………………… 89

3.1　水轮发电机的建压过程 ………………………………………………………… 89

3.2　水轮发电机的空载运行 ………………………………………………………… 92

3.3　对称负载时的电枢反应 ………………………………………………………… 94

3.4　电枢反应电抗和同步电抗 ……………………………………………………… 98

3.5　水轮发电机（凸极机）的电势方程式和相量图 …………………………… 100

本章小结 ……………………………………………………………………………… 104

思考题与习题 ………………………………………………………………………… 104

第 4 章　水轮发电机运行特性 …………………………………………………… 106

4.1　水轮发电机基本特性的定义 …………………………………………………… 106

4.2　水轮发电机的短路特性 ………………………………………………………… 106

4.3　水轮发电机的零功率因数负载特性 …………………………………………… 108

4.4　水轮发电机的外特性、调节特性和效率特性 ……………………………… 110

本章小结 ……………………………………………………………………………… 114

思考题与习题 ………………………………………………………………………… 115

第 3 篇　水轮发电机正常运行

第 5 章　水轮发电机并网运行 …………………………………………………… 116

5.1　并网运行的条件和方法 ………………………………………………………… 116

5.2　水轮发电机的功角特性 ………………………………………………………… 119

5.3　并网运行时同步发电机有功功率的调节 ……………………………………… 123

5.4　无功功率调节及 V 形曲线 ……………………………………………………… 127

5.5　水轮发电机安全运行极限 ……………………………………………………… 131

本章小结 ……………………………………………………………………………… 133

思考题与习题 ………………………………………………………………………… 134

第 6 章　水轮发电机其他运行方式 ……………………………………………… 136

6.1　水轮发电机的 4 种运行方式简介 ……………………………………………… 136

6.2　进相运行 ………………………………………………………………………… 138

6.3　调相运行 ………………………………………………………………………… 144

6.4　电动机运行 ……………………………………………………………………… 147

本章小结 ……………………………………………………………………………… 151

思考题与习题 ………………………………………………………………………… 151

第 7 章　水轮发电机不对称运行 ………………………………………………… 152

7.1　发电机三相不对称运行状态 …………………………………………………… 152

7.2　发电机三相不对称运行状态分析 ……………………………………………… 153

7.3 负序电流对发电机和电力系统的危害 ·········· 155

7.4 发电机的负序能力及其确定因素 ·········· 157

7.5 减轻负序电流影响措施 ·········· 158

本章小结 ·········· 159

思考题与习题 ·········· 159

第 8 章 水轮发电机调频及超负荷运行 ·········· 160

8.1 水轮发电机的调频运行 ·········· 160

8.2 水轮发电机的调峰运行 ·········· 163

8.3 水轮发电机的超负荷运行 ·········· 163

8.4 水轮发电机电压、频率及功率因数变化时的运行 ·········· 164

本章小结 ·········· 165

思考题与习题 ·········· 165

第 4 篇　水轮发电机异常运行及常见事故

第 9 章 水轮发电机的突然短路 ·········· 166

9.1 突然短路的概念 ·········· 166

9.2 突然短路电流的衰减及其最大值 ·········· 168

9.3 突然短路对水轮发电机的影响 ·········· 169

本章小结 ·········· 170

思考题与习题 ·········· 170

第 10 章 水轮发电机的振荡 ·········· 172

10.1 振荡的概念 ·········· 172

10.2 发电机振荡或失步时的现象 ·········· 173

10.3 发电机振荡和失步的原因 ·········· 174

10.4 单机失步引起的振荡与系统性振荡的区别和判断 ·········· 175

10.5 发电机发生振荡或失磁的处理 ·········· 175

10.6 发电机防止振荡的措施 ·········· 175

本章小结 ·········· 176

思考题与习题 ·········· 176

第 11 章 水轮发电机的失磁 ·········· 177

11.1 失磁基本概念 ·········· 177

11.2 失磁的物理过程 ·········· 177

11.3 发电机失磁运行的现象 ·········· 179

11.4 失磁运行对发电机和电网的影响 ·········· 180

本章小结 ·········· 180

思考题与习题 ·········· 180

第 12 章　水轮发电机常见故障及事故 ·················· 182

12.1　水轮发电机常见的故障 ················· 182

12.2　水轮发电机常见的事故 ················· 184

本章小结 ··················· 186

思考题与习题 ··················· 186

第 5 篇　水轮发电机励磁及控制

第 13 章　水轮发电机的励磁系统 ·················· 187

13.1　励磁系统的基本概念 ················· 187

13.2　励磁系统的主要任务 ················· 187

13.3　水轮发电机的励磁方式 ················· 192

13.4　励磁调节器 ················· 198

13.5　水轮发电机的灭磁 ················· 204

本章小结 ··················· 206

思考题与习题 ··················· 206

第 6 篇　水轮发电机常规试验及其原理

第 14 章　定子绕组直流参数试验 ·················· 208

14.1　定子绕组绝缘电阻和吸收比的测量 ··········· 208

14.2　定子绕组直流电阻的测量及定子绕组焊接头的检查 ········ 209

14.3　定子绕组直流耐压及泄漏电流的测定 ········· 214

第 15 章　定子绕组交流试验 ·················· 222

15.1　定子绕组的交流耐压试验 ················· 222

15.2　单个定子线圈的检查试验 ················· 231

第 16 章　转子绕组绝缘试验 ·················· 233

16.1　绝缘电阻测量 ················· 233

16.2　交流耐压试验 ················· 233

16.3　直流电阻测定 ················· 234

16.4　磁极接头接触电阻的测定 ················· 235

16.5　工频交流阻抗的测定 ················· 235

16.6　转子绕组接地故障点的寻找方法 ················· 236

第 17 章　发电机短路特性和空载特性的测量 ·················· 238

17.1　短路特性的测量 ················· 238

17.2　发电机空载特性和励磁机负荷特性的测量 ········· 239

第 18 章　发电机单相接地电容电流的测量 ·················· 243

18.1　发电机单相接地的电容电流 ················· 243

18.2　发电机单相接地电容电流的测量 ················· 243

第7篇　水轮发电机监测、控制与保护

第19章　水轮发电机的监测 ······················· 246
19.1　水轮发电机的电气量监测 ··················· 246
19.2　水轮发电机非电气量的监测 ················· 246
本章小结 ··· 250
思考题与习题 ······································· 250

第20章　水轮发电机控制 ························· 251
20.1　转速与有功控制 ····························· 251
20.2　电压与无功控制 ····························· 251
20.3　并列与保护控制 ····························· 252
本章小结 ··· 254
思考题与习题 ······································· 254

第8篇　水轮发电机增容改造

第21章　水轮发电机的增容改造 ··················· 256
21.1　增容改造目标和改造原则 ····················· 256
21.2　发电机增容改造的可行性 ····················· 257
21.3　水轮发电机增容改造的途径 ··················· 258
21.4　增容改造应注意的问题 ······················· 261
21.5　水轮发电机增容改造的实例 ··················· 261
本章小结 ··· 263

参考文献 ··· 264

绪　　论

0.1　水力资源分布概述

　　水力资源是能源之一，属水域水力资源的范畴，是水利资源的一部分，通常指河流或潮汐中长时期内的天然能量或功率，单位为千瓦或马力。通过水力发电工程开发利用，将水流体中含有的能量天然资源，转化为人类利用的能源，例如水力发电。能量大小决定于水位落差和径流量的大小。水力发电是当今可再生资源发电技术中最成熟最具有大规模开发条件和商业化前景的发展方式，水力发电已经成为我国最重要的可再生能源。

　　由于气候和地形地势等因素的影响，我国的水力资源在不同地区和不同流域的分布很不均匀，其特点是西部水力资源比较丰富，而东部则较稀缺贫乏。按照技术可开发装机容量统计，我国西部云、贵、川、渝、陕、甘、宁、青、新、藏、桂、蒙等 12 个省（自治区、直辖市）水力资源约占全国总量的 81.46%，特别是西南地区云、贵、川、渝、藏就占 66.70%；其次是中部的黑、吉、晋、豫、鄂、湘、皖、赣等 8 个省占 13.66%；而经济发达、用电负荷集中的东部辽、京、津、冀、鲁、苏、浙、沪、粤、闽、琼等 11 个省（直辖市）仅占 4.88%。我国东部的经济相对发达，西部相对落后，因此西部水力资源开发除了西部电力市场自身需求以外，还要考虑东部市场，实行水电的"西电东送"。

　　我国水力资源按流域规划了 13 项水电基地，它们是金沙江，雅砻江，大渡河，乌江，长江上游，南盘江、红水河，澜沧江干流，黄河上游，黄河中游，湘西，闽浙赣，东北，怒江。其总装机容量约占全国技术可开发量的 50.9%。特别是地处西部的金沙江中下游干流总装机规模为 58580MW，长江上游干流总装机规模为 33200MW，长江上游的支流雅砻江、大渡河以及黄河上游、澜沧江、怒江的装机规模均超过 20000MW，乌江、南盘江红水河的装机规模均超过 10000MW。这些河流水力资源集中，有利于实现流域、梯级、滚动开发，有利于建成大型的水电基地，有利于充分发挥水力资源的规模效益。

0.2　水力资源开发概述

0.2.1　水力资源开发现状

　　自 20 世纪 20 年代起，我国就开始了开发水电的历程。1912 年 4 月，总装机容量为 480kW 的云南石龙坝水电站的建成铺开了我国水电开发史。近一个世纪的水电开发，使我国水电事业从小到大，从弱到强，走出了一段辉煌的发展历程。

　　我国大型水电站的建设起步于 20 世纪 60 年代中期。到 70 年代末，我国先后建设了刘家峡、丹江口、龚嘴、富春江、碧口、青铜峡、三门峡等 7 座大型水电站。其中，刘家峡水电站是我国水电建设史上第一个装机百万千瓦以上的大型水电站。在 20 世纪 80 年代中期葛洲坝水电站竣工以前，刘家峡水电站一直是我国水电工程中最大的水电站。

"十二五"时期，我国开工建设了金沙江乌东德、梨园、苏洼龙，大渡河双江口、猴子岩，雅砻江两河口、杨房沟等一批大型和特大型常规水电站，总开工规模达到 5000 万 kW。同时，开工建设了黑龙江荒沟、河北丰宁、山东文登、安徽绩溪、海南琼中、广东深圳等抽水蓄能电站，总开工规模为 2090 万 kW，创历史新高。

目前在建的大型电站有：金沙江第一梯级电站——乌东德水电站，装机容量为 10200MW，是我国"西电东送"战略的骨干电源；金沙江第二梯级电站——白鹤滩水电站，装机总容量为 16000MW，是仅次于三峡电站的全球第二大水电站。白鹤滩水电站将首次全部采用我国国产的百万千瓦级水轮发电机组，这是我国重大水电装备继三峡机组国产化之后、在向家坝 800MW 机组国产化的基础上产生的又一次历史性的巨大飞跃，将开创世界水电百万千瓦级水轮发电机组的新纪元。金沙江上游 13 个梯级水电站的第 7 级叶巴滩水电站，电站装机容量为 2240MW。

除了上述常规水电站以外，我国抽水蓄能电站的建设也取得了很大的成就。世界十大抽水蓄能电站中的 7 座在中国，分别是丰宁抽水蓄能电站、惠州抽水蓄能电站、洪屏抽水蓄能电站、广州抽水蓄能电站、阳江抽水蓄能电站、梅州抽水蓄能电站以及长龙山抽水蓄能电站。

已投产的世界规模最大抽水蓄能电站——广东惠州抽水蓄能电站，电站装机总容量为 2448MW。

仙居抽水蓄能电站总装机容量为 150 万 kW，该机组是我国第一台真正意义上完全自主设计、自主生产、自主安装运营的抽水蓄能电站发电设备，标志着我国已打破国外的技术垄断，完整掌握大型抽水蓄能电站核心技术。

世界规模最大抽水蓄能电站——河北丰宁抽水蓄能电站（在建），电站分两期开发，装机总容量为 3600MW。

此外，我国在西藏还建设了世界上海拔最高的抽水蓄能电站羊卓雍湖抽水蓄能电站。其他抽水蓄能电站还有河南宝泉、安徽琅琊山、山东泰安、浙江桐柏、江苏宜兴、河北张河湾等。

0.2.2　水力资源开发目标

0.2.2.1　规划目标

根据最新统计，我国水能资源可开发装机容量约为 6.6 亿 kW，年发电量约为 3 万亿 kW·h，按利用 100 年计算，相当于 1000 亿 t 标准煤，在常规能源资源剩余可开采总量中仅次于煤炭。经过多年发展，我国水电装机容量和年发电量已分别突破 3 亿 kW 和 1 万亿 kW·h，分别占全国的 20.9% 和 19.4%，水电工程技术居世界先进水平，形成了规划、设计、施工、装备制造、运行维护等全产业链整合能力。

"十三五"（2016—2020 年）期间，全国新开工常规水电和抽水蓄能电站各 60000MW 左右，新增投产水电 60000MW，2020 年水电总装机容量达到 3.8 亿 kW，其中常规水电 3.4 亿 kW，抽水蓄能 40000MW，年发电量 1.25 万亿 kW·h，折合标煤约 3.75 亿 t，在非化石能源消费中的比重保持在 50% 以上。"西电东送"能力不断提升，2020 年水电送电规模达到 1 亿 kW。预计 2025 年全国水电装机容量达到 4.7 亿 kW，其中常规水电为 3.8

亿 kW，抽水蓄能约为 90000MW；年发电量达到 1.4 万亿 kW·h。

2020 年后，我国除继续开发四川、云南和贵州等省的水力资源外，水电建设的重点将逐渐转向水电资源丰富的西藏和新疆，特别是西藏在我国未来能源资源开发上占有十分重要的战略地位。表 0.1 是"十三五"常规水电重点建设项目。

表 0.1　　　　　　　　　　　"十三五"常规水电重点建设项目

序号	河流	重点开工项目	加快推进项目
1	金沙江	白鹤滩、叶巴滩、拉哇、巴塘、金沙	昌波、波罗、岗托、旭龙、奔子栏、龙盘、银江等
2	雅砻江	牙根一级、孟底沟、卡拉	牙根二级、楞古等
3	大渡河	金川、巴底、硬梁包、枕头坝二级、沙坪一级	安宁、丹巴等
4	黄河	玛尔挡、羊曲	茨哈峡、宁木特等
5	其他	林芝、白马	阿青、忠玉、康工、扎拉等

0.2.2.2　主要特大型水电站规划设想

经初步统计，中国规划和已建成的装机容量接近 3000MW 及以上的水电站共 30 座，其中三峡、白鹤滩、溪洛渡和向家坝等 19 座水电站已经建成，待建的 11 座电站主要分布在雅鲁藏布江、金沙江等大江大河上，电站的基本特性见表 0.2。

表 0.2　　　　　　　　　　　主要特大型水电站特性表

序号	电站名称	所在河流	装机容量 /MW	年发电量 /(亿 kW·h)	最大水头 /m	前期工作深度	预计首台机组发电年份
1	阿尼桥	雅鲁藏布江	20000	770	830	查勘	2041
2	大渡卡	雅鲁藏布江	17000	770	625	查勘	2036
3	背崩	雅鲁藏布江	11000	415	450	查勘	2042
4	汗密	雅鲁藏布江	10500	538	430	查勘	2038
5	希让	雅鲁藏布江	3300	167	90	查勘	2041
6	索玉	雅鲁藏布江	2800	144	350	查勘	2049
7	八玉	雅鲁藏布江	2600	134	320	查勘	2047
8	两家人	金沙江	4000	169	155	预可研	2030
9	松塔	怒江	4200	157.3	217.2	预可研	2020
10	马吉	怒江	4200	190	243	预可研	2018
11	帕隆	帕隆藏布	2760	153	340	查勘	2040

0.2.2.3　抽水蓄能电站规划发展目标

根据各电网的负荷特性、电源规划、"西电东送"联网规划，"十三五"期间我国将开工建设一批距离负荷中心近、促进新能源消纳、受电端电源支撑的抽水蓄能电站，见表 0.3。此外，还将研究试点海水抽水蓄能，加强关键技术研究，推动建设海水抽水蓄能电站示范项目，填补我国该项工程空白，掌握规划、设计、施工、运行、材料、环保、装备制造等整套技术，建成海岛多能互补、综合集成能源利用模式。

表 0.3　　　　　　　　　　　　"十三五"抽水蓄能电站重点开工项目

所在区域	省（自治区）	项 目 名 称	总装机容量/MW
东北电网	辽宁	清原、庄河、兴城	3800
	黑龙江	尚志、五常	2200
	吉林	蛟河、桦甸	2400
	内蒙古（东部）	芝瑞	1200
华东电网	江苏	句容、连云港	2550
	浙江	宁海、缙云、磐安、衢江	5400
	福建	厦门、周宁、永泰、云霄	5600
	安徽	桐城、宁国	2400
华北电网	河北	抚宁、易县、尚义	3600
	山东	莱芜、潍坊、泰安二期	3800
	山西	垣曲、浑源	2400
	内蒙古（西部）	美岱、乌海	2400
华中电网	河南	大鱼沟、花园沟、宝泉二期、五岳	4800
	江西	洪屏二期、奉新	2400
	湖北	大幕山、上进山	2400
	湖南	安化、平江	2600
	重庆	栗子湾	1200
西北电网	新疆	阜康、哈密天山	2400
	陕西	镇安	1400
	宁夏	牛首山	800
	甘肃	昌马	1200
南方电网	广东	新会	1200
	海南	三亚	600
总计			58750

0.3　水轮发电机介绍

　　发电机是电能生产的主要设备，其主要作用是将机械能转换成电能。现代发电机根据拖动它的原动机，主要分为水轮发电机、汽轮发电机及风力发电机三大类。当发电机以水轮机作为原动机时，称为水轮发电机；以汽轮机作为原动机时称为汽轮发电机；以风力机作为原动机时称为风力发电机。

　　发电机一般采用的都是同步电机。同步电机的主要部件是定子和转子，转子是同步电机的旋转部件，位于定子里面，与定子之间保持一定的空气间隙，称为气隙。同步发电机的转子分为凸极式和隐极式两种，如图 0.1 所示。凸极式同步发电机的转子磁极安装在转子铁芯的外面，转子与定子之间的气隙是不均匀的，两极间气隙大，极面下气隙小。而隐极式同步发电机的转子磁极安装在转子铁芯的槽内，转子与定子之间的气隙是均匀的。水

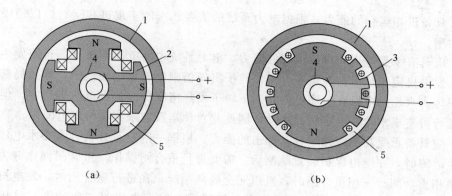

图 0.1　同步发电机的转子

(a) 凸极式转子；(b) 隐极式转子

1—定子；2—凸极式同步发电机的转子；3—隐极式同步发电机的转子；4—滑环；5—气隙

轮发电机采用的是凸极式转子，汽轮发电机采用的是隐极式转子。

　　水轮发电机组按照单机容量可分为大型、中型和小型机组：单机容量大于 300MW 的为大型机组，单机容量为 100～300MW 的为中型机组，单机容量为 30～100MW 的为中小型机组，单机容量在 30MW 以下的为小型机组。目前国内最大单机容量已达 800MW，也是世界上最大单机容量。

0.4　水轮发电机组在电力系统中的作用

　　水轮发电机在电力系统中除向系统提供可靠的电能外，还具有调频、调峰和事故备用等重要作用。

　　由于水轮发电机开机及并网速度快，一般可在 2min 内完成开机和并网过程，而且调整负荷方便快捷，因此在电力系统中常被用来承担调频任务。

　　由于电网的发展及负荷性质的变化，调峰成为一个越来越重要的问题。全国各大电力系统峰谷差均较大，特别是由于风力发电场在电力系统中所占比例逐渐增加，使得电网调峰任务更加艰巨。水电厂的特点是夏季为丰水期、冬季为枯水期，因此夏季多承担电力系统基荷，冬季承担电力系统峰荷，起到电力系统调峰作用。此外，部分汽轮发电机组也要承担调峰任务。

　　当电力系统出现事故，电力系统中的一些电源被保护装置自动从系统中切除而又不能迅速恢复送电时，急需迅速投入新的电源，此时可起动备用的水轮发电机组并入电网，补充系统中缺少的能量，以保证系统的频率和电压在规定范围内。

0.5　电力系统对水轮发电机组的要求

　　（1）应具备快速起动的能力。发挥水轮发电机组在电力系统中的调频、调峰和事故备用的作用。

　　（2）具备一定的稳定性。机组在受到负荷和事故的冲击及扰动后能恢复正常运行。

（3）具备进相运行的能力。根据电力系统的需要，应能实现进相运行，以便吸收电感性无功功率。

（4）应具有承受适当非对称运行的能力。电力系统中的负荷不对称运行或发生不对称短路时，发电机定子绕组存在负序电流使转子出现倍频电流和倍频谐振，导致局部过热甚至转子损坏。水轮发电机在负序电流作用下转子发热情况比汽轮发电机轻得多，但是由于非对称运行可造成水轮发电机组的振动，因此非对称运行应限制在一定范围内。

（5）应具备承受高压线路重合闸冲击的能力。根据一般定量分析，大型水电厂高压线出口发生故障时，在继电保护装置跳闸后，需要进行重合闸操作。重合闸操作分为三相重合闸和单相重合闸。三相重合闸时，机组完全脱离系统，在进行重合闸时，发电机出口电压和系统电压存在一定的相位差，因此在合闸瞬间会对发电机组产生冲击。单相重合闸时，可对机组产生不对称冲击。因此，要求水轮发电机组必须具备承受该冲击的能力。

以上各项要求是为适应现代电力系统运行需要所必需的。

0.6　本书理论基础及学习要求

0.6.1　理论基础

本书主要研究的是水轮发电机的结构、运行原理及发电机试验，主要以下列几个定律与概念为基础：①全电流定律与磁路欧姆定律；②电磁感应定律；③电磁力定律；④自感与互感理论；⑤基尔霍夫定律；⑥能量守恒定律。

0.6.2　学习要求

水轮发电机为凸极式同步电机，本书主要讨论其结构、工作原理和工作性能等方面的内容，学习重点是分析电机内部的电磁过程，因此要注意把握电、磁、机械方面的联系。通过学习本课程，应达到下列基本要求：

（1）掌握水轮发电机结构。

（2）对磁路的分析方法有基本的了解。

（3）掌握水轮发电机的基本理论和运行性能。能正确地建立各种平衡关系，如磁势平衡方程、电势平衡方程和转矩平衡方程，掌握发电机中的能量转换关系。

（4）了解发电机的其他运行方式和现场的常规试验。

（5）了解发电机的励磁系统。

（6）了解发电机的监测与控制。

第1篇 水轮发电机结构

第1章 水轮发电机结构

1.1 水轮发电机的基本概念

水电厂中的发电机均为同步发电机，它把水轮机的机械能转变为电能，通过变压器、开关、输电线路等设备送往用户。

当导线切割磁力线时可产生感应电动势，将导线连成闭合回路，就有电流流过，同步发电机就是利用电磁感应原理将机械能转变为电能的。

图 1.1 为水轮发电机示意图。导线放在空心圆筒形铁芯槽内，铁芯是固定不动的，称为定子。磁力线由磁极产生，磁极是转动的，称为转子。定子和转子是构成水轮发电机的最基本部分。为了得到三相交流电，沿定子铁芯内圆，每相隔 120°分别安放着三相电枢绕组 $A—X$、$B—Y$、$C—Z$，转子上有励磁绕组（也称转子绕组）$R—L$。通过电刷和滑环的滑动接触，将励磁系统产生的直流电引入转子励磁绕组，产生恒定的磁场。当转子被水轮机带动旋转后，定子绕组（也称电枢绕组）不断切割磁力线，就在其中产生感应电动势。

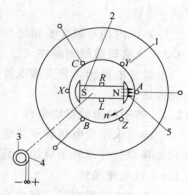

图 1.1　水轮发电机示意图
1—定子铁芯；2—转子；3—滑环；
4—电刷；5—磁力线

感应电动势的方向由右手定则确定。由于导线有时切割 N 极，有时切割 S 极，因而定子绕组中感应出的是交流电动势。

交流电动势的频率 f，决定于电机的磁极对数 p 和转子转速 n，即

$$f = \frac{pn}{60}$$

(1.1)

式中　f——频率，Hz；

　　　n——转速，r/min；

　　　p——磁极对数。

转子不停地旋转，A、B、C 三相定子绕组先后切割转子磁场的磁力线，所以在三相绕组中电动势的相位是不同的，依次相差 120°，相序为 A、B、C。

当发电机带上负载以后，三相定子绕组中的电流将合成产生一个旋转磁场。该磁场与转子以同速度、同方向旋转，这就叫"同步"。同步电机也由此而得名，它的特点是转速与频率间有严格的关系，即

$$n = \frac{60f}{p} \tag{1.2}$$

1.2　水轮发电机的主要技术条件

1.2.1　机械结构强度条件

水轮发电机各部分结构强度条件为：应能承受电机在额定转速及空载电压为 105% 额定电压下历时 3s 的三相突然短路试验，同时还应能承受在额定容量、额定功率因数和 105% 额定电压及稳定励磁条件下运行，历时 20s 的短路故障而无有害变形或损坏。

1.2.2　满载运行条件

（1）海拔不超过 1000m。

（2）冷却空气温度不超过 40℃。

（3）水冷式水轮发电机定子绕组的进水温度应为 30~40℃，25℃时水的电导率不大于 0.4~2.0μS/cm，pH 值为 6.5~9.0，硬度小于 2μmol/L。

（4）空气冷却器、油冷却器和水冷式水轮发电机的热交换器的进水温度不高于 28℃，不低于 5℃。

（5）厂内相对湿度不超过 85%。

1.2.3　飞逸转速限制条件

水轮发电机和与其直接连接的辅机应能在最大飞逸转速下运转 5min 而不发生有害变形和损坏。

1.2.4　转子绕组过励磁条件

空冷式水轮发电机转子绕组应能承受 2 倍额定励磁电流，连续时间不少于 50s。水内冷和加强空气冷却转子绕组应能承受 2 倍额定励磁电流，持续时间不少于 20s。

1.2.5　过电流条件

空冷式水轮发电机在热状态下应能承受 150% 额定电流历时 2min（直接水冷水轮发电机历时 1min）不发生有害变形及接头开焊等情况，此时电压应尽可能接近额定值，平均每年不超过 2 次。

1.2.6　温度条件

水轮发电机在正常运行工况下，推力轴承巴氏合金瓦不超过 80℃，推力轴承塑料瓦不超过 55℃。导轴承巴氏合金瓦不超过 75℃，导轴承塑料瓦不超过 55℃，座式滑动轴承巴氏合金瓦不超过 80℃。定子和转子绕组的最高温度：A 级绝缘为 105℃；E 级绝缘为 120℃；B 级绝缘为 130℃；F 级绝缘为 155℃。

1.3　水 轮 发 电 机 的 分 类

1.3.1　按照水轮发电机组的布置方式不同分类

水轮发电机分为立式、卧式两种。立式布置的水轮发电机，主轴为垂直方向。卧式布置的水轮发电机，主轴为水平方向。卧式大多用于小型水轮发电机组以及部分大、中型水斗式水轮发电机和贯流式机组，其结构布置如图 1.2 所示。

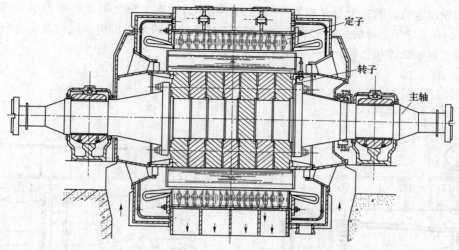

图 1.2 卧式水轮发电机结构布置图

中国云南以礼河梯级水电站的三级和四级电站，均为冲击式水轮机，水轮发电机为卧式双支撑，空气冷却，单机容量 45MW，额定电压 10.5kV，功率因数 0.8。浙江百丈漈一级水电站的 SFW12.5 – 12/286 型卧式水轮发电机，容量 15.625MW，转速 500r/min。广东白垢水电站的贯流式水轮发电机组，单机额定功率 1 万 kW，转速 78.9r/min。湖南马迹塘电站，单机额定功率 1.85 万 kW，转速 75r/min，均采用卧式水轮发电机。

而中、低速大、中型水轮发电机绝大多数采用立式（竖轴）布置。立式水轮发电机的特点如下：

（1）可以制成大容量的机组。

（2）由于转子直径大，飞轮力矩也较大。

（3）推力轴承为立式，运行稳定性较好。

（4）安装及检修较方便。

1.3.2 按照推力轴承位置不同分类

立式装置的水轮发电机按其推力轴承的装设位置不同，分为悬式和伞式两大类。

推力轴承位于转子上方的水轮发电机称为悬式水轮发电机，如图 1.3 所示。通过推力头将机组整个旋转部分的重量悬挂起来，由此而得名。悬式水轮发电机组（包括水轮机导轴承在内），有三导悬式与二导悬式之分。

推力轴承位于转子下方的水轮发电机称

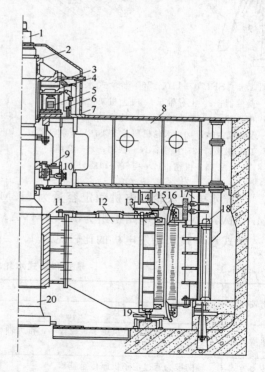

图 1.3 SF300 – 48/1230 悬式水轮发电机
1—永磁机；2—推力头；3—镜板；4—推力瓦；5—弹簧油箱；6—油槽冷却器；7—油槽；8—上机架；9—上导轴承；10—油槽冷却器；11—轮毂；12—转子支架；13—磁轭；14—磁极；15—绕组；16—铁芯；17—机座；18—空气冷却器；19—制动器；20—主轴

为伞式水轮发电机。既有上导又有下导的称为普通伞式；有上导无下导的称为半伞式，如图 1.4 所示；有下导无上导的称为全伞式，如图 1.5 所示。水轮发电机组（包括水轮机的导轴承在内）有二导半伞式和二导全伞式水轮发电机之分。

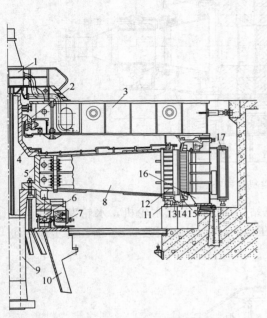

图 1.4　SF170-110/1760 半伞式水轮发电机

1—受油器；2—上导轴承；3—上机架；4—上端轴；
5—中心体；6—推力轴承；7—油冷却器；8—支臂；
9—水轮机主轴；10—水轮机顶盖支架；11—制动器；
12—磁轭；13—磁极；14—铁芯；15—绕组；
16—机座；17—空气冷却器

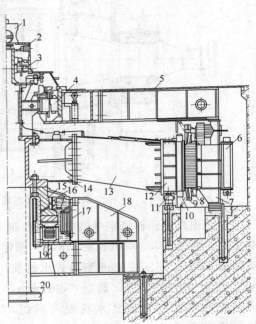

图 1.5　SF150-60/1280 全伞式水轮发电机

1—受油器；2—永磁发电机；3—副励磁机；4—主励磁机；
5—上机架；6—空气冷却器；7—机座；8—铁芯；9—绕组；
10—磁极；11—制动器；12—磁轭；13—支臂；14—中心体；
15—推力头；16—下导轴承；17—油冷却器；18—下机架；
19—推力轴承；20—主轴

二滩水电站水轮发电机额定容量为 612MVA，李家峡水电站水轮发电机额定容量为 444.4MVA。三峡水电站机组为 777.8MVA，是国内已运行同类型机组中最大的。

悬式和伞式水轮发电机的比较见表 1.1。

表 1.1　　　　　　　　　　　　悬式和伞式水轮发电机的比较表

比较内容	型　式	
	悬　式	伞　式
结构特征	水轮机机坑及发电机定子直径较小，推力轴承支架布置在上机架内	水轮机机坑及发电机定子直径较大，推力轴承支架布置在下机架内或水轮机顶盖上
传力方式	轴向推力通过定子机座传至基础	轴向推力通过发电机机墩或顶盖传至基础
优点	推力轴承直径较小，损耗小，安装维修方便； 上机架刚度大； 运行稳定性好	机组高度较小； 重量较轻，材料消耗较小； 造价较低
缺点	机组高度较大； 材料消耗较多； 造价较高	运行稳定性较差； 推力轴承损耗较大； 安装检修不方便

过去国内一般认为伞式发电机的推力轴承位于转子下部，安装维护都不方便，或者担心其运行稳定性差，所以虽然伞式机组具有重量轻、起吊高度小等优点，但我国早期制造的水轮发电机中却很少采用，特别是转速稍高的机组更是不敢选用。然而随着单机容量的增大，机组尺寸和重量也不断增大，伞式（半伞式）结构的优点越来越显著。采用伞式（半伞式）结构不但可以减轻负荷机架的重量，而且便于采用分段轴结构（即所谓"无轴"结构）。国内全伞式结构已用到 125r/min，半伞式结构用到 166.7r/min，大于 166.7r/min 采用悬式结构。如用 $D_i/l_t n_N$（D_i 为定子铁芯内径，m；l_t 为定子铁芯高度，m；n_N 为发电机额定转速，r/min）来区分，则 $D_i/l_t n_N \leqslant 0.025$ 时多采用悬式结构；$D_i/l_t n_N > 0.025$ 时多采用半伞式结构；$D_i/l_t n_N \geqslant 0.05$ 时采用全伞式结构。

另外，据对多台水轮发电机结构型式的统计，$l_t/D_i > 0.35$ 采用三导或二导悬式结构，$0.35 > l_t/D_i > 0.25$ 采用三导或二导半伞式结构，$l_t/D_i < 0.25$ 采用二导全伞式结构。

目前国内投运的半伞式发电机的转速已提高到 500r/min，例如国外厂商为中国广州和十三陵抽水蓄能电站生产的 500r/min 发电电动机均采用半伞式结构；全伞式发电机的转速已超过 200r/min。

而在国外，因为伞式水轮发电机的缺点逐渐得到改善，所以发展较快。美国大古力三厂伞式水轮发电机额定容量为 718MVA，额定转速为 85.7r/min。巴西、巴拉圭伊泰普水电站半伞式水轮发电机额定容量为 824MVA，额定转速为 90.9r/min。委内瑞拉古里二厂水电站半伞式水轮发电机额定容量为 700MVA，额定转速为 112.5r/min。俄罗斯萨扬舒申斯克水电站半伞式水轮发电机额定容量为 715MVA，额定转速为 142.8r/min。

大容量低转速发电机在结构总体布置上采用无下机架的半伞式结构，即将推力轴承放在水轮机顶盖上或是放在顶盖上的锥形支架上，更能表现出经济合理性，例如葛洲坝半伞式发电机即将推力轴承布置在水轮机顶盖上。但是伞式机组的推力轴承究竟是布置在下机架上还是布置在水轮机顶盖上，国内外都存在不同看法。据对国内外单机容量 300MVA 及以上的水轮发电机轴系结构的统计，这两种方案几乎是平分秋色。推力轴承布置在顶盖上的主要优点是，机组总体高度可降低、重量轻，还可以部分抵消不同方向的轴向力，使顶盖受力小于推力总负荷，从而改善顶盖受力条件，而省去一个庞大的承重下机架，且缩小机组高度，对提高机组的稳定性有好处。推力轴承布置在下机架上的主要优点是，维修空间大，机组稳定性好，运行时不受顶盖振动的影响；对确保推力轴承的安全有好处，且发电机制造厂与水轮机制造厂之间牵涉较少，容易分工协调，有利于水轮机和发电机的分界和分标。

从以上实践发展的情况可见，两种方式均是可行的，国内外都有成熟经验，都可以保证机组安全稳定运行。关键是要结合电站具体情况，综合考虑厂房高度、轴系稳定、水轮机室尺寸、运行维护、发电机和土建造价等因素，并尊重制造厂的设计传统和技术特长，经过技术经济比较来选定既可靠又经济，便于运行、维护的结构布置。

1.3.3 按照冷却方式的不同分类

水轮发电机可分为空冷式、水冷式和蒸发冷却等方式。

1.3.3.1 空冷式

空冷式属间接冷却方式，利用转子旋转强迫空气流动，使冷空气作为冷却介质由绝缘外表面对定子绕组、转子绕组及定子铁芯表面进行冷却，定、转子绕组绝缘内导体的发热量经过绝缘外表向空气散热，或经过铁芯传导后向空气散热。流动的冷空气通过转子绕组，经过定子中的通风沟，吸收定子绕组和铁芯等处的热量成为热空气。热空气通过发电机四周的空气冷却器，经冷却后重新进入发电机内，形成循环冷却。这种方式结构简单，维护方便，但冷却效率较低。

1.3.3.2　水冷式

水冷式又称水内冷式，在转子绕组或定子绕组内部通水进行冷却。水冷式水轮发电机的转子绕组或定子绕组均采用空心导线，并另单设一套水系统，直接冷却绕组。

随着单机容量的增大，发电机运行中的铜损、铁损、风损所转变成的热量也相应增加。由于水的比热比空气的比热大，所以在空心导体内通入处理过的循环水，起到了给发电机有效散热的效果，使发电机绕组内导线的电流密度大大提高，适应机组容量增大的需要。水内冷式水轮发电机按冷却方式有以下三种型式：

（1）半水内冷水轮发电机。定子绕组采用水内冷，转子绕组及定子铁芯等采用空气冷却；或定子绕组采用水内冷，转子绕组采用加强空气冷却。

（2）双水内冷水轮发电机。定子、转子绕组均采用水内冷。

（3）全水内冷水轮发电机。定子、转子绕组和定子铁芯（也可包括定子压板）均采用水冷却。

双水内冷和全水内冷方式冷却效果较好，可以减小发电机尺寸，降低造价，相应地提高容量。但是密封结构复杂，对水质要求较高，运行维护工作量较大。另外，据国际大电网会议组织调查，水冷却的运行可靠性较空气冷却低约4%～5%。

1.3.3.3　蒸发冷却

蒸发冷却是将低沸点的介质（如氟利昂）通入绕组中，利用介质迅速蒸发吸收热量进行冷却。这种方式冷却效率高，冷却介质绝缘性能好、不电解、不燃烧、不腐蚀，能较完美地消除水内冷的弊病。冷却介质在电机冷却过程中从液态变化到气态，由于比重差而形成自循环。这种冷却方式的可靠性、可维修性及综合技术经济指标均优于水内冷发电机。因此，蒸发冷却是一种具有发展潜力的发电机冷却方式，但对密封结构要求较高。

1.4　水轮发电机的型号及参数

1.4.1　水轮发电机的型号

水轮发电机的型号是其类型和特点的简明标志。

其表示法为：

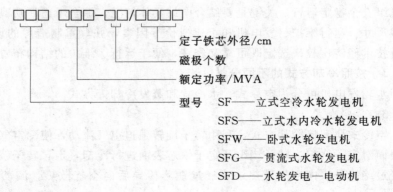

1.4.2 水轮发电机的额定值

1.4.2.1 额定容量 S_N 或额定功率 P_N

额定容量是指出线端的额定视在功率，一般以千伏安（kVA）或兆伏安（MVA，即百万伏安）为单位；而额定功率是指发电机在额定参数（电压、电流、频率、功率因数）运行时输出的电功率，额定功率以有功功率表示时，计量单位为瓦（W）；以视在功率表示时，单位为（VA）。对大型机组，一般以千瓦（kW）或兆瓦（MW，即百万瓦）为单位。

此外，对电动机来说，P_N 是指轴上输出的有效机械功率，也用千瓦（kW）或兆瓦（MW）来表示。对于同步调相机，则用线端的额定无功功率来表示其容量，以千乏（kvar）或兆乏（Mvar）为单位。

1.4.2.2 额定电压 U_N

额定电压是指在额定运行时水轮发电机定子三相的线电压，单位为伏（V）或千伏（kV）。

额定电压的选择与发电机容量、转速、合理的槽电流、冷却方式等直接相关，它也影响发电机电压配电装置和主变压器的选型。对一定容量的发电机，在电磁负荷取值合适的条件下，额定电压选得低，电机消耗的绝缘材料和有效材料可相应减少，但降低电压将使发电机定子绕组和主变压器的用铜量有所增加，故应综合考虑其经济性。

1.4.2.3 额定电流 I_N

额定电流即水轮发电机在额定运行时流过定子的线电流，单位为安（A）或千安（kA）。发电机额定功率确定后，额定电流随额定电压而变。额定电流的计算公式为

$$I_N = \frac{S_N}{\sqrt{3}U_N} \tag{1.3}$$

1.4.2.4 额定功率因数 $\cos\varphi_N$

接入系统的发电机电流与电压的相位，因所带负荷性质不同（有电阻性、电感性及电容性），使电流滞后或超前于电压，而产生相位差。在发电机输出额定功率时，相电流与相电压之间相位差的余弦值（$\cos\varphi_N$），称为发电机的额定功率因数。

额定功率因数的确定与电站接入电力系统的方式、采用的电压等级、送电距离的远近、系统中无功功率的配置及发电机造价等因素有关。当额定有功功率一定时，额定功率因数越低，发电机的尺寸和重量越大，造价相应越高；额定视在功率一定时，提高额定功率因数可以减小发电机的尺寸和重量，提高材料的利用率和效率。但是在决定发电机的功率因数时，还应考虑其对系统稳定性的影响。一般认为，功率因数降低，对系统的稳定性有利，但是随着无功调节手段的日益完善和采取相应的措施，以及远距离超高压输电线路对地电容增大，大量的充电功率迫使发电机的功率因数提高，以降低发电机的功率因数来增强系统的稳定性，已失去了实际意义。

功率因数需经过技术经济比较后确定，常采用的功率因数为 0.8、0.85、0.875、0.9 和 0.95。近年来由于装设同步调相机和电力电容器等来改善系统功率因数，远距离超高压输电线对地电容增大和采用快速励磁可提高电力系统稳定性，因而，使发电机的额定功率因数有可能提高。我国 20 世纪 70—80 年代以前投运的单机容量为 200～300MVA 水轮发

电机的额定功率因数多为 0.875 及以下。按照 GB/T 7894—2001 的规定，发电机容量与功率因数的关系见表 1.2。

表 1.2　　　　　　　　　　　　　　发电机容量与功率因数的关系

发电机容量/MVA	功率因数	发电机容量/MVA	功率因数
50 及以下	不低于 0.8（滞后）	大于 200	不低于 0.9（滞后）
大于 50 但不超过 200	不低于 0.85（滞后）		

1.4.2.5　额定效率 η_N

额定效率即水轮发电机额定运行时的效率。

综合上述定义，可以得出水轮发电机的额定值之间的基本关系为

$$P_N = S_N \cos\varphi_N = \sqrt{3}U_N I_N \cos\varphi_N \tag{1.4}$$

1.4.3　水轮发电机的主要参数

1.4.3.1　纵轴瞬（暂）态电抗（x'_d）

在电磁负荷确定的条件下，x'_d 主要由定子绕组和励磁绕组的漏抗值确定。x'_d 的变化对发电机动态稳定极限及突然加负荷时的瞬态电压变化率有较大影响。x'_d 越小，动态稳定极限越大，瞬态电压变化率越小。但减小 x'_d 主要是减小电负荷，即要增加定子铁芯长度或直径，增加定子铁芯的重量，从而使发电机的外形尺寸增大，造价提高。

国内空冷发电机的 x'_d 为 0.24～0.38，水冷发电机因电负荷较空冷大大提高，x'_d 大于 0.4。

1.4.3.2　纵轴超瞬态（次暂态）电抗（x''_d）

x''_d 值取决于阻尼绕组漏抗与定子绕组漏抗之和，它是计算短路电流的重要数据，对选择电站电气设备有重要影响。x''_d 值越小，短路冲击电流值越大，作用于绕组端部上的力越大。x''_d 还对发电机的异步力矩有影响。

由于 x''_d 主要决定于发电机阻尼绕组漏抗，而阻尼绕组漏抗本来就比较小，故改变 x''_d 值比改变 x'_d 值更困难。国内空冷发电机的 x''_d 值大致为 0.16～0.26，大型发电机的 x''_d 均值为 0.2 左右。

1.4.3.3　短路比（SCR）

短路比是根据电站输电距离、负荷变化情况等因素提出的。短路比大，可增强发电机在系统运行的静态稳定状态，发电机的充电容量也相应增大，但发电机转子用铜量增加，成本提高。所以，短路比应选择一个合适的数值。

国内空冷发电机的短路比一般为 0.9～1.3，平均值为 1.0 左右，最高可达 1.5，最低为 0.67。

1.4.3.4　飞轮力矩（GD^2）

飞轮力矩直接影响到发电机在甩负荷时的速度上升率和系统负荷突变时发电机的运行稳定性，对电力系统的暂态过程和动态稳定也有很大影响。

通常 GD^2 是由水轮机的调节保证计算确定的，调节保证计算，实质上是解决水力惯性、机组惯性和调整性能三者的矛盾，以期达到水工建筑物和机组造价最节省的目的。其选定数值应能满足电力系统动态稳定要求。

1.5　水轮发电机的结构

立式水轮发电机一般由转子、定子、机架、轴承、制动系统、冷却器等组成。

1.5.1　转子

水轮发电机的转子通过主轴与下面的水轮机连接，是水轮发电机的转动部件，也是水轮发电机最为重要的组成部分。因此，转子除了具有一般机械转动部件的特征外，还有以下特点和要求：

（1）要求转子结构部件能够转换能量和传递扭矩。转子磁极除了能够承受机械应力外，还应具有良好的电磁性能。

（2）转子部件是组成通风系统的主要结构要素，要求发电机转子部件（如磁极和磁轭）应具有良好的通风结构。

（3）转子在设计时，必须满足水电站调节保证计算及电网稳定性对发电机飞轮力矩 GD^2 的要求。

（4）转子在飞逸工况下运行 5min，不能产生有害变形。

（5）转子的关键部件如转子支架，除了满足刚度和强度的要求外，在任何工况下不能失去稳定性。

（6）转子结构在任何工况下不能产生机械和热的不平衡而引起机组的振动等。

（7）对发热部件如磁极铁芯和线圈要求温度分布均匀。

（8）转子结构尺寸应考虑满足各电站运输条件的要求。

转子的主要作用是产生磁场。转子主要由主轴、转子支架、磁轭和磁极等部分组成，如图 1.6 所示。

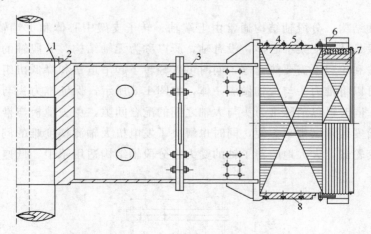

图 1.6　立式水轮发电机的转子结构

1—主轴；2—轮毂；3—轮臂；4—磁轭；5—端压板；6—风扇；7—磁极；8—制动闸板

1.5.1.1　主轴

1. 主轴的作用

主轴的主要作用是中间连接、传递转矩、承受机组转动部分的重量及轴向推力。

2. 主轴的受力

水轮发电机轴的受力较为复杂，正常运行时发电机将承受以下几种力：

（1）切向力：由发电机额定扭矩在轴上引起的。

（2）轴向力：由机组转动部分重量和水推力引起的。

（3）径向力：由定、转子气隙不均匀引起的单边磁拉力（对卧式发电机其中包括转动部分重量引起的）。

（4）不平衡力：由转子部分不平衡重量引起的。

（5）配合力：由轴与轮毂热套配合引起的（仅限于热套配合的轴）。

3. 主轴的结构型式

主轴有一根轴结构、分段轴结构、轴法兰结构和轴身结构等型式。

（1）一根轴结构。悬式水轮发电机，特别是中、小型发电机都选用一根轴结构，如图 1.7 所示。其优点是结构简单，加工精度高，有利于机组轴线的处理与调整工作。在这种结构中，水轮机的主动力矩传递，是通过主轴与转子轮毂之间的键和借助主轴与轮毂的过盈配合来实现的。一般小型发电机用键结构，大、中型水轮发电机多用热套和键结构。

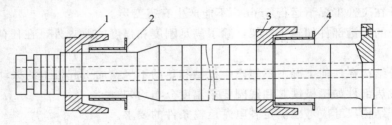

图 1.7　一根轴结构
1—上导滑转子；2—上导挡油管；3—下导滑转子；4—下导挡油环

（2）分段轴结构。分段轴结构通常由上端轴、转子支架中心体和下端轴三部分组成。该结构的中间段是转子支架中心体，没有轴，所以称为无轴结构。分段轴的优点是：主轴便于锻造、运输和轮毂不需要热套等，同时可减轻转子起吊重量和降低机组起吊高度。在伞式结构中还可以将推力头与大轴做成一体，如图 1.8 所示，保证推力头与大轴之间的垂直度和同心度，同时可以消除推力头与大轴之间的配合间隙，免去镜板与推力头配合面的研刮和加垫，给安装调试带来方便，同时也解决了发电机大轴测摆度难的问题。此外，这种结构不需热套轮毂，大大地改善了轴的受力。分段轴结构适用于中、低速大容量伞式水轮发电机。

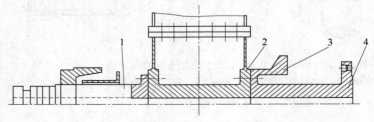

图 1.8　分段轴结构
1—上端轴；2—转子支架中心体；3—推力头；4—下端轴

（3）轴法兰结构。轴法兰是连接轴与转子支架中心体和水轮机轴的过渡部分。轴法兰的结构主要有两种型式。

1）外法兰结构：外法兰直径一般比轴身直径大 1.7～1.8 倍（轴外径小于 600mm）或 1.5～1.6 倍（轴外径大于 600mm）。外法兰结构的优点是轴连接方便。但对于采用一根轴结构的发电机，将直接影响推力轴承直径选择。因为，轴法兰必须通过推力轴承内径，这样造成推力轴承直径增大，导致轴承损耗增加，影响发电机效率。外法兰结构一般用于中、小型悬式水轮发电机。

2）内法兰结构：法兰直径与轴外径一致。此种结构由于法兰连接在内径处，所以，相对于外法兰结构连接要复杂些。由于法兰直径与轴外径相同，因此对推力轴承设计无影响。内法兰结构广泛应用于大型分段轴结构的水轮发电机。

（4）轴身结构。小型水轮发电机采用整锻的实心轴结构。大、中容量水轮发电机常采用锻钢整锻空心轴结构。空心轴可以除去锻造时在轴中心部分的残存杂质和组织疏松等缺陷。此外，还可用作混流式水轮机的补气孔或轴流式水轮机操作油管的通道。近年来，大型水轮发电机轴还采用焊接结构，轴身与法兰采用电渣焊工艺，将锻造法兰和锻造的轴身焊成整体。目前，一些特大型发电机轴身采用钢板卷焊结构。此种轴常为薄壁结构，与整锻的厚壁轴身有差别。轴身的薄壁和厚壁的选择，主要通过轴的刚强度计算来获得。

1.5.1.2 转子支架

轮毂与轮臂合在一起叫转子支架，是连接主轴和磁轭的中间部件，并起到固定磁轭和传递转矩的作用，其结构如图 1.9 所示。在机组运行中，转子支架可承受扭矩、磁轭和磁极的重力力矩，转子自身的离心力，由于热打磁轭键而产生的径向配合力，当转子支架与主轴采用热套结构时还要承受由此而引起的径向配合力等。

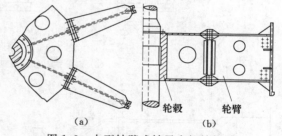

图 1.9 大型轴臂式转子支架结构图
（a）俯视图；（b）主视图

转子支架主要有以下几种类型：

（1）磁轭圈为主体的转子支架。整体结构转子体的中小型水轮发电机适宜此种结构。支架由磁轭圈、辐板和轮毂组合成一体，转子支架与轴之间靠键传递扭矩。

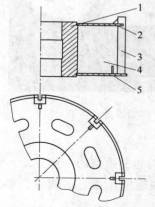

图 1.10 简单圆盘式转子支架
1—轮毂；2—上圆板；3—立筋；
4—辐板；5—下圆板

（2）整体铸造或焊接转子支架。中型水轮发电机由于尺寸适中，采用整体铸造或焊接转子支架，结构紧凑、简单。整体铸造结构虽有这些优点，但质量要求高，加工量大，所以，近年来已逐渐被焊接结构所替代。

（3）简单圆盘式转子支架。中、小型或高速水轮发电机除了采用上述（1）、（2）叙述的转子支架结构型式外，还常采用简单圆盘式支架。此种支架为焊接结构，由轮毂，上、下圆盘，腹板和立筋组成，如图 1.10 所示。圆盘式支架结构具有重量轻，刚度大的优点，特别适合于径向通风的水轮发电机。为了满足通风要求，需在支架圆盘上开通风孔。

（4）支臂式转子支架。大型水轮发电机由于受到运输条件的限制，一般采用由中心体和支臂装配组合而成的支臂式转子支架。转子中心体采用铸造轮毂和钢板焊接或全用钢板焊接结构。支臂有盒形和工字形两种结构，如图 1.11 和图 1.12 所示。盒形支臂可提高抗扭刚度，节约材料。

（5）多层圆盘式转子支架。大容量、大尺寸水轮发电机大多采用多层圆盘式转子支架。这种结构具有重量轻、刚度大、稳定性好等优点，特别是对于采用径向通风的水轮发电机更为合适。此种结构支架可根据轴向需要，设计成多层结构。当受到运输尺寸限制时，可将支架分成中心体和扇形支臂两大部分。通常中心体和扇形支臂在工厂内分别组焊和加工，运到工地后焊接成整体。典型的多层圆盘式转子支架结构如图 1.13 所示。多层圆盘式支架已成功应用于伊泰普、二滩及三峡等电站的大型水轮发电机上。

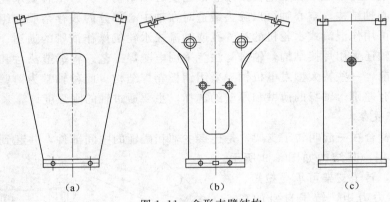

（a）　　　　　　　　　　　（b）　　　　　　　　　（c）

图 1.11　盒形支臂结构

(a) 斜筒式；(b) 拐腿式；(c) 直筒式

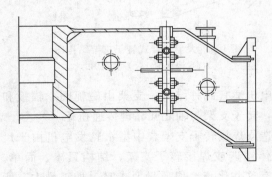

图 1.12　工字形轴向斜支臂

图 1.13　多层圆盘式转子支架

1.5.1.3　磁轭

磁轭也叫轮环。它的作用是产生转动惯量和固定磁极，同时也是磁路的一部分。

磁轭由扇形磁轭冲片、通风槽片、定位销、拉紧螺杆、磁轭上压板、磁轭键、锁定板、卡键、下压板等零部件组成，如图 1.14 所示。

磁轭在运转时承受扭矩和磁极与磁轭本身离心力。大、中型发电机转子磁轭由扇形冲片交错叠成整体，再用螺杆拉紧，然后固定在转子支架上。磁轭外缘的 T 形槽用以固定磁极。为防止超速时磁轭径向膨胀，造成磁轭与转子支架分离而产生偏心振动，常采用热打磁轭键加以固定。图 1.15 为扇形磁轭冲片叠装。

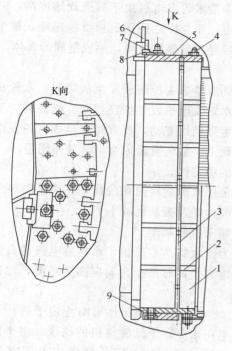

图 1.14　磁轭
1—磁轭冲片；2—通风槽片；3—定位销；4—拉紧螺杆；5—磁轭上压板；6—磁轭键；7—锁定板；8—卡键；9—下压板

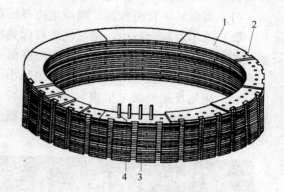

图 1.15　扇形磁轭冲片叠装
1—磁轭冲片；2—T 尾槽；
3—叠片接缝；4—拉紧螺杆

1.5.1.4　磁极

磁极是产生磁场的部件，由磁极铁芯、磁极线圈、阻尼绕组与极靴等组成，如图 1.16 所示。

1. 磁极铁芯

磁极铁芯极靴表面为圆弧面，并有穿阻尼绕组的槽。磁极铁芯有实心磁极和叠片磁极两种。

中等容量高速水轮发电机的转子，为了满足机械强度的要求和改善发电机的特性，尤其是高速发电电动机的转子，为了适应频繁启动，采用实心磁极。实心磁极铁芯通常由整体锻钢和铸钢件制成。

叠片磁极是水轮发电机转子磁极最常用的一种结构，在不同容量的发电机上均有采用。叠片磁极铁芯由冲片、磁极压板、拉紧螺杆组成。

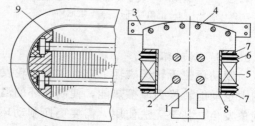

图 1.16　磁极
1—磁极铁芯；2—压紧螺杆；3—阻尼环；4—阻尼条；5—励磁线圈；6—匝间绝缘；7—磁极托板；8—极身绝缘；9—极靴

2. 磁极线圈

磁极线圈也叫转子绕组或励磁绕组，小容量水轮发电机的磁极线圈，是由多层漆包或玻璃丝包圆线、漆包或玻璃丝包扁线绕成。而大多数水轮发电机由于其圆周速度高，一般都采用扁铜排的形式，立绕在磁极铁芯的外表面上，匝与匝之间用石棉纸板绝缘，整个磁极线圈与磁极铁芯之间用云母板绝缘。线圈绕好后经浸胶热压处理，形成坚固的整体。

3. 阻尼绕组

在水轮发电机运行过程中，当励磁调节器及调速器失去控制或发生故障时，水轮机转矩出现不均匀以及外部负荷不稳定都有可能导致水轮发电机发生振荡现象。振荡时，发电机的转速、电压、电流、功率以及转矩等均将发生周期性变动，严重时会造成水轮发电机与电力系统失去同步。因此，在叠片式磁极的极靴上一般装有阻尼绕组，其作用是：

（1）抑制转子自由振荡，提高电力系统运行的稳定性。

（2）在不对称运行中，阻尼绕组可起到削弱负序气隙旋转磁场的作用。由于负序气隙磁场的削弱，转子的损耗及发热也随之降低；交变力矩及振动也减小了。

（3）转子纵、横轴的差异缩小，也减小了高频干扰的幅度。

（4）阻尼绕组使发电机担负不对称负荷的能力大大提高，改善了水轮发电机的自整步条件，消除了当欠励并通过大电抗的输电线供给电容负荷时产生自动振荡的可能，加速发电机自同期并列。

图 1.17 阻尼绕组

1—磁极；2—转子绕组；3—阻尼绕组；

4—上阻尼环；5—下阻尼环

（5）阻尼绕组还可防止定子的冲击过电压击穿转子励磁绕组的绝缘。由于雷击或者内部短路，定子绕组中电流突然改变，这时阻尼绕组起着保护励磁绕组的作用，避免其绝缘击穿。因为阻尼绕组减小了在励磁绕组中的感应电势的幅值。

实心磁极因本身有较好的阻尼作用，故不另装设阻尼绕组。

阻尼绕组由阻尼铜条和两端的阻尼环组成。转子组装时，将各极之间的阻尼环用青铜片制成软接头搭接成整体，形成纵横阻尼绕组，如图 1.17 所示。

凸极式电机的磁极、磁轭、与绕组间的结构示意图如图 1.18 和图 1.19 所示。

1.5.1.5 制动环

制动环位于转子磁轭下方。大型水轮发电机的制动环，因转动部分越来越重，制动时的大量动能转换为摩擦热能，使制动环的温度很高，磨损严重。国内曾有发热变形和龟裂现象发生，甚至无法使用，需要更换制动环，影响发电。为此，将制动环的传统结构改进为可拆式，即采用制动环和磁轭下压板分离的结构。这种结构不仅有利于制动环发热时自由伸长，而且在更换制动环时可不需解体发电机转子。另外，采用这种结构，运转时制动环的离心力由整圆下压圈承受，从而减小了拉紧螺杆的应力，有利于安装时适当提高螺杆的把紧力。小浪底、漫湾等水电站大型水轮发电机均采用此种结构，效果良好。

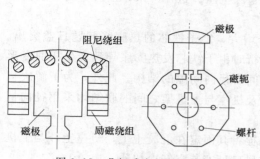

图 1.18　凸极式电机的磁极、
磁轭与绕组部件装配

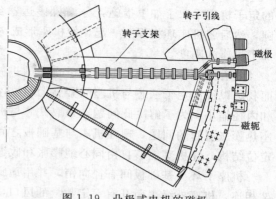

图 1.19　凸极式电机的磁极、
磁轭与绕组整体装配

1.5.1.6　风扇

风扇是水轮发电机产生压头（风压）的压力元件。它的作用在于产生足够的压头，以驱送所需的气流（气体）通过电机。在中、小型水轮发电机中，风扇产生的风量约占电机总风量的 30％左右。在大型水轮发电机中，由于发电机的直径大，转子体产生的风量足以满足电机所需风量的要求，而风扇产生的风量占电机总风量的比例很小，因此，大型水轮发电机一般都采用无风扇通风系统。

1.5.2　定子

定子主要由机座、铁芯、绕组等部件组成，其结构如图 1.20 所示。

1.5.2.1　定子机座

定子机座俗称定子外壳。它的主要作用是固定铁芯；承受定子自重；承受上部机架以及装置在机架上的其他部件的重力；承受电磁扭矩不平衡磁拉力；承受绕组短路时的切向剪力；如机组是悬式结构，还将承受机组的推力负荷，并把它传递给基础。因此，定子机座必须具有足够的强度，防止定子变形和振动。后两种力对定子机座的作用是相互矛盾的。磁拉力，要求定子有足够的刚度，以遏止定子及铁芯产生椭圆度变形；热膨胀力，要求定子机座有足够的挠度，以适应定子铁芯热膨胀力，从而避免引起铁芯的翘曲。所以，在设计定子机座时，既要求有一定的刚度，又要求此刚度不能过大。

为了增加定子机座刚度，国内的电机制造厂都对采用分瓣运输的大容量水轮发电机

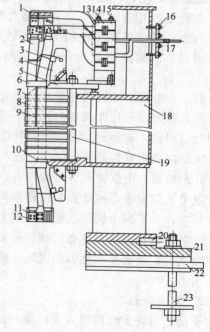

图 1.20　立式水轮发电机定子结构

1—极间连接线；2—定子线圈；3—端箍；4—端箍支架；
5—上齿压板；6—槽口垫块；7—槽楔；8—定子铁芯；
9—定子测温装置；10—下齿压板；11—并头套；
12—绝缘盒；13—铜环引线支架；14—铜环引线；
15—绝缘螺杆；16—引出线夹；17—引出铜排；
18—机座；19—拉紧螺杆；20—定位销；
21—基础板；22—楔子板；23—基础螺杆

21

的定子机座采取了如下措施：分瓣机座运输到工地后，通过小合缝板，将机座把合成整圆，然后将机座环板焊到一起，使机座形成一个整圆机座。这样一来，没有分瓣，从而增加了机座的刚度。

随着大型低速水轮发电机定子直径的进一步增大，定子铁芯的热膨胀问题日益突出。而我国以往的定子铁芯与机座间紧靠无间隙，运行时由于铁芯发热膨胀导致产生扭曲变形和内径缩小。为了解决此问题，采取铁芯与机座间有径向间隙的结构。此外，为了解决机座热膨胀引起的问题，现在机座与基础板之间以及机座与上机架之间的联结均采用径向销定位结构，让机座能够自由同心地膨胀和收缩。

机座下环与基础板间有径向销，并用地脚螺栓将其固定在混凝土上；机座上环与上机架相连，机座外缘表面开有一定数量的风口，在风口处安装空气冷却器。

1.5.2.2 定子铁芯

定子铁芯是水轮发电机磁路的主要通道并用以嵌放定子线圈。由于定子铁芯中存在着交变磁通，才在定子绕组中感应出交变电流，因此，把定子铁芯称为磁电交换元件。

在发电机运行时，铁芯要受到机械力、热应力及电磁力的综合作用。定子铁芯一般由两面涂有绝缘漆的扇形硅钢片叠压而成。硅钢片是一种含碳量很低的薄型钢板，为了得到可行的低磁滞损耗，它是在特殊控制条件下进行生产的。一般纯铁之所以不适用于交变磁场中，主要是因其电阻率小，会引起大的涡流损耗。加入硅元素后，由于硅与铁形成固溶体型合金，从而提高了电阻率。硅钢片就是利用增加电阻率，减少由于厚度方向引起的涡流损耗。涡流损耗是与硅钢片的厚度成比例的。通常铁芯用的硅钢片厚度为0.35～0.5mm。

目前，在电机中应用的硅钢片分冷轧和热轧两种，冷轧的硅钢片又分为有取向和无取向两种。有取向硅钢片即是各向异性，当磁通方向与轧制方向平行时，这种钢片的单位损耗特别低。因此，这种钢片是变压器铁芯的一种理想材料。但在电机内应用，其范围极其有限。无取向硅钢片即是各向同性。这种钢片是用与各向异性硅钢片类似的方法轧制而成的。在轧制质量、电气性能等方面与有取向的硅钢片相比较，具有它的优越性。因此，大型水轮发电机定子铁芯冲片都采用各向同性的冷轧硅钢片，已成为现在普遍的做法。

近年来，为了减小机座承受的径向力和减小铁芯的轴向波浪度，有的发电机采用所谓浮动式铁芯，其特点是在冷态时铁芯和机座定位筋间预留有一较小间隙，当铁芯受热膨胀时此间隙消失，当机座和铁芯温度不一致时相互之间可以自由膨胀，从而大大减小机座承受的径向力。

1.5.2.3 定子绕组

定子绕组由许多线圈组（或线棒）组成。

定子绕组的作用是，当交变磁场切割绕组时，便在绕组中产生交变电动势和交变电流，从而完成水能→机械能→电能的最终转换。

定子绕组的固定，对确保水轮发电机的安全运行及延长绕组使用寿命有着十分重要的作用。如固定不牢，在电磁力和机械振动力的作用下，容易造成绝缘损坏、匝间短路等故障，因而槽部线棒用槽楔压紧，端部用端箍结构固定。

大中型水轮发电机的定子绕组是由多股导线组成的。实践证明，在这种绕组中存在两种环流。第一种环流，流动于每一股线导体中，产生集肤效应（挤流）使导体内的各点电流密度分布不均匀，从而使附加铜耗及交流电阻增加。如果采用较薄的股线，实际上就解决了这种环流。第二种环流，是存在于任意两根股线所组成的回路之中，它叠加在由负载电流决定的平均值之上，使各股线电流呈现不均匀现象，其原因是由于各并联股线处在不同位置，它们的磁链也不相同，因而产生的电势也就不同，因此在各股线回路中形成了电势差，出现了环流。由计算表明，如果没有采取专门的措施，它可能比第一种环流要大得多（因为回路中限制环流的阻尼很小）。这种环流，既增加了定子附加铜耗又使股线出现过热点，将直接危害线圈绝缘寿命，限制电机出力的提高。因此，这个问题引起了国内外的普遍关注。为了消除或减少环流所引起的损耗，通常电机绕组采用不同方式的换位，实践证明是行之有效的方法。

1.5.3 机架

机架是发电机安置轴承的主要支撑部件。常规卧式水轮发电机的轴承一般采用座式支架支撑。立式发电机中机架用来支撑推力轴承、导轴承、制动器、励磁机定子及受油器等部件。所以机架是水轮发电机的重要结构部件。

1.5.3.1 机架受力

不同型式的立式发电机，其机架安置不同类型的轴承。因此，机架的受力（承载）性质也不同，可分为负重机架和非负重机架两种类型。

1. 负重机架

通常支撑推力轴承的机架为负重机架。如悬式发电机的上机架和伞式、半伞式发电机的下机架等。负重机架主要承受来自水轮机的水推力和整个转动部分的全部重量以及机架自重和作用在机架上的其他负荷。此类机架的刚度强，特别是机架垂直方向的刚度，将直接影响推力轴承的性能和机组运行的稳定性。所以机架设计时，必须对负重机架的轴向挠度给予严格控制。有时根据结构要求，也会将导轴承装设在负重机架体内，在这种情况下，负重机架设计时还应考虑承受径向负荷的要求。

2. 非负重机架

非负重机架主要承受径向负荷，其中包括：转子机械不平衡力，定子、转子气隙不均匀引起的单边磁拉力以及半数磁极短路引起的力等。

非负重机架一般轴向负荷较小，主要承受机架上放置的零部件重量如导轴承油槽、上盖板等。如在下机架放置制动器，还需考虑顶起转子时机组转动部分重量以及自重。径向负荷是由上导和下导及水导轴承共同承担，无上导轴承的伞式机组由下导和水导轴承负担。由导轴承承担的径向负荷，是通过导轴瓦的油膜传递到机架上的。

悬式发电机的下机架和半伞式发电机的上机架都属于非负重机架。

1.5.3.2 机架结构型式

机架结构型式取决于水轮发电机的总体布置。不同类型的总体布置（如悬式、伞式或半伞式结构）将匹配不同类型的机架型式。

1. 辐射型机架

辐射型机架又称星形机架。其支臂由中心体向四周辐射。当机架支臂外端的对边尺寸不超过运输限制尺寸（小于 4m）时，可采用中心体与支臂焊为一体的整体机架，如图 1.21 所示。当支臂外端尺寸超出运输限制尺寸（大于 4m）时，可采用可拆式机架，即中心体和支臂（或部分支臂）做成分开的结构。此种结构有两种类型：①合缝板结构，中体和支臂在厂内加工后到工地用合缝板组合成整体，如图 1.22 和图 1.23 所示；②中心体和支臂厂内加工后在工地焊接成整体。

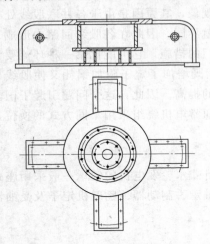

图 1.21　整体辐射型机架

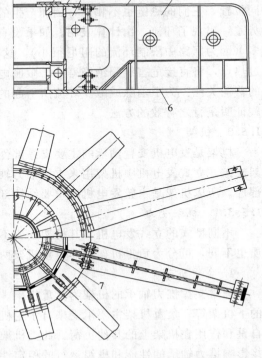

图 1.23　可拆卸支臂机架典型结构
1—加强圈；2—上圆板；3—立筋；4—上翼板；
5—腹板；6—下翼板；7—横梁

图 1.22　可拆式辐射型机架

辐射型机架各支臂和中心体受力均匀，适用范围比较广。一般适用于大中型水轮发电机的负重上、下机架和非负重的下机架及一些低速大容量跨度较大的上机架。

2. 井字形机架

机架的各支臂与中心体间构成井字形式称之为井字形机架，如图 1.24 所示。由于受力的原因，一般用于大、中型水轮发电机的非负重机架。

井字形机架支臂外端对边尺寸超出运输限制尺寸（大于 4m）时，可将 4 个支臂做成可拆式的结构，以满足运输的要求。

3. 桥形机架

中、小型水轮发电机的推力负荷不大（一般在 300t 以下），而机架的尺寸又较小（通常不超过 4m），在这种情况下，无论是负重机架还是非负重机架都可采用桥形机架，如图 1.25 所示。

4. 斜支臂机架

机架的每个支臂沿圆周方向都偏扭一个支撑角被称之斜支臂机架，以使机架支臂在运行时具有一定的弹性（图 1.26）。支撑角的大小是根据机架需要的柔性而确定的。上机架通过斜向柔性板与定子机座连接，定子铁芯的热膨胀可以不受上机架的影响，以减少铁芯

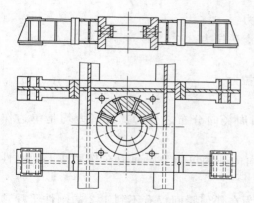

图 1.24 井字形机架

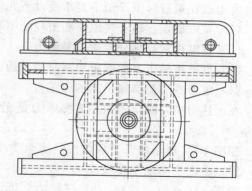

图 1.25 桥形机架

图 1.26 斜支臂机架

弯曲应力。同样，上机架的中心体也可以不受定子和机架的热膨胀的影响。采用这种结构型式的机架可保证定子的同心度，而机架的刚度与径向式支臂的机架基本相同。下机架采用斜支臂同样可以减少机架与基础间由于热膨胀引起的应力。而机架的刚度同样与径向式支臂的机架相同。这类机架适用于大容量水轮发电机的上、下机架。

1.5.3.3 千斤顶

为了减小水轮发电机的径向振动，对于高速水轮发电机常在上机架支臂外端与机坑之间装设千斤顶。千斤顶由柱头、螺母、螺杆、顶座及剪断销等零件组成，如图 1.27 和图 1.28 所示。

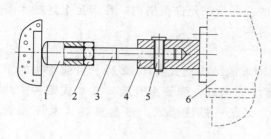

图 1.27 刚性千斤顶

1—柱头；2—螺母；3—螺杆；4—顶座；
5—剪断销；6—上机架

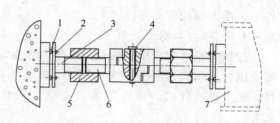

图 1.28 弹性千斤顶

1—碟形弹簧；2—螺栓；3—座杆；4—剪断销；
5—螺母；6—剪杆；7—上机架

发电机在运行时千斤顶主要承受以下几种力：

（1）发电机定、转子气隙偏心出现的不平衡磁拉力。

（2）发电机转动部分径向不平衡力。

（3）发电机转子半数磁极短路时的单边磁拉力。

（4）定子铁芯热膨胀引起的膨胀力。

在上述力中，除定子铁芯热膨胀力是全圆周径向分布之外，其余诸力均是单边作用的力。

如图 1.27 所示的千斤顶结构只能承受径向向外的单向力，而力在作用线上为刚性接触，所以称之为刚性千斤顶。

对于上述（1）、（2）、（3）三种力，可认为在任何瞬间仅有不到 1/2 的刚性千斤顶受力，而大部分千斤顶与基础板不接触，这对千斤顶本身及基础的受力都不利，也不能完全起到限制径向振动的作用。

近年来，国内制造厂提出一种弹性千斤顶，结构如图 1.28 所示。此种结构与刚性千斤顶主要区别是在千斤顶的两端加一定数量的碟形弹簧，使千斤顶既可传递压力，也可承受拉力，把刚性千斤顶的部分千斤顶受力状态转化为全部千斤顶受力，这样使千斤顶和基础受力得到改善。碟形弹簧可按一定的预压力调整，定子和上机架的热膨胀量，大部分将被碟形弹簧吸收。这种结构可以限制机组的振动，适应定子热膨胀的需要，改善了千斤顶和基础受力。

1.5.4　推力轴承

1.5.4.1　推力轴承的作用

推力轴承承受整个水轮发电机组转动部分的重量以及水轮发电机的轴向水推力，同时经推力轴承将这些力传递给水轮发电机的荷重机架。

1.5.4.2　对推力轴承的基本技术要求

推力轴承常被人们称为水轮发电机的心脏，由此可见其重要性。因此，推力轴承工作性能的好坏，将直接影响到水轮发电机能否长期、安全、可靠运行。目前，水轮发电机单机容量不断增大，推力轴承负荷也随之增大，因而对大负荷推力轴承的技术要求就更高了，主要要求有：在机组启动过程中，能迅速建立油膜；在各种负荷工况下运行时，能保持轴承的油膜厚度，以确保润滑良好；各块推力瓦受力均匀；各块推力瓦的最大温升及平均温升满足设计要求，并且各瓦之间的温差较小；循环油路畅通且气泡少；冷却效果均衡且效率高；密封装置合理且效果良好；推力瓦的变形量在允许范围内；在满足上述技术条件下，推力损耗较低等。

1.5.4.3　推力轴承的类型

按推力轴承的支撑结构划分，国内外推力轴承的结构型式有 10 多种。目前常用的主要有刚性支承式、液压弹性油箱支承式、平衡块支承式、弹簧束（簇）支承式四种。此外，还有弹性杆式、弹性圆盘式、弹性垫式、支点—弹性梁式、多盘多线式及压缩管式等。

1. 刚性支承式

刚性支承结构主要由托盘、支柱螺钉及套筒等零件组成，如图 1.29 所示。支承结构的特点是属于单支点支承，又称金斯伯利（Kingsbury）支承。轴瓦的受力靠调节支柱螺钉的高低来实现，一般较难调整。但支承结构简单，便于制造，轴瓦的转动灵活性较好。刚性支承很难完全满足上述对支承结构的三个基本要求，所以，一般用于中、小型推力轴承，对于采用钨金瓦面的轴瓦其承载的单位压力控制在 2～3MPa，金属弹性塑料瓦面可适当提高。

2. 液压弹性油箱支承式

液压弹性油箱支承式也属于单支点支承。弹性油箱和支柱螺钉作为轴瓦的支承件，如图 1.30 所示，其主要特点是利用连通器原理，将各瓦的弹性油箱用钢管连接在一起，因此各推力瓦的受力能够靠油压自动调整，故承载能力较强。目前，国内生产的水轮发电机组，其推力负荷大于 9.8×10^6 N 时，都采用这种结构型式。

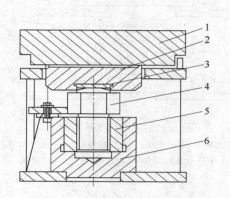

图 1.29　刚性支承结构

1—推力轴瓦；2—托盘；3—垫片；
4—支柱螺钉；5—套筒；6—轴承座

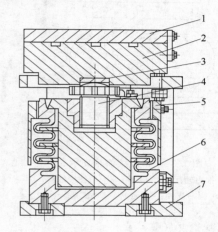

图 1.30　弹性油箱支承

1—推力轴瓦；2—托盘；3—垫片；4—支柱螺钉；
5—保护套；6—弹性油箱；7—底盘

液压弹性油箱支承式的特点是轴瓦可通过弹性油箱的轴向变形改善其受力。弹性油箱支承结构，每块轴瓦下的油箱用油管相互连通并充入一定压力的油。各轴瓦间的不均匀负荷通过相连通的油压给予平衡，各油箱间的均匀度在 3％～5％范围内。为了减小由于温度变化而引起油箱附加应力，在油箱腔内放有支铁，以减少充油量。支铁的另一个作用是一旦油箱出现漏油事故时，支铁可以支承负荷，不致造成支承结构被破坏的危险。油箱外表装有保护套以保护油箱表面不受机械损伤。同时，在安装时可拧动保护套使它与底座接触，并作为刚性盘车支承用。弹性油箱支承的轴承高程仍需支柱螺钉进行调整。

液压弹性油箱优点是安装时对各块瓦面的高度和水平调整精度要求不高，运行时各块瓦之间的不均匀负荷可由弹性油箱均衡，使各瓦受力均匀。但其缺点是用于推力瓦长宽比（l/b）较小的长条扇形瓦时，瓦的变形仍较大，并且对油箱的材质和制造工艺要求较高，因为一旦油压泄漏就可能发生危险事故。这种支撑结构运用于推力负荷大于 1000t 的推力轴承。

弹性油箱目前有四波纹、三波纹和单波纹三种结构。油箱的波纹数是根据受力状态和负荷均匀度的需要确定。单波纹油箱支承（图 1.31）的工作原理与多波纹油箱的相同，只是性能上较多波纹差些，但是结构简单，加工方便且节省材料。

3. 平衡块支承

平衡块支承式是利用上、下平衡块的互相搭接组成一个整体系统，也属于单支点支承，如图 1.32 所示。上、下平衡块接触面和下平衡块及底盘上的垫块接触面均为圆柱面与平面接触。其结构比较简单，但加工精度要求高，由于采用了具有杠杆作用的平衡块支承，各推力瓦的受力可自行调整，改善了轴瓦受力的均匀性，提高了推力轴承瓦的单位压力和运行可靠性。故其承载能力比刚性支承式有明显提高，适用于中、低速大中型水轮发电机组。

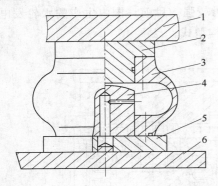

图 1.31　单波纹油箱支承

1—推力轴瓦；2—顶盖；3—单波纹油箱；
4—支铁；5—底环；6—机架

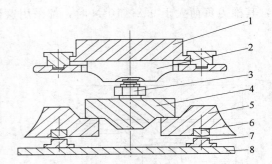

图 1.32　平衡块支承结构

1—推力轴瓦；2—托盘；3—支柱螺钉；4—上平衡块；
5—下平衡块；6—接触块；7—垫块；8—底盘

4. 弹簧束（簇）式

该种型式的推力轴承属多支点支承，推力轴瓦放置在一簇具有一定刚度、高度又相等的支承弹簧上。支承弹簧除承受推力负荷外，还能均衡各块瓦间的负荷和吸收振动的作用。弹簧束支承结构（图 1.33）具有承载能力较大、轴瓦温度较低和运行稳定等优点，不仅适用于低速重载轴承，也适用于高速轴承；既可用于一般的水轮发电机，也可用于发电电动机。

弹簧束支承结构的特点如下：

（1）轴瓦的变形在一定条件下，可使油膜压力产生的机械变形与瓦温差引起的热变形的方向相反，这样可使其相互抵消，从而达到控制轴瓦最终变形来得到最佳瓦面形状，提高轴承润滑性能和承载能力。

（2）推力轴承属于浮动支承，其合力作用点可随负荷、线速度的不同而有所不同。因此，这种支承结构比其他支承结构可适应更广的工况范围。

（3）推力轴承的弹性元件除了承受轴瓦自身的推力负荷外，还能均衡各块瓦之间的负荷，轴承运行时还具有吸收振动的能力，有利于推力轴承安全稳定的运行。

（4）弹簧束支承推力轴承结构紧凑，支承元件尺寸小，对降低发电机的高程有着明显效果。

弹簧束的弹性元件，传统采用圆柱螺旋弹簧。由于此种弹簧的承载能力有一定的局限性（一般每个螺旋弹簧的承载量在 1.5t 以下），为进一步发挥弹簧束支承的承载能力，近年来已发展为将圆柱螺旋弹簧改为碟形弹簧结构，如图 1.34 所示。碟形弹簧具有体积小，

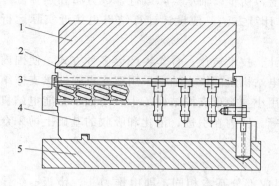

图 1.33　弹簧束支承
1—镜板；2—推力瓦；3—弹簧束；
4—底座；5—机架

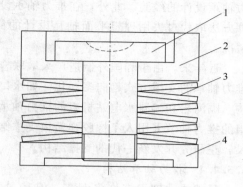

图 1.34　碟形弹簧支承
1—螺杆；2—上垫圈；3—碟簧；4—下垫圈

储蓄能量大，组合使用方便等优良特性。用碟形弹簧组成的碟形弹簧束支承推力轴承，经试验台全面系统试验证明，其性能完全达到圆柱螺旋弹簧束支承推力轴承的要求。此种弹簧束支承已在 4600t 的三峡水轮发电机推力轴承上得到应用。

目前，弹簧束支承的推力轴承在大型水轮发电机上得到普遍的应用，如大古力、伊泰普、古里Ⅱ、二滩、隔河岩等机组都是采用这种支撑结构，而且运行效果良好。

上述四种常用推力轴承性能比较见表 1.3。

表 1.3　　　　　　　　　　　　　推力轴承支承结构性能比较

序号	支承结构	轴瓦变形	瓦负荷均匀性	设计制造	瓦倾斜灵活性	安装调试
1	刚性单托盘支承	较差	较差	简单	好	较好
2	液压弹性油箱支承	一般	好	复杂	较好	一般
3	平衡块支承	一般	好	一般	好	较好
4	弹簧束（簇）支承	好	一般	一般	一般	一般

我国推力瓦运行后经常容易发生瓦温偏高，甚至磨损烧瓦，其根本原因是采用的支撑结构不合适。以往大都是采用支柱螺钉单点或者单托盘支撑，瓦受压后变形大，特别是推力瓦为长宽比较小的长条扇形瓦时，瓦面的比压、油膜温度很不均匀。靠近支撑点附近的瓦面局部比压过高（远大于设计值），局部油膜减薄，局部温度升高，热变形增大，热变形与机械变形叠加，恶性循环，最后导致油膜破坏而磨损烧瓦。为了减少轴瓦变形，寻求合理的支撑方式，经试验研究，对于大容量高推力负荷的机组（推力负荷 1000t 以上），为减小机械和温度梯度变化引起的综合变化，将双层瓦（薄瓦和托瓦）通过支柱螺钉和托盘安置在弹性油箱上的支撑方式，改为直接装设在弹性油箱上，如天生桥二级、五强溪、小浪底等水电站机组的推力轴承均改用这种结构，运行正常。另外，在弹性油箱支撑的基础上，先后开发了平衡块支撑结构、单波鼓型油箱结构和嵌入式托盘支撑结构，如龙羊峡水电站机组就采用了嵌入式托盘支撑结构，葛洲坝水电站机组采用了平衡块支撑结构，运行良好。目前正进行双托盘和小弹簧束支撑的研究，并且为了适应抽水蓄能机组的需要，还进行了支点位置可倾瓦推力轴承性能的影响研究，以积累多支点支撑和抽水蓄能机组推

力轴承设计的经验。此外,在推力轴承设计上,初步以轴承实际运行参数分布和热弹流计算方法取代过去用理想平面轴瓦设计的简单计算方法,使设计计算结果更接近实际运行情况。

近年来,由于和国外制造厂采取联合设计、技术转让、合作生产等多种方式,使国内推力轴承的支撑方式趋向多样化。如水口水电站机组的推力轴承采用双支点弹性梁支撑结构,隔河岩和二滩水电站机组的推力轴承采用小弹簧束支撑结构,十三陵抽水蓄能电站机组的推力轴承采用人工橡胶弹簧束支撑结构等。国内在引进、消化和吸收的基础上博采众长,正研究开发新一代的支撑结构。

1.5.4.4 推力轴承结构

虽然推力轴承有许多型式,但其主要组成部分基本相同,即由推力头、镜板、绝缘垫、推力瓦、轴承座、油槽和冷油器组成,如图1.35和图1.36所示。

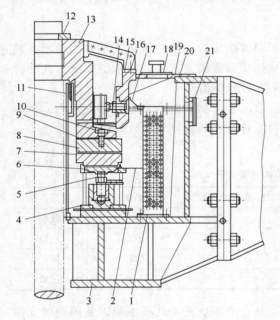

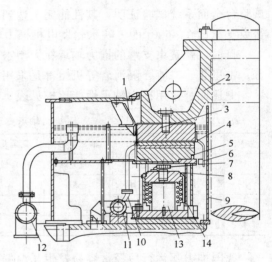

图 1.35 刚性支柱式推力轴承

1—油冷却器;2—隔油板;3—上机架;4—轴承座;
5—支柱螺钉;6—托盘;7—推力瓦;8—镜板;
9—绝缘垫;10—把合螺钉;11—挡油环;
12—卡环;13—推力头;14—导轴承;15—密封
垫;16—密封盖;17—挡油罩;18—气囤;
19—油槽盖;20—密封垫;21—观察窗

图 1.36 液压支柱式推力轴承

1—隔油罩;2—推力头;3—镜板;4—推力瓦;
5—托瓦;6—叶轮泵;7—支柱螺钉;8—锁定板;
9—挡油环;10—喷管;11—进油环管;
12—出油环管;13—支铁;14—保护套

1. 推力头

推力头是发电机承受轴向负荷和传递转矩的部件。推力头随发电机总体结构的不同而有不同的结构型式,通常有以下几种:

(1)普通型推力头。单独油槽的悬式水轮发电机的推力轴承一般都采用普通型推力头结构,如图1.37所示。

(2)混合型推力头。中、小型悬式水轮发电机,推力轴承和导轴承设在同一油槽内,一般采用混合推力头结构，如图 1.38 所示。

（3）组合式推力头。大、中型伞（半伞）式水轮发电机推力轴承的推力头，采用与转子支架轮毂或大轴把合在一起的组合式推力头结构，如图 1.39 所示。

（4）与轮毂一体推力头。推力头设计成与转子支架为一体结构，可以铸造也可铸焊结构。此种结构常用于大型伞（半伞）式水轮发电机，如图 1.40 所示。

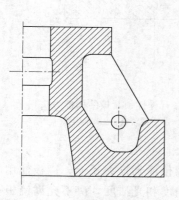

图 1.37　普通型推力头

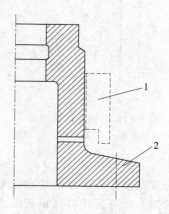

图 1.38　混合型推力头
1—导瓦；2—推力头

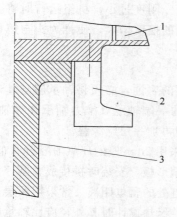

图 1.39　组合式推力头
1—转子支架；2—推力头；3—大轴

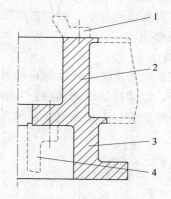

图 1.40　与轮毂一体推力头
1—上端轴；2—轮毂部分；3—推力头部分；4—下端轴

（5）与轴一体推力头。分段轴结构的伞（半伞）式水轮发电机，常将推力头与大轴做成一体（图 1.41）。保证推力头与大轴之间垂直度，消除推力头与大轴之间的配合间隙，免去镜板与推力头配合面的刮研和加垫，给安装调整带来方便，同时解决了发电机大轴找摆度难的问题。

（6）弹性锁紧板结构推力头。为吸收刚性支承轴瓦间不均匀负荷，国外有的采用弹性锁紧板结构推力头（图 1.42），沿推力头圆周装设 6～10 个辐射排列的弹性锁紧板。安装时在板端固定点上加垫进行调整，使其相互受力均匀，并具有一定的预紧力，以适应轴向不平衡负荷。

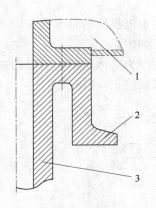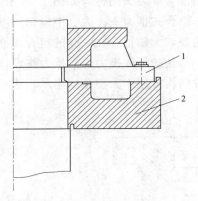

图 1.41　与轴一体推力头　　　　　图 1.42　弹性锁紧板结构推力头
1—转子支架；2—推力头；3—轴身　　　　1—弹性锁紧板；2—推力头

2. 镜板

镜板为固定在推力头下面的转动部件，它使推力负荷传递到推力瓦上。镜板使用的材料大部分为锻钢，也有采用特殊钢板的。镜板有较高的精度和光洁度，决不允许镜板有伤痕、硬点和灰尘，否则容易造成推力瓦的磨损和烧瓦事故。

镜板上、下两平面的平行度，将直接影响机组的安装和机组摆度的调整，并对机组运行的稳定性有着直接影响。此外，镜板还应有一定的刚度。刚度过小，机组运行时将会产生周期性的有害的波浪变形，致使机组轴线产生偏摆，轴的摆度增大，使推力头与镜板结合面产生接触腐蚀。

3. 绝缘垫

为了保证机组的正常运行，防止轴电流对轴瓦和镜面的腐蚀，必须将轴承座与基础用绝缘垫板隔开，以切断轴电流回路：一般是在励磁机侧的一端轴承（推力轴承和导轴承）装设绝缘垫板和套管。为加强绝缘，可在推力头与镜板间再加一层绝缘垫。

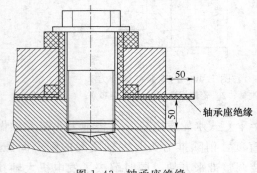

图 1.43　轴承座绝缘

绝缘垫采用 2mm 厚的环氧酚醛玻璃布板，加工成数块扇形板，安装时拼接成整圆，为增加扇形板接缝处的爬电距离，常采用两层薄板交错叠放。绝缘垫设计时其外径应比轴承座外径大 30～50mm，与油槽底面也应有一定距离（50mm 左右），如图 1.43 所示。螺钉和销钉处除采用绝缘套管外，还需用较厚的绝缘垫圈以增大爬电距离。有的电站如小浪底在上导轴颈与主轴之间加装环形绝缘垫。

曾经在推力头与镜板结合面间加绝缘垫，以在安装时调整机组轴线。但发现绝缘垫的变形和腐蚀会引起轴的摆度变化，目前大多数发电机不采用在推力头与镜板间加绝缘垫的结构。

4. 推力轴瓦

推力轴瓦是推力轴承中的静止部件，也是推力轴承中的关键部件之一，一般做成扇形钨金瓦。推力瓦上都开有温度计孔，用于安装温度计，便于运行人员监视轴瓦温度和温度升高报警跳闸。

钨金瓦通常由钨金层和钢瓦坯组成。对于钨金层与钢瓦坯的结合，老式工艺是采用加工鸽尾槽的方法。目前改用堆焊轴承合金（钨金）方法代替原液体浇铸，新方法使轴承合金（钨金）与钢坯面能更好地咬合，不会产生气孔、缩孔、裂纹等缺陷。组织紧密、精加工余量小，可节省昂贵的轴承合金，是一种较为先进和经济的工艺。此工艺方法的另一优点是改善了推力轴瓦在运行中的热变形问题。

为了减小轴瓦进油和出油区域的流体阻力，一般在轴瓦外径的左上角和内径的右下角（顺时针旋转的轴承）切去一块，如图 1.44 （a）所示，其边长为 30～100mm（视轴瓦大小选取）。若切取后能修成圆弧形或双曲线形，则更为理想，如图 1.44 （b）所示。

轴瓦的钨金层厚度一般为 2～3mm，表面粗糙度要求达到 3.2μm。瓦的周边修成 R_2 圆角，进油边刮出楔形斜坡，有利于发电机启动时油膜的形成。

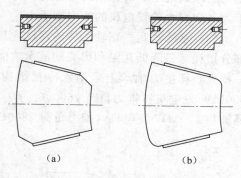

（a）　　　　　　　（b）

图 1.44　推力轴瓦
（a）倒角结构；（b）圆弧形结构

近年来，部分推力轴瓦采用梯形截面替代过去的矩形截面，这样可使油的流动平缓，并消除紊流现象。采用这种截面能非常有效地防止气泡进入推力头与瓦之间，如图 1.45 所示，大大地改善了轴承的性能。

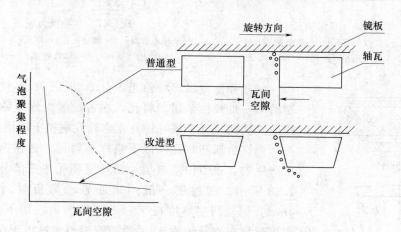

图 1.45　轴瓦间气泡停留趋势

轴瓦有以下几种形式：

（1）普通轴瓦。一般中、小型水轮发电机推力轴承都采用普通轴瓦。此种轴瓦结构简单，用 60～150mm 的钢板作为瓦坯采用上述的方法加工出鸽尾槽后浇注轴承合金或采用堆焊轴承的合金方法，加工制造钨金层。

（2）双层轴瓦。双层推力轴瓦由两个零件组成，一个为带有轴承合金的上层薄瓦，瓦厚度在 60mm 左右；另一个是厚托瓦，厚度在 240～280mm 之间，托瓦刚度大，可减少推力轴瓦的压力（机械）变形。薄瓦由于厚度小，刚度也小。尽管薄瓦上、下两面的温差使它有温度变形的趋势，但由于薄瓦刚度小，仍能被压服在托瓦面上，从而达到推力轴瓦综合变形减小的目的。

双层轴瓦的托瓦，因其上、下两面存在一定的温差，所以有一定量的温度变形。为减少其变形，在托瓦上开有切向沟槽，通油冷却轴瓦（图 1.46），转动的镜板带动润滑油流过这些沟槽，有效地冷却托瓦，使托瓦上、下两面的温差减到最小，整个推力轴瓦的变形也随之减到最小，确保推力轴承有良好的运行性能。双层轴瓦因其独特的优点，被广泛用于大、中型水轮发电机的推力轴承上。

（3）水冷轴瓦。在轴瓦体内埋设冷却水管，并通以冷却水直接带走轴瓦摩擦表面的大部分损耗，是降低瓦温和提高轴承承载能力的一种有效方法。从 20 世纪 60 年代开始，在一些大负荷推力轴承上采用水冷瓦结构，如图 1.47 所示，如苏联的克拉斯诺亚尔斯克 500MW 发电机（推力负荷 2600t）、美国大古力 600MW 发电机（推力负荷 4086t）和中国葛洲坝 170MW 发电机（推力负荷 3800t），后来采用弹性金属塑料瓦后取消了水冷轴瓦。

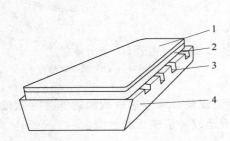

图 1.46　双层轴瓦

1—钨金瓦；2—薄瓦；3—冷却油沟；
4—托瓦（厚瓦）

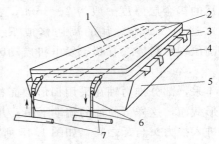

图 1.47　水冷推力轴瓦

1—冷却水管路；2—钨金瓦；3—薄瓦；4—冷却油沟；
5—托瓦（厚瓦）；6—软管连接；7—汇流管

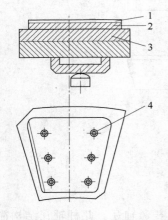

图 1.48　弹性金属塑料瓦

1—塑料层；2—钢丝层（弹簧层）；
3—瓦坯；4—测试孔

（4）弹性金属塑料轴瓦。自 20 世纪 70 年代初由苏联研制的第一批弹性金属塑料瓦，在古比雪夫水电站发电机上应用后，从此打开了该种轴瓦在水轮发电机上应用的窗口。

弹性金属塑料瓦（以下简称塑料瓦）是在钨金瓦的基础上产生的，主要由塑料层、铜丝层和瓦坯三部分组成，如图 1.48 所示。塑料层一般用聚四氟乙烯板材，厚度为 3～4mm，铜丝网层厚度在 7～8mm 范围内，用 $\phi0.3～\phi0.4$ 的青铜丝绕成直径约为 $\phi3$ 的弹簧圈层与塑料板压在一起，成为瓦面复合层，然后用钎焊与瓦坯焊成一体，经一定的工艺处理后，复合层具有符合设计要求的柔度或弹性模量，较高的屈服极限，较小的残余塑性变形及良好的尺寸稳定性，并具有足够的结合强度。弹簧圈层起到连接并兼有弹性作用，表层的塑料板精加工后厚 1.5～2mm。

塑料瓦的结构特征决定了轴瓦的运行性能。因为塑料瓦的瓦面层是由铜丝弹性复合层组成，所以塑料瓦的瓦面压力变形与瓦体的压力变形以及轴瓦的温度变形大体上方向相反，两者的变形能相互抵消一部分，从而减少了推力轴瓦的综合变形，改善了推力轴承运行性能，是避免推力轴承发生故障的主要原因。

弹性金属塑料瓦的主要优点如下：

1）在运行时它能迅速降低摩擦区内接触压力，主轴发生倾斜时尤为明显。

2）轴瓦可预先设计成有规定弹性的轴承。

3）在液体摩擦状态下，对轴瓦弯曲补偿能力比钨金瓦相对要大。

4）能保证明显的接触液体动力效果，包括有较大的油膜厚度。

5）耐磨性比钨金瓦大 2.5～3 倍。

6）摩擦系数小，是钨金瓦的 1/3～1/2。

7）有高度的减振特性，可降低转动部分传到固定部分的振动。

8）可以耐高温（据俄罗斯厂家称，最高可达 260℃），热稳定性高，化学结构稳定。此外，弹性金属塑料瓦的不黏和自润滑等优良性能，可以提高机组的启动灵活性及运行可靠性。

它的缺点是：由于是瓦基表面测温，靠固体传热，且塑料的传热性差，所反映的温度不是实际瓦温，带来保护动作的滞后，容易发生烧瓦现象，轴瓦损坏会导致弹簧层刮伤镜板，只有扩修时才能处理。

通过国内外电站的实际运行和试验台的试验研究，塑料瓦和钨金瓦两种轴瓦的主要性能比较见表1.4。

表 1.4 塑料瓦和钨金瓦的主要性能比较

项　　目	塑 料 瓦	钨 金 瓦
压力变形与温度变形关系	瓦面压力变形可抵消部分瓦体温度变形	瓦的压力变形与温度变形叠加
瓦局部最高压力与平均压力比值	2 倍左右	3～4 倍
轴瓦平均单位压力	4～7MPa	＜5.6MPa
测量瓦体温度	低	高
机组冷启动	油温 0℃	油温＞10℃可启动
机组热启动	停机后可立即启动	停机降温后方可再启动
长时间停机后启动	30d 内可不顶转子启动	7～10d 后必须顶转子后启动
停机制动	允许 10％额定转速以下投入机械制动	20％～30％额定转速时投入机械制动
惰性停机	停机过程允许偶尔不制动	不允许停机过程不制动
高压油顶起装置	不需要	大型推力轴承需要
油冷却器容量及水量	明显小于钨金瓦	明显多于塑料瓦
安装时瓦面处理	瓦面不需要研刮	大型推力轴承需研刮
安装时盘车	盘车力矩小，只需抹透平油	盘车力矩大，需抹动物油脂

5. 托盘

托盘是用来支承推力瓦的，它的轴向柔度在运行中有一定的均衡负荷的作用，也可以使推力瓦的变形减小。薄形瓦不用托盘。

6. 轴承座

轴承座是支撑轴瓦的机构，通过它能调节推力瓦的高低，使各轴瓦受力基本均匀。

7. 油槽和冷却装置

油槽主要用于存放起冷却和润滑作用的润滑油，整个推力轴承安装在密闭的油槽内。机组运行时，推力轴承摩擦所产生的热量是很大的，因此，油槽内的润滑油除起润滑作用外，还起散热作用，即润滑油将吸收的热量借助通水的油槽冷却器将油内的热量吸收带走。推力油槽的冷却方式主要有两种，一种是内循环，另一种是外循环。

(1) 内循环冷却。内循环冷却是推力轴承传统的冷却方式，推力轴承和油冷却器均浸于同一个油槽内，靠在油槽中旋转的镜板促使润滑油在冷却器与轴承之间循环，进行热交换，由冷却水把轴承损耗在油中的热量带走，以保证推力轴承在热平衡状态下，油温控制在规定的温度下运行。典型的内循环冷却系统如图 1.49 所示。

内循环冷却系统结构简单，不需任何外加动力，广泛应用于各类水轮发电机推力轴承中。

传统的内循环冷却系统对轴承损耗大或镜板线速度高的机组来讲并不十分合适。因为镜板线速度高时，油流将随镜板旋转方向绕转，使油流难以通过密集的油冷却器管簇而得到充分冷却。鉴于这种情况，对传统的内循环冷却系统作了改进，采用强迫内循环冷却系统。即利用装设在镜板外圆的导油装置，将镜板自身泵作用所产生的油流引导到油槽内的油冷却器，减少随镜板旋转绕流的热油，以提高油冷却器的冷却效果。强迫内循环冷却系统示意图如图 1.50 所示。图内的箭头方向表示油循环的方向。

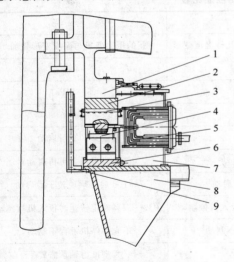

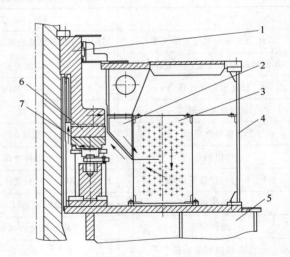

图 1.49 内循环冷却系统
1—推力头；2—镜板；3—推力轴瓦；4—支撑；
5—油冷却器；6—轴承座；7—油槽；
8—推力支架；9—挡油环

图 1.50 强迫内循环冷却系统
1—推力头；2—导油装置；3—油冷却器；4—油槽；
5—机架；6—镜板；7—推力轴瓦

按照油冷却器的不同结构型式，内循环冷却系统的布置主要有三种类型：装有立式油冷却器的内循环冷却系统（图 1.51）、卧式油冷却器的内循环冷却系统（图 1.52）和抽屉式油冷却器的内循环冷却系统（图 1.49）。

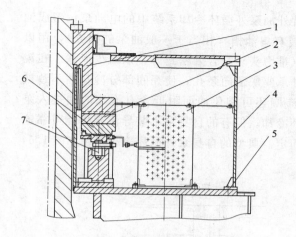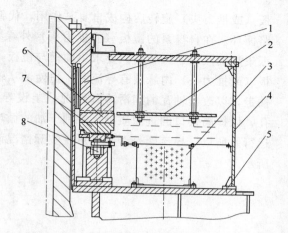

图 1.51 立式油冷却器的内循环系统
1—推力头；2—镜板；3—立式油冷却器；4—油槽；
5—机架；6—推力轴瓦；7—支撑

图 1.52 卧式油冷却器的内循环冷却系统
1—推力头；2—挡油板；3—卧式油冷却器；4—油槽；
5—机架；6—镜板；7—推力轴瓦；8—支撑

（2）外循环冷却。对于大型推力轴承，由于轴承负荷重、损耗大，需要冷却器的容量也大。采用油槽内循环冷却系统不仅需要较多的冷却管，而且加大了油槽体积，也不利于油流循环发挥冷却效果，更不能满足轴承的冷却需求。因此常采用外循环冷却系统，油槽内部结构可以简化，阻挡物少，油槽内油路畅通，能有效降低油的搅拌损耗。另一方面，因油冷却器位于轴承油槽外部，给检修、维护、更换零件均带来了方便。外循环冷却系统根据轴承参数的不同，可设计成外加泵外循环和自身泵（镜板泵）外循环两种方式。

1）外加泵外循环冷却系统。外加泵外循环冷却系统如图 1.53 所示，其结构布置是将油槽内冷却器移至油槽外，将经过润滑的热油引出，经置于油槽外的电动油泵，然后将油打入装置在油槽外的高效板式冷却器（或其他高效冷却器）内进行热交换，从冷却器（换热器）出来的冷油经油管流回油槽（图 1.53）。冷油流回油槽的方式有多种：有的从油槽底（或侧面）流入，与槽内的热油混合；有的则用喷管将冷油直接射到瓦的进油边；还有的将冷油管伸到轴瓦附近使冷、热油混合。对于压头低的油泵管路，循环油量较大，采用冷油流回油槽底的方式为宜；而对于泵压头较高的循环管路，应采用冷油直接射到瓦间进油边区域的方式，其优点是，瓦的进油温度低，还可以根据轴承的实际情况，适当调整喷射角度和压力，对降低瓦的温升有利。

外加泵外循环冷却系统，可以自由地选择油泵、冷却器，也不受任何型式的限制。一般在油泵出口管道上增设调压阀和旁通管路，还可调节循环管路中的油压和油量。设计外循环管路系统时，除了有一套备用交流电源油泵外，还需有一组直流电源油泵及自动切换装置，以提高轴承运行可靠性。

2）自身泵外循环冷却系统。在推力油槽外部的适当位置专门装置一个油槽，油槽内同样放有冷却器，润滑油通过油泵强行循环，并通过镜板径向孔或者镜板上装泵叶—轴承自身泵的方式迫使润滑油的循环。

自身泵外循环冷却系统的基本结构布置与外加泵外循环冷却系统相仿，所不同的是：自身泵外循环冷却系统在轴承镜板（或推力头）上加工数个径向或后倾方向的泵孔，借镜板（或推力头）旋转后构成自身泵作用，代替外加泵外循环冷却系统中的电动泵，形成油路循环。在自身泵的镜板（或推力头）外缘装有集油槽（相当于一般油泵的蜗壳），用以汇集热油然后送入管路。要求集油槽与镜板（推力头）配合处密封好，以减少泄漏。在镜板（或推力头）内缘装有导流圈，迫使油从轴承座底流向泵孔，使瓦间部分冷却油不致被抽走，以改善轴瓦的润滑冷却情况。装设导流圈还可避免油面附近含有泡沫的油进入泵孔，以提高泵口的进油质量，有利于油的循环冷却。但有的自身泵不装导流圈仍能可靠地运行。所以，导流圈是否装，可视实际情况而定。典型的自身泵外循环冷却系统如图1.54所示。

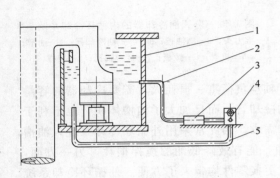
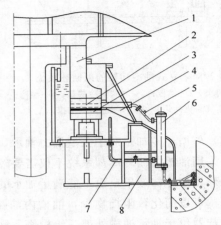

图 1.53　外加泵外循环冷却系统示意图
1—油槽；2—热油管；3—外加泵装置；
4—冷却器；5—冷油管

图 1.54　自身泵外循环冷却系统示意图
1—推力头；2—镜板泵；3—推力轴瓦；4—集油槽；5—出油
（热油）管；6—冷却器；7—进油（冷油）管；8—下机架

8. 轴承高压油顶起装置

大负荷钨金瓦推力轴承的轴瓦面积大，单位压力高，因而直接影响轴承在启动和停机时的安全运行。推力轴承在启动而镜板与轴承之间尚未建立油膜时，实际上是处于干摩擦或半干摩擦状态，轴承的启动摩擦系数增大，直接影响轴瓦的发热和热变形，一定程度上威胁轴承的安全运行。

高压油顶起装置，即是在机组启动和停机前，通过轴瓦上预先开设的油室，将高压油注入轴瓦和镜板之间，强迫建立油膜，从而降低启动摩擦系数，减小轴瓦变形，保证轴承安全运行。

图1.55是装有高压油顶起的单块轴瓦，轴瓦摩擦面设置有顶起用的油室（单油室），并通过轴瓦上的进油孔与供油泵相连。当供油泵开动后在油室中就产生压力，压力不断上升，直到足以使镜板和轴瓦分离时，润滑油溢出。由于高压油泵不断向油室供油，因此在镜板和瓦面间造成一个连续的油层，借助这个压力，油层将负荷 W 抬起一个很小的高度 h，从而在轴瓦与镜板间建立一个高度为 h 的润滑油膜。

真机中的高压油顶起装置是由一个供油油泵同时向数块轴瓦供油。高压油顶起装置由高压油泵、节流阀、溢流阀、单向阀、滤油器和管路附件组成，如图1.56所示。

系统中溢流阀用来调整高压管路中的压力；单向阀为正常运行时防止动压油膜向油室

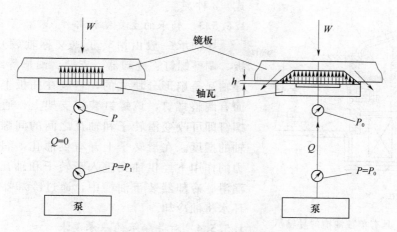

图 1.55　单块轴瓦高压油顶起示意图

管路倒流破坏油膜而设置；节流阀用于调整每块轴瓦油室压力；换向阀的作用是当动压油膜建立后切除高压油用。此外，为了防止在油泵停止后因高压油管内的高压油倒流引起油泵倒转，在总管路中装设一个总单向阀。上述系统中各元件对油路稳定均有一定影响，在选择各类高压液压元件时必须保证质量。

1.5.5　导轴承

1.5.5.1　导轴承的作用

导轴承承受机组转动部分的径向机械不平衡力和电磁不平衡力，约束轴线位移，防止主轴摆动，维持机组主轴在轴承间隙范围内稳定运行。

1.5.5.2　导轴承的分类

1. 按导轴承所在位置分类

按导轴承所在位置的不同可分为上导轴承和

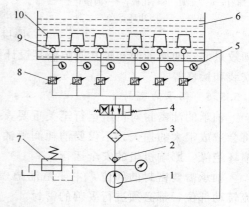

图 1.56　高压油顶起装置示意图
1—高压油泵；2—总单向阀；3—滤油器；
4—换向阀；5—压力表；6—油槽；
7—溢流阀；8—节流阀；
9—单向阀；10—轴瓦

下导轴承。位于转子之上的导轴承为上导轴承，位于转子之下的为下导轴承。

2. 按油槽使用方式分类

按油槽使用方式不同分为两种型式。一种是具有单独油槽的导轴承，该种型式的导轴承一般有滑转子，导轴承瓦直径较小，瓦块数也少，导轴承结构如图 1.57 所示。单独油槽的导轴承适用于大、中型水轮发电机和半伞式水轮发电机的上部导轴承。另一种是与推力轴承合用一个油槽的导轴承，在这种结构中，推力头兼作导轴承的轴领，即滑转子，导轴承结构如图 1.35 所示。因此，结构紧凑，但导轴承直径较大，瓦块数较多，轴承损耗较大。合用油槽的导轴承结构适用于全伞式水轮发电机的下部导轴承以及中、小容量悬式水轮发电机的上部导轴承。

3. 按导轴承的结构型式分类

按导轴承的结构型式不同分稀油润滑分块瓦式导轴承、筒式和楔子板式（即调整块

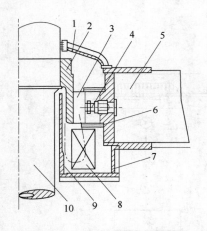

图 1.57　具有单独油槽的导轴承
1—密封盖；2—滑转子；3—导轴瓦；4—调整
螺钉；5—支架；6—托板；7—油槽；8—油冷
却器；9—挡油环；10—主轴

式）3 种。

1.5.5.3　轴承的主要结构部件

导轴承一般由滑转子（又称轴领）、轴瓦、托板、调整螺钉、冷却器、支架、油槽等组成。通常，导轴瓦是扇形分块式的，它装在托板上。轴瓦的背面有调整螺钉，该螺钉装在支架上，通过调节调整螺钉即可改变滑转子和轴瓦之间的间隙，从而控制轴的摆度。在滑转子上开有供油孔，润滑油在离心力的作用下经供油孔进入滑转子和轴瓦之间，以便润滑。冷却器装于油槽中，通过冷却器水管中的循环水将油冷却。

1.5.5.4　对导轴承的基本要求

导轴承作为机组旋转部分的支承，应能承受机组的机械和电磁不平衡力；能形成足够的工作油膜厚度；瓦温应在允许范围之内；循环油路畅通，冷却效果好；油槽油面和轴瓦间隙满足设计要求；密封结构合理、不甩油；结构简单、便于安装和检修等。

1.5.5.5　轴承油密封

轴承的油密封对机组运行至关重要，一旦轴承油密封不严，将会造成很大的损失，不仅要消耗润滑油，严重的将污染绕组，损坏绝缘，影响机组的安全运行。

轴承需要密封的部位，主要是油槽盖、挡油管及油槽内油流转动部位，都必须进行妥善的密封。

1. 油槽盖密封

通常轴承的油槽是用油槽盖盖住。固定的油槽盖与转动部件（轴）之间存在一定的间隙，为了防止油槽内的油雾逸出，在油槽盖与转动部件间要进行密封。油槽盖的密封主要有以下几种：

（1）迷宫式密封，如图 1.58 所示，利用迷宫式结构特点，在密封部位形成多次扩大与缩小的局部流体阻力，使渗漏的油气混合体压力减小，从而防止它从油槽盖泄漏。

（2）气封式密封，如图 1.59 所示。在迷宫式密封的盖板中间部分通入压力空气，在槽内形成一定的静压，从而阻止油气混合体向外泄漏。

（3）梳状式密封，如图 1.60 所示，这种密封特点除了能扩大、缩小外，还有多次拐弯摩阻。另外，梳状内缘与机内空间连通，而外缘与油槽连通，由于外缘周速大于内缘周速，使梳状内的油雾压向外缘，流回油槽。

（4）接触式密封，国内一些电站在轴承油雾治理中越来越多地采用接触式密封装置，安装在挡油管与主轴之间，密封和收集因油温高等因素造成的无法彻底消除的油雾。如小浪底电站推力轴承下接触式密封装置。

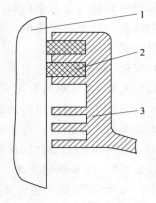

图 1.58　迷宫式密封
1—旋转部件；2—密封件；
3—油槽盖

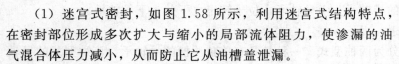

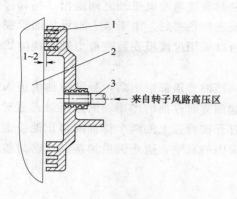

图 1.59 气封式密封
1—密封件；2—旋转部件；3—气管

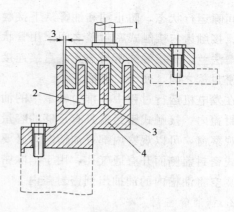

图 1.60 梳状式密封
1—压力气管；2—漏油孔；3—间隔塞焊漏油孔
以防积油直接流通；4—旋转

　　推力轴承下接触式油雾密封装置主要由接触式密封装置、甩油环、过渡板、接触齿、排油阀和观察窗等部件组成，如图 1.61 所示。甩油环利用螺栓直接把合固定在发电机轴上，与发电机轴同步旋转，使发电机轴上流淌下来的凝结油改变流动方向，并在甩油环离心力的作用下，流入接触式密封盖内腔底面，避免油沿着发电机轴向下流淌。接触齿在弹簧片的径向作用下，保证与发电机轴的连续紧密接触，保证与发电机轴在任意情况下都处

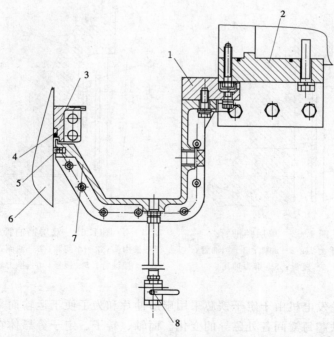

图 1.61 推力轴承下接触式密封装置结构示意图
1—过渡板；2—推力轴承挡油管；3—甩油环；4—O 形密封圈；
5—接触齿；6—发电机轴；7—接触式密封盖；8—排油阀

于无间隙运行状态，防止油和油雾从下接触式密封装置与发电机轴之间溢出。相邻接触齿之间、接触齿与接触式密封盖之间采用管状橡胶密封条密封。由于推力轴承挡油管底部存在分瓣法兰，与接触式密封盖无法直接连接，所以采用过渡板安装在推力轴承挡油管与接触式密封盖之间，便于二者的连接。

在发电机运行过程中，推力轴承中的油雾从挡油管顶部溢出后，凝结成油流进入接触式密封盖内。接触式密封盖具有足够的容量，起到暂时存油的作用，通过接触式密封盖侧面的观察窗，可以观察内部存油情况，必要时打开密封盖上的两个排油阀将积油排走。在接触式密封盖侧面开有通气孔，用于消除密封盖内的真空，防止因增加接触式密封盖而产生的真空将油槽内的油抽出到密封盖内。

2. 挡油管密封

挡油管甩油的主要原因是挡油管管区内的油流处于紊流状态。轴承在低速运行时，挡油管与转动部件间的油流处于层流状。当在一定的间隙、油温和某一转速时油流将突然变为紊流。

挡油管密封主要有以下几种：

(1) 单层挡油管，如图 1.62 所示，适用于中低速的中、小型水轮发电机轴承，要求挡油管必须与转动部件同心，并且挡油管顶端与油面要有足够的距离，这样可以防止润滑油甩出。

(2) 双层挡油管，如图 1.63 所示，在高速水轮发电机轴承上应用较多。

(3) 多层迷宫式挡油管。

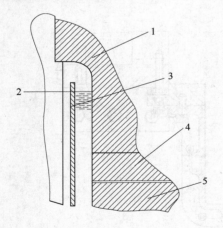 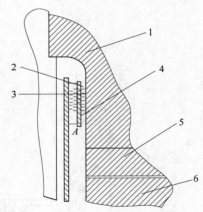

图 1.62　单层挡油管　　　　　图 1.63　双层挡油管
1—推力头；2—油面；3—挡油管；　　　1—推力头；2—小间隙；3—油面；4—双层
4—镜板；5—推力轴瓦　　　　挡油管；5—镜板；6—推力轴瓦

1.5.5.6　轴电流

大、中型水轮发电机由于定子铁芯采用扇形冲片和为了便于运输而采用分瓣机座和铁芯，易导致定子铁芯每瓣间各处磁导的变化。而轴、转子、定子等导体在机组运行过程中是处在磁场中的，于是沿着整个发电机轴的轴向就会产生交变电动势，在通路状况下产生"轴电流"（图 1.64）。电流通过导轴承的油膜引起巴氏合金层的逐渐破坏，最后导致轴承完全损坏，引发事故。应该指出，电流是因有接缝而产生的，它流过轴承并通过如图 1.64

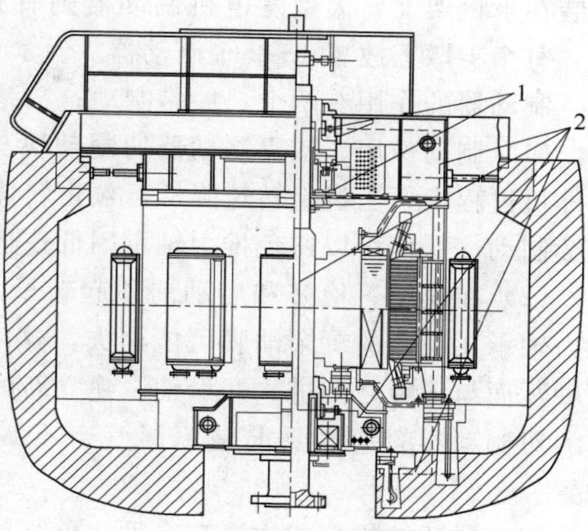

所示的导体路径。经分析，产生这些电流的电势不大，很少超过 30V，所以一般在导轴承瓦背加上绝缘槽衬（2～2.5mm），把电路隔断，以消除此电流。也有在导轴承滑转子间加包绝缘，此种情况是将滑转子做成内、外两层，中间包以绝缘将电流隔断。内滑转子热套于轴上，外滑转子再热套于包有绝缘的内滑转子上。此种结构和工艺较复杂，很少采用。有的电站在上、下导处采用接地碳刷。

对于无上导轴承的伞式发电机，一般下导和推力轴承可不绝缘，因为发电机的上部在轴与定子机座之间的电路是断开的。

图 1.64　轴电流示意图
1—绝缘位置；2—轴电流路径

1.5.6　水轮发电机的制动装置

大中型水轮发电机组在停机过程中，为了缩短机组低速惰性时间和防止在低转速下推力轴承轴瓦加大和因油膜破坏而被烧损，应对水轮发电机组在低转速区进行连续制动。

目前常用的制动方式有两种：机械制动和电制动，另外也有采用两种方式组合的混合制动方式。

1.5.6.1　机械制动

机械制动是当机组转速降到额定转速的 20%～30%[①] 时，用 0.5～0.7MPa 压缩空气顶起制动器内的活塞和制动器上的制动块，使之与固定在发电机转动部分上的制动环相接触，产生摩擦力矩，形成摩擦制动。它是一种传统的制动方法，对各类机组均适用。目前仍是国内外水电机组的一种主要制动方法。

机械制动具有结构简单、通用性强等优点，其缺点是由于制动转速高，制动块磨损快，有时活塞不易自动返回（发卡），噪声大以及磨损产生的粉尘污染绝缘等。

近年来，各制造公司（厂）对机械制动装置进行了一系列改进：

（1）改进制动器结构和制造工艺，设计成油气分开的管路系统。

（2）气缸密封采用 O 形密封圈和压缩空气反向吹气复位系统，使制动器的制动块具有可靠返回性能。

（3）加装密封罩和吸尘器装置。

（4）制动块使用材质软、耐磨性能好、能减少粉尘的优质材料。

（5）大型水轮发电机推力轴承设置高压油顶起装置，在启动和停机时采用高压油顶起装置，建立足够的油膜，可使制动装置在比较低的转速下投入，减少制动块的磨损和粉尘。

机械制动的主要部件是制动器。制动器位于转子制动环的下方，中、小型机组一般直

[①]　制动转速大小与发电机容量、发电机转动部件惯量及推力瓦材质有关。当为弹性金属塑料瓦时，其制动转速可以相对降低。

接装在下机架上，大型发电机制动器则有独立的基础，即在对应制动环的下部设若干支墩，每个支墩上放置 1～2 个制动器。

制动器的作用有两个：一是制动；二是顶起转子。

（1）制动作用。依靠制动器的制动块与转子磁轭下部制动环的摩擦力矩使机组停机。在停机过程中，当机组转速降低至额定转速的 20%～30% 时，制动器即对发电机转子进行连续制动，从而可以避免推力轴承因低速运转油膜被破坏而使瓦面烧损。

（2）在安装、检修和启动前顶起转子。当机组停机时间过长（如超过 72h），留存在推力轴承瓦面间的剩余油膜可能消失，这时可在制动器中通入高压油，将转子略微顶起，使轴瓦面与镜板之间进入润滑油，建立新的油膜。

对制动器的基本要求是不漏气、不漏油、动作灵活，制动器能正确地恢复到下落位置。

制动器的结构型式主要有 3 种：单缸单活塞制动器、单缸双活塞制动器、双缸单活塞制动器。

（1）单缸单活塞制动器。单缸单活塞型式的制动器有一个气缸，采用一个活塞，充气后推动活塞向上进行制动。活塞具有复位结构，当充入反方向气后活塞向下进行复位，此种结构的制动器均为油、气两路不分开结构，活塞与气缸采用 O 形密封圈密封，如图 1.65 所示。

（2）单缸双活塞制动器。制动器有两个活塞（上、下活塞）在一个气缸内工作，如图 1.66 所示。制动器利用气压复位。管路系统是油、气管道分开，活塞与气缸也采用 O 形密封结构。

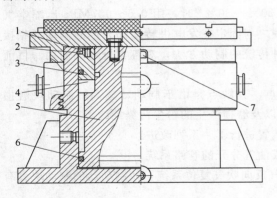

图 1.65　单缸单活塞制动器

1—压圈；2—半环键；3—衬套；4—气压复位；
5—活塞；6—密封圈；7—定位销

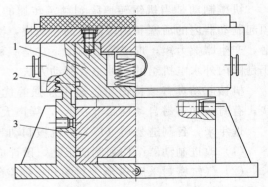

图 1.66　单缸双活塞制动器

1—上活塞；2—密封圈；3—下活塞

（3）双缸单活塞制动器。制动器具有两个气缸，每一气缸各有一个活塞，工作时两气缸活塞共同顶起一块制动块，提高了制动器的顶起能力。此种结构的制动器已在二滩水电站单机容量为 550MW 的水轮发电机上应用，效果良好。

1.5.6.2　电制动

机械制动具有装置简单、通用性强等优点，但它存在的缺点是：制动功率是和转速成正比的，为减小制动瞬间的冲击和制动环、制动块的磨损，投入机械制动时的转速一般不超过额定转速的 30%。因此，从停机过程来看，机械制动延长了停机时间，不太理想，对要求能快速地从一种工况转入另一种工况的抽水蓄能机组来说更是不合适。另外，随着单机容量的不断增长，大容量低速发电机由于 GD^2 值显著增大，制动时大量转子动能要消耗在制动块的摩擦损耗上，这不仅要定期更换制动块，还使大量粉尘混入发电机内部循环空气中，并随油雾黏附在绕组端部和铁芯风道表面上，影响散热甚至发电机的正常运行。所以国外从 20 世纪 50 年代开始即有文献报道在研究电气制动，60 年代开始试用电气制动，电气制动真正应用在水轮发电机组则是在 70 年代，目前已在很多大型机组和抽水蓄能机组上应用。

电气制动的工作原理是基于同步电机的电枢反应。在发电机出线端设三相短路开关，当发电机从电力系统解列后，在无励磁状态下将三相引出线短路，同时给发电机加励磁电流，使它产生一个与机组惯性力矩的方向相反，具有强大制动作用的电磁转矩。该电磁转矩与减速过程中的机械损耗（包括水轮机转轮在水中的摩阻损耗、转子风摩损耗及轴承损耗）共同吸收转动能量。其中机械损耗随转速降低制动力矩迅速下降，而电磁转矩则随转速的降低初始时增加，当转速进一步降低后又随之下降。最大电磁转矩可达 0.4～0.6（标幺值），是很可观的。因此电制动比机械制动停机快。

在机组停机过程中，并不是一开始就投入电气制动，而是在转速下降到一定范围内才投入电气制动，一般为转速的 50%～60% 时投入。图 1.67 是发电机电气制动特性曲线图。

由图 1.67 可以看出，当机组开始停机时，由于转速高，空气阻力大，即使不加任何制动，转速下降还是比较快，随着转速下降，空气阻力减少，速度下降曲线趋于平缓，如果不加电气制动，转速将下降很慢，如图 1.67 中的虚线 1。投入电气制动后，发电机转速将迅速下降，转速越低，制动越明显。

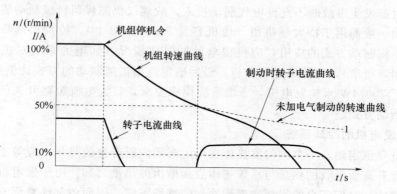

图 1.67　发电机电气制动特性曲线图

电制动的具体实施方式主要有以下 4 种：

（1）定子绕组直接短路方式。

（2）定子三相绕组外接附加电阻方式。

（3）定子绕组不对称短路方式。

（4）变频器逆变方式［对抽水蓄能机组，采用静止变频装置（SFC）作为水泵工况的启动能源时］。

选择电制动方式时应根据具体的机型、单机容量、水头及机组运行方式的要求等因素，选择接线简单、经济和制动特性好的方式。根据国内科研、试验结果，综合分析后有如下结论：

（1）定子三相绕组外接附加电阻方式比定子三相绕组直接短路方式接线复杂，并增加投资和布置场地，但制动力矩较大。如对制动时间无特殊要求，可选用定子三相绕组直接短路方式。

（2）定子绕组不对称短路方式，例如两相短路方式，其优点是电制动所需的励磁功率小，制动时间短；缺点是在制动过程中产生的力矩有较大的波动，因此要求主轴部件必须采取相应地加大尺寸的措施。

（3）推荐采用定子三相绕组直接短路方式。电制动的制动电流值按发电机温升和要求的制动时间而定，一般为 1.0～1.1 倍定子额定电流；电制动投入转速一般为额定转速的 50%。

1.5.6.3　混合制动

水轮发电机停机混合制动是由于机械制动和电制动特性上的差异，在采用一种制动方式不能满足要求时，采用由两种制动方式组合的制动方式。例如在较高转速下（如 50% 额定转速）先投入电制动，再在较低转速下（如 10%～15% 额定转速）退出电制动，投入机械制动。混合制动方式进一步缩短了停机时间，但增加了停机操作回路的复杂性。

1.5.6.4　不同制动方式应用

机械制动是水轮发电机传统的制动方式，其结构简单，能适用各种类型的机组。所以，至今仍是国内外水电机组首选的制动方式。

电气制动具有制动力矩大、无磨损、无污染、维护工作量小等优点。但电气制动需要制动用的励磁电源及三相短路开关设备，增加了设备投资和场地，故此种制动方式一般用于启动、停机频繁的调峰机组和抽水蓄能机组。此外，对于采用电气制动的机组，应考虑到万一电机内部发生事故时不允许电气制动投入，故建议仍需保留机械制动装置。

混合制动一般都用于特大型机组（单机容量 500MW 以上），特别对调峰有要求的机组。总之，不同制动方式的应用，应根据电站的具体情况（如电力系统对机组开停机次数、停机时间等要求），经技术经济分析，最后确定选用机组制动的方式。例如三峡左岸、右岸地下电厂 700MW 水轮发电机，考虑系统调峰要求，且大电流短路开关已能制造，故均采用混合制动方式。

1.5.7　水轮发电机的冷却系统

根据能量守恒定则，一个均匀发热体在一定时间内所产生的热量，应等于在相同时间内该物体温度升高所吸收的热量与从该物体表面散出的热量之和。由于发电机是由材料不同的部件组成的，它们各自的损耗密度和冷却强度均不同，因而各部件之间有热交换。在一定时间内，发电机各部件之间及与冷却介质之间的热交换达到平衡时，运行温度就稳定于某一数值。发电机各部件在运行中发热后进行热交换的形式，一般是以热传导和对流的方式进行的。因此提高冷却技术，采用冷却性能更好的介质，可以获得更佳的冷却效能。大中型水轮发电机主要有空气冷却、水冷却和蒸发冷却等方式。

1.5.7.1　空气冷却

水轮发电机多采用空气冷却。空气流动循环方式有封闭式和敞开式两种。

（1）封闭式。它是由转子风扇及转子转动的风扇作用，使转子磁极及定子线圈、铁芯的热量鼓向定子外部。热空气通过空气冷却器冷却再进入发电机内部。

（2）敞开式。包括开敞式和管道式。利用发电机周围环境空气自流冷却，从发电机外部吸入冷空气冷却发电机内部，将发电机内部产生的热空气直接或经管道排至发电机外部。

目前，国内外大、中型水轮发电机多采用封闭自循环通风冷却系统。这种方式具有制作工艺简单、运行稳定可靠等优点。小型机组多采用敞开式。

图 1.68 是典型的封闭自循环双路径向通风系统风路结构。在这种通风系统中，冷却空气由冷却器流出后，分成两路，分别从上、下风道进入发电机。然后一部分冷却空气进入转子，在转子支架、磁轭风沟与磁极的作用下，径向进入气隙。另一部分冷却空气在上、下风扇的作用下，又分成两路，一路进入定子端部，经机座环板上的通风孔或铁芯背部与机座环板间缝隙，进入机座热风区再流入冷却器或直接从机座壁上的侧孔进入冷却器；流进风扇的另一部分，在风扇与磁极的联合作用下，轴向进入气隙，并与径向进入气隙的气流合并，经定子风沟到机座热风区，最后流入冷却器，完成一个通风循环。

对于无风扇通风系统，冷却空气由上、下风道进入发电机的转子，其中一部分在转子支架、磁轭风沟与磁极的联合作用下，径向进入气隙，经定子风沟到机座热风区。最后流入冷却器。进入转子的另一部分冷却空气，靠转子支架的上、下通风环隙，将冷却空气送入发电机定子的上、下端部，再经机座环板上的通风孔或铁芯背部与定子机座环板间缝隙进入机座热风区，再流入冷却器或直接从机座壁上的侧孔进入冷却器，两部分热空气进入冷却器后进行热交换完成了一次通风循环，如图 1.69 所示。

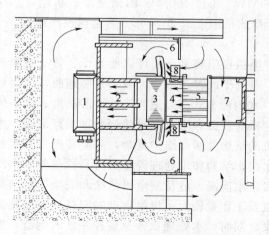

图 1.68　典型封闭自循环双路径向通风系统风路结构图

1—冷却器；2—机座热风区；3—定子铁芯；4—磁极；

5—磁轭；6—挡风板；7—转子支架；8—风扇

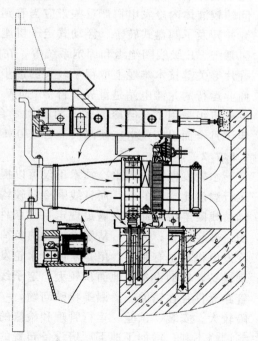

图 1.69　双路径向式通风系统

图 1.70 所示为近年来大型水轮发电机采用的典型端部回风风路结构。由冷却器出来的冷却空气分上、下两路直接进入定子上、下端部，然后进入转子，其中一部分冷却空气通过转子支架、磁轭风沟与磁极的联合作用，径向进入气隙；而进入转子的另一部分冷却空气，通过转子支架上的上、下通风环隙和固定在上、下机架上（或基础上）的固定挡风板及电机气隙上、下端的密封作用，将冷却空气压入转子磁极极间和电机气隙。进入气隙的两部分气流汇合，经定子风沟进入定子机座热风区，再流入冷却器进行热交换，就此完成了一次通风循环。

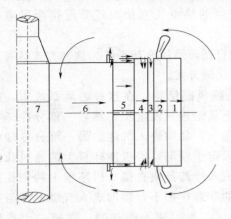

图 1.70　发电机端部回风风路结构

1—空气冷却器；2—发电机定子；3—气隙；4—转子磁极；5—转子磁轭；6—转子支臂；7—主轴

对发电机风路系统的基本要求是：必须有足够的风量冷却发热部件，并且能将各部分风量分配合理，使最热点有最强的冷却效果，同时要求风路简单、涡流和风摩擦损耗小、结构运行可靠、维护方便。

发电机采用全空冷方式，其电气参数较好；结构、布置简单；安装、运行、维护简便；运行成本低，可靠性高，对电站经济效益的回报较为有利。全空冷方式的主要问题是定子线棒轴向温度分布均匀度略差些，由热引起的机械应力、定子铁芯膨胀及"瓢曲"等问题较液体内冷发电机严重些。应当看到，从 20 世纪 70 年代起，世界各主要制造厂家研究并开发了圆盘式转子、浮动式定子机座、斜支臂弹性支撑、上机架八卦形支撑、径向通风系统、F 级线圈绝缘和固定系统等，在解决空冷机组冷却、耐热性能、变形控制和现场叠片等关键技术难题上取得了较大的进步，发电机的空冷制造界限已有大的提高。已投入商业运行的龙滩电站是世界首台 700MW 全空冷式水轮发电机组。三峡右岸电站已有 4 台发电机组采用了全空冷方式。向家坝 8 台 800MW、3 台 450MW 的全空冷式机组，2014 年 7 月全面投产发电。溪洛渡 9 台 770MW 全冷式机组也于 2014 年 6 月全面投产运行。

1.5.7.2　水冷却

水轮发电机采用水冷技术不仅可以提高发电机极限容量，还可以使定子、转子绕组的运行温度比空冷的低，而且线圈冷却较均匀，有利于改善热应力，减小铁芯翘曲，因而可延长线圈绝缘寿命。在满足规定 GD^2 条件下，水内冷方式可以适当降低铁芯高度、缩小体积、减轻重量；另外，从发电机的热负荷对电机的疲劳和防止电机热膨胀等观点来看，水冷发电机也是有利的。但是水内冷水轮发电机的结构及运行维护复杂，需要装设一套水处理设备，辅助设备占地面积较大。定子线棒水接头结构和水处理设备的可靠性较低，水冷管路元件存在锈蚀、渗漏等特殊问题，一旦发生水泄漏，危及发电机绝缘和安全运行的风险较大；安装、试验、运行管理和检修的难度及工作量较大；机组启动时间较长对电站调频调峰不利；增加了地下厂房设备布置的难度。同时，水处理设备及监控系统的制造、安装、维护成本较高。

1.5.7.3　蒸发冷却

应用于水轮发电机的蒸发冷却技术是继目前已广泛采用的全空冷、定子水内冷方式后，在 20 世纪 80 年代开发的具有我国自主知识产权的新型冷却方式，具有与水内冷技术相当的冷却效果。

蒸发冷却水轮发电机是一种自循环冷却系统。图 1.71 是定子线棒自循环蒸发冷却系统示意图。定子线棒内的空心铜线作为冷却介质通道，在运行前将液态冷却介质输入定子空心线棒内。运行时，定子绕组产生热量使空心线棒内的液态介质升温，达到饱和温度后即沸腾，吸收汽化潜热使绕组进行冷却。由于沸腾状态吸热，介质保持在一定温度，一般在 10℃ 左右的温差范围内。冷却液体汽化后，在空心导线内形成液体与蒸汽相混合的两相混合流体，其密度低于回液管中的液体密度。由于线棒是立式的，在重力场作用下，混合液体重力与回液管中液体的重力不同，形成压力差，产生自循环的压力头，推动蒸汽上升进入冷凝器，在冷凝器中用冷却水使其冷凝变成液体，通过回液管再进入空心线棒中，形成密闭无泵自循环系统。

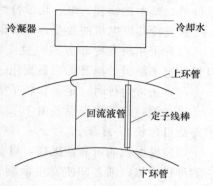

图 1.71　定子线棒自循环
蒸发冷却系统示意图

蒸发冷却发电机的定子线棒与水内冷线棒在结构上相同，都是采用空心铜线和实心铜线组合，因此也称之为内冷却水轮发电机。

蒸发冷却式的特点如下：

（1）冷却能力强。蒸发冷却主要靠汽化潜热传热，具有较强的传热能力。与水冷却相比，温度分布更为均匀。无过热点，从而可提高绝缘寿命，并可节省材料，减小发电机重量。

（2）自循环。借助液态介质吸热汽化而发生的两相流，形成压力差而产生动力，实现密闭无泵自循环系统，不需要任何外调节和控制设施。

（3）自调节。在冷却过程中，介质的蒸发是随负荷而自行调节，具有自调节的能力。

（4）自循环压力低。在水轮发电机额定运行时，当冷却系统运行在 70℃ 以下时，具有较高的可靠性。

（5）冷却效率高。以李家峡水电站 4 号蒸发冷却式水轮发电机为例，额定发电机温升 40K，效率 98.69％。同等的空冷水轮发电机定子温升为 72.7K，效率 98.56％。

与水内冷方式相比，蒸发冷却方式有如下优势：空心导线无氧化堵塞问题；无采用不锈钢空心线特殊材料要求；取消了价格昂贵的纯水处理系统（进口 ABB 和 SIEMENS 设备价格分别为 108 万美元和 220 万美元，使发电机总成本增加 2.5％～5％，且布置尺寸增加）；蒸发冷却介质无毒、安全、化学稳定性好，为具有高绝缘、防火和灭弧性的环保型冷却介质，杜绝了泄漏引起的绝缘故障的问题，因而克服了水内冷方式的致命缺点；相应循环系统的管路密封较易解决，在容器和管路中不结垢；不像水内冷为运行压力高（0.6MPa）的高压纯水强迫循环系统，而且无压（仅 0.03MPa 及以下，相当于水内冷的 1/12）的无泵自循环系统；运行简单，维护方便、可靠性较高；施工安全和工期较短。

我国于 1976 年开展了蒸发冷却水轮发电机的理论研究和定子绕组蒸发冷却的试验工作，1983 年首先为云南大寨水电站制成了两台 10MW、1000r/min 的定子绕组氟利昂内冷高速水轮发电机，1991 年又为陕西安康水电站研制成功 52.5MW、214.3r/min 的定子绕组氟利昂内冷水轮发电机，使氟利昂内冷技术更加完善。但过去所用的氟利昂介质（F-113）是国际环保组织规定的限用品，为此研制了一种新的冷却介质，除符合国际环保公约的规定条件外，基本热物理、电、化学特性等均优于或接近原 F-113 介质。

蒸发冷却发电机的效益，以安康水电站的 52.5MW 发电机为例，其效益为：

（1）采用蒸发冷却方式，使发电机总重量减轻 10%，或者可以超负荷 10% 或更多，且保持定子绕组的温升无明显变化。

（2）正常运行时，定子、转子绕组的运行温度比空冷的低，而且线圈冷却较均匀。

经实测：定子绕组温差由 16℃ 降至 4℃，转子绕组温度也由 52℃ 降至 46℃。定子绝缘寿命可延长 2～3 年。

（3）发电机的可靠性提高，将获间接经济效益。蒸发冷却和水内冷不同，后者漏水后要停机检修，前者即使发生泄漏也可不停机，并能在空冷情况下保证一定容量继续运行。例如云南大寨水电站 10MW 发电机，失去蒸发冷却后，能保证在空冷情况下维持 9MW 连续运行；陕西安康水电站 52.5MW 发电机，能保证在空冷情况下维持额定容量连续运行。这就解除了对蒸发冷却系统故障的后顾之忧，提高了发电机的运行可靠性。

蒸发冷却水轮发电机的结构除了定子绕组和蒸发冷却循环系统部分结构不同之外，其余的结构基本上与常规空冷水轮发电机相同。

1. 蒸发冷却水轮发电机总体布置

蒸发冷却水轮发电机总体结构与空冷发电机基本相似。其主要区别是电机内部增加了一套蒸发冷却介质循环系统。对于定子绕组采用蒸发冷却的半内冷发电机，通常定子绕组做成与水内冷发电机定子绕组相似，由空心和实心铜线组合而成。在定子的上、下端分别布置有集气环管和集液环管。另外在发电机上部，一般在上机架支臂间或在发电机机坑壁上布置有冷凝器供蒸发气体冷凝用。图 1.72 为蒸发冷却水轮发电机总体布置。

2. 蒸发冷却系统主要部件

蒸发冷却水轮发电机的蒸发冷却系统主要部件由定子线棒（包括定子铜环引线）、冷凝器、上集汽管、下集液管和绝缘引汽/液管等组成。

（1）定子线棒。定子线棒一般为波绕型式。线棒由实心和空心铜线（股线）编织而成，线棒直线部分进行编织换位。实心和空心铜线的组合方式，可参考水内冷水轮发电机定子线棒实心和空心铜线的组合型式。线棒是系统发热和冷却主体。它既是介质得以循环的动力源，也是冷却循环回路的重要组成部分。因此线棒空心导线尺寸和空心截面的选择应考虑蒸发冷却介质的循环特点，可参照相关的试验数据进行选择。其附加损耗的计算可参照水内冷水轮发电机的方法进行计算。蒸发冷却水轮发电机定子线棒结构除了在线棒两端配备液电分离接头有特殊要求外，其他与空冷发电机定子线棒基本相同。

（2）冷凝器。冷凝器是整个蒸发冷却系统中的重要部件，它将汽/液态混合介质所含的热量经凝结换热由二次冷却介质带走还原为纯液态介质的装置。冷凝器以释放潜热的凝结换热方式运行。冷凝器要求有一定的凝结能力和足够的冷却水流量。

按照冷凝器结构，冷凝器的二次冷却水在管内流动，管子外壁与冷却介质的蒸汽接触（图 1.73）。因此，它涉及管内液体的流动传热特性、管壁材料的热传导性能、管内外壁的洁净程度（有无结垢和油污）以及蒸汽凝结的换热等问题。当蒸汽与低于其饱和温度的固

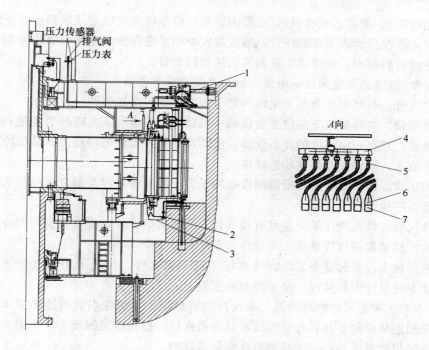

图 1.72　蒸发冷却水轮发电机总体布置
1—冷凝器；2—下集液环管；3—绝缘引液管；4—上集汽环管；
5—绝缘引汽管；6—密封接头；7—定子线棒

体壁面相接触时，就产生凝结现象，变成液体而附在壁面上，当液体积聚到一定数量后，就离开壁面而掉落下去。冷却液体与壁面因为能否润湿的程度不同，凝结时可分为珠状凝结和膜状凝结两种，容易润湿壁面产生膜状凝结，而不容易润湿的产生珠状凝结。蒸发冷却发电机的冷凝管一般采用紫铜钢管或不锈钢管，属于膜状凝结。有关管内流体的放热均与水内冷相同。冷凝器由水箱盖、橡胶垫、冷凝器壳体等组成。冷凝器壳体由承管板、筒壁、换热元件及接头等零件构成。换热元件有单层和双层

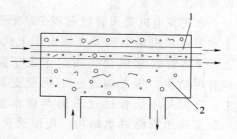

图 1.73　冷凝器示意图
1—二次冷却水；2—冷却介质

两种冷却管，可根据具体情况选用。冷凝器壳体采用奥氏体不锈钢材料。

（3）主集汽环管/下集液环管。按照发电机的总体布置和定子线棒端部尺寸，分别选择其直径。上集汽环管因其内部通有两相介质，管径大于下集液环管，主要功能是将线棒中的蒸发两相介质汇集于此，使全部线棒的压力和温度均衡。环管材料为不锈钢管（1Cr18Ni9Ti）环管与接头连接处采用焊接结构。接头焊接后进行水压试验，要求焊缝不得渗漏。试验合格后，进行酸洗处理，然后封住所有接头，防止脏物进入。上集汽环管/下集液环管在最终装配后需进行密封试验。

上集汽环管/下集液环管的布置可以上、下层线棒各自布置成独立的环管。以取消上、下层连接三通，减少工地焊接工作量，提高蒸发冷却系统的可靠性。

（4）绝缘引汽/液管。绝缘引汽/液管的主要功能是将发电机定子线棒上、下两端通过它分别引至上集汽环管和下集液环管，形成蒸发冷却系统回路。绝缘引管应采用与冷却介质相容的绝缘材料制成，通常选用聚四氟乙烯塑料软管。

绝缘引汽/液管必须能满足耐电压、防振及防泄漏等要求。

（5）导流管。将两相介质从上集汽环管引入冷凝器的连通管。

（6）回液管。在冷凝器下部位置装设的一根竖管，下端与下集液环管连通，称为回液管。其功能是：储存一定高度的液态介质，借助自身重力提供循环动力；接受冷凝后的液态介质自由流入，以保持介质循环连续性。

（7）均压管。通常要求各冷凝器间设有均压管，以保持各冷凝器之间的压力平衡。均压管的材质为不锈钢管。

（8）排气管。蒸发冷却系统应设有排气管。排气管的设计布置应避免冷却介质在管内的冷凝堵塞，以确保排气管畅通，蒸发冷却系统运行安全。

（9）密封接头。密封接头是蒸发冷系统中的关键部件。优先采用水电分开的接头型式，要求接头的设计密封性好，易于检查和更换。

（10）卡套。考虑密封的可靠性，蒸发冷却密封接头与绝缘引管的连接可采用卡套结构，而不采用连接结构，其目的是改线密封为面密封，提高防泄漏能力，卡套在使用前应进行严格的模拟泄漏试验，证明其密封性能是可靠的。

1.5.8 灭火系统

水轮发电机一般在定子绕组端部附近装设喷水灭火装置。

水轮发电机灭火装置有两个环形灭火管，上水管通常用角钢和管夹固定于上机架支臂上，下水管通常用管夹固定于定子机座上，也有用垫块、管夹固定于下机架支臂上的。上、下灭火环形管通过三通与进水管相连。一般多采用双路进水结构。环形灭火管道系统布置如图1.74所示。

1.5.9 永磁发电机

永磁发电机是水轮机调速系统和测速系统的信号源，分别向水轮机的调速器和转速测控器提供信号电源。其转子为永久磁铁，定子为电枢，常用的永磁发电机有三相凸极式和单相感应式两种，与主机同轴，装于机组的顶端。

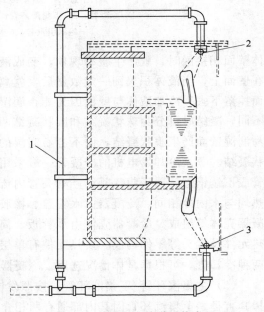

图1.74　环形灭火管道系统布置
1—总进水管；2—上环管；3—下环管

本 章 小 结

本章介绍了水轮发电机的主要技术条件、分类及型号和主要参数，并以立式水轮发电机为重点，结合现代水轮发电机结构、材料、工艺等新技术，讲述了常规发电机主要部件的结构和作用。

本章要求掌握发电机额定值的定义及基本参数等概念。重点掌握转子、定子、轴承等主要部件的结构、作用及部件所采用的材料和工艺等。水轮发电机的制动、冷却、灭火和测速等辅助系统是保证机组安全稳定运行的必要条件，对这部分内容也应深入理解。

思 考 题 与 习 题

1.1 叙述水轮发电机的分类。

1.2 悬式和伞式机组是如何区分的？各有什么特点？

1.3 水轮发电机旋转部件有哪些？

1.4 转子和定子各由哪些部件组成？各部分的作用是什么？

1.5 推力轴承的作用是什么？有哪几种型式？由哪些部件组成？

1.6 导轴承的作用是什么？

1.7 简要叙述机架的分类、作用和所承受的力。

1.8 简要叙述机械制动和电气制动的过程及制动器的作用。

1.9 水轮发电机有哪几种冷却方式？叙述封闭自循环双路径向通风系统的风路。

1.10 水轮发电机运行时，哪些部件需要润滑？哪些部件需要冷却？

第2篇　水轮发电机原理

第2章　水轮发电机定子绕组、电势和磁势

旋转磁场是交流电机工作的基础。本章将介绍交流电机的主磁通和漏磁通的概念，分析交流电机定子绕组中产生的感应电势和三相基波旋转磁势。

2.1　水轮发电机的定子绕组

水轮发电机定子绕组是发电机进行机电能量转换的重要部件，通过它可以感应电势并对外输送电功率（发电机状态）或通入电流建立旋转磁场产生电磁转矩（电动机状态）。

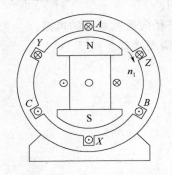

图 2.1　水轮发电机模型

图 2.1 是水轮发电机模型的示意图。它由定子和转子两部分所组成，转子位于定子内部，其间有空气间隙（简称气隙）。转子上装有磁极，用来建立气隙磁场，定子铁芯的槽内装有三相互成 $120°$ 的交流绕组。当转子由原动机拖动时，气隙磁场也跟着旋转，它切割静止的定子三相绕组，使之感应三相交变电势。

从运行和设计制造两个方面考虑，对绕组提出如下的要求：

（1）在一定的导体数量下，绕组的合成电势和磁势在波形上力求接近正弦形，在数量上力求得到较大的基波电势和基波磁势，且绕组的损耗要小，用铜量要少。

（2）对于三相绕组，各相的电势和磁势要对称，各相绕组的阻抗要平衡。

（3）绕组的绝缘和机械强度可靠，散热条件好，制造工艺简单，安装、检修方便。

2.1.1　绕组的基本概念

2.1.1.1　线圈

发电机定子绕组有两种制造方法，一种应用于小型发电机，其定子绕组是由多个线圈连接而成的，每个线圈由铜线绕制成型后，再包以绝缘，图 2.2（a）为单个环形线圈。另一种应用于大中型发电机，在制造定子绕组时，先将线棒嵌入定子槽中，然后按照一定规律把两根线棒端部连接起来形成线圈，再将多匝线圈连接起来形成绕组，条形线棒如图 2.2（b）所示。

线圈可以是单匝或多匝的。由于线圈是组成绕组的元件，所以又称作绕组元件。线圈放在槽内的直线部分是线圈的有效部分，称为有效边，电磁能量转换主要通过该部分进行。在双层绕组中，一条有效边在上层，另一条在下层，故分别称为上元件边、下元件边，也称为上圈边、下圈边。在槽外连接上、下圈边的部分称为端部，它的作用仅是把线圈的有效边连接起来，不直接转换电磁能量。为了节省材料，在不影响工艺操作的情况

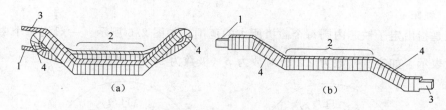

图 2.2　定子线圈
(a) 环式；(b) 条式
1—出线头；2—直线部分；3—尾接部分；4—端接部分

下，端部应尽可能缩短些，如图 2.3 所示。把各线圈的出线头按一定规律连接起来，即得到定子绕组。根据发电机绕组型式的不同，单个线圈的实际形状也有两种，图 2.4 示出了叠绕组和波绕组两种基本型式。相互连接的叠绕组元件一匝叠在另一匝的上面，相互连接的波绕组元件形似"波浪"，叠绕组与波绕组由此而得名。

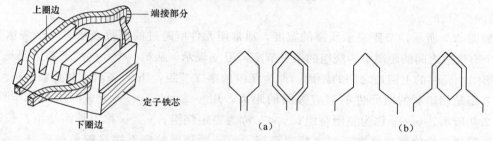

图 2.3　双层叠绕组元件的构成与嵌线

图 2.4　绕组元件的基本型式
(a) 叠绕组元件；(b) 波绕组元件

当机组容量较大时，定子绕组中通过的电流也大，要求有较大的导线截面。这时线圈由许多股导线并联而成，为了减少集肤效应引起的附加损耗，这些多股导线要进行换位，换位一般在线圈的直线部分进行。

当定子绕组采用水内冷时，定子绕组是由断面为矩形的空心导体构成，冷却水以一定的流速通过导体的中孔，对导体进行直接冷却。随着发电机单机容量的不断增大，发电机的电压也相应提高，10.5kV、13.8kV、15.75kV、18kV 是已得到广泛应用的电压等级。在我国，20kV 电压等级的大容量机组也正在研制中。随着机组电压等级的提高，对定子绕组的绝缘结构、防晕处理等也提出了新的要求。

2.1.1.2　单层及双层绕组

交流电机常用的绕组形式可分为单层绕组及双层绕组两大类。单层绕组在每个槽中只安放一个线圈边，而一个线圈有两个线圈边，因此电机中总的线圈数等于总槽数的一半。双层绕组每个槽中安放两个线圈边，中间用层间绝缘隔开。每个线圈的两个边总是一个在某一槽的上层，一个在另一槽的下层，如图 2.5 所示。

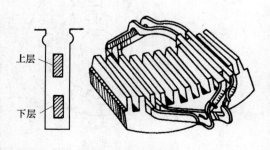

图 2.5　双层绕组

2.1.1.3　极距 τ

极距是指沿定子铁芯内圆每个磁极所占的范围，如图 2.6 所示。一般用每个磁极下所占的槽数表示。如定子槽数为 Z，极对数为 p（极数为 $2p$），则极距 $\tau = \dfrac{Z}{2p}$。

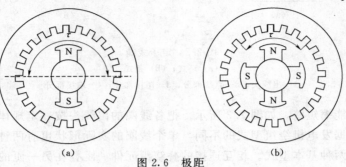

图 2.6　极距
(a) $\tau = 12$；(b) $\tau = 6$

2.1.1.4　节距 y

如图 2.7 所示，节距表示线圈的宽度，通常用元件所跨过的槽数表示。一个绕组元件的两个有效边之间的距离称为绕组的第一节距，用 y_1 表示。从第一个元件的下圈边到与其连接的第二个元件的上圈边之间的距离，称为绕组的第二节距，用 y_2 表示（对叠绕，$y_2 < 0$）。合成节距是相串联的两元件的对应边间的距离，用 y 表示。$y = y_1 + y_2$，如图 2.8 所示。如图 2.9 所示，$y_1 = \tau$ 称为整距绕组；$y_1 < \tau$ 称为短距绕组；$y_1 > \tau$ 称为长距绕组。长距绕组与短距绕组均能削弱高次谐波电势或磁势，但长距绕组的端部接线较长，故很少采用。短距绕组由于其端部接线较短，因此得到普遍应用。

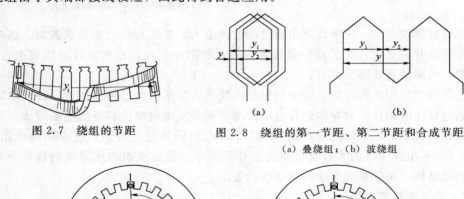

图 2.7　绕组的节距

图 2.8　绕组的第一节距、第二节距和合成节距
(a) 叠绕组；(b) 波绕组

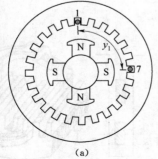

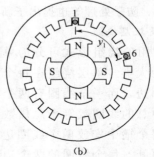

图 2.9　整距绕组和短距绕组
(a) 整距绕组（$y_1 = 6$）；(b) 短距绕组（$y_1 = 5$）

2.1.1.5　电角度 $\alpha_{电}$

在分析交流电机的绕组和磁场在空间上的分布等问题时，电机的空间角度常用电角度表示。由于每转过一对磁极时，导体的基波电势变化了一个周期（360°电角度），所以一对磁极所占的空间电角度为360°。若电机的极对数为 p，则电机定子内腔整个圆周有 $p \times 360°$ 电角度。为了区别，将一个定子内腔的圆周的空间角度（360°）称为机械角度。将机械角乘以 p 可得电角度，即 $\alpha_{电} = p\alpha_{机}$。那么，一个定子内腔的圆周（$\alpha_{机} = 360°$）的电角度为 $p \times 360°$（图 2.10）。

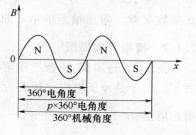

图 2.10　机械角度与电角度

2.1.1.6　相带

通常将每个极面下所占有的绕组的范围按相数等分，每个等分所包括的地带称为一个相带，相带用电角度表示。由于每个磁极占有 180°电角度，故三相绕组的相带通常为 60°电角度，称为 60°相带绕组，如图 2.11 所示。图中，属于同一标志的带"'"的相带内的导体与不带"'"的相带内的导体，由于处在不同极性的磁极下，故电势方向相反。图 2.12 中的两图分别为电机有一对和两对磁极时，相带的排列顺序。此外，也有 120°相带绕组，由于这种绕组的每相合成电势较 60°相带绕组的为小，故很少采用。

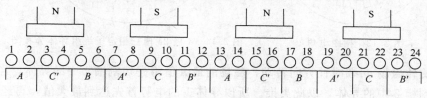

图 2.11　三相绕组相带范围举例

2.1.1.7　每极每相槽数 q

每极每相槽数 q 是每相绕组在每个磁极下平均占有的槽数。当总槽数 Z，极对数 p，相数 m 为已知时，q 可按式 $q = \dfrac{Z}{2pm}$ 求取。对于图 2.12（a），$q = 4$，表示在一极 24 槽电机中，A 相绕组在 N 极下占有 4 个槽。对于图 2.12（b），$q = 2$，表示在两极 24 槽电机中，A 相绕组在 N 极下占有 2 个槽。

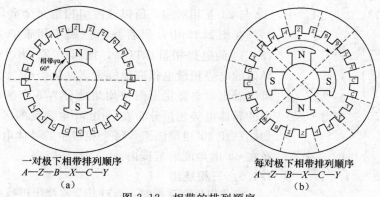

一对极下相带排列顺序　　　　　　每对极下相带排列顺序
$A—Z—B—X—C—Y$　　　　　　$A—Z—B—X—C—Y$
（a）　　　　　　　　　　　　　（b）

图 2.12　相带的排列顺序
（a）$p = 1$；（b）$p = 2$

2.1.1.8　槽距电角 α

槽距电角 α 是相邻槽间的电角度，如图 2.13 所示。电机定子的内圆周是 $p\times360°$，被其槽数 Z 除，可得槽距电角，即 $\alpha=\dfrac{p\times360°}{Z}$。

2.1.2　槽电势星形图

图 2.14 是 4 极 24 槽三相定子绕组的导体分布图。每个槽中的线圈边只用一根导体来表示。由于是 4 极电机，因此沿电机气隙圆周的空间电角度是 $p\times360°=2\times360°=720°$，槽距电角 $\alpha=\dfrac{p\times360°}{Z}=\dfrac{2\times360°}{24}=30°$。

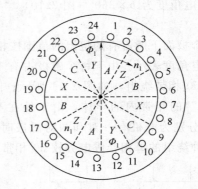

图 2.13　槽距电角　　　　　图 2.14　4 极 24 槽三相定子绕组导体分布图

假设旋转磁场 Φ_1 顺时针方向转动，磁场的最大值将先切割槽 1 中的导体，经过 α 电角度再切割到槽 2 中的导体，以此类推。所以导体 1 的电势首先达到最大值，再经过 α，2α，…时，导体 2，导体 3，…的电势依次达到最大值，即导体 1 的电势比导体 2 的电势在相位上超前 α 电角度，导体 2 的电势又比导体 3 的电势超前 α 电角度，以此类推。依此类推可得图 2.15 所示的电势星形图。槽电势星形图即电机定子槽中导体的感应电势相量图。槽电势星形图中的线段长度代表导体感应电势的大小，线段方向代表导体感应电势的相位。由于槽中导体的有效长度相同，因此导体感应电势的大小相等。在槽电势星形图中，各线段长度也相等，但方向不同，依次相差一个槽距角。图中相量 1～12 代表第一对极下导体 1～12 的电势相量，13～24 代表第二对极下的导体 13～24 中的电势相量。两对极下的导体，1 与 13，2 与 14，…，12 与 24 互相对应，所以这两组相量完全重合。

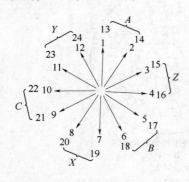

图 2.15　导体电势星形图

在图 2.15 中，假若我们把属于相带 A 的导体 1、2、13、14 的电势相量标以 A，把属于 Z、B、…、Y 相带的导体的电势相量也相应地标上 Z、B、…、Y。那么从图中可以看出，电势星形图被均匀地分为 6 个区域，每个相带中的导体电势相量分布在一个 $60°$ 电角度的区域中。由此可知，三相 $60°$ 相带绕组，每个相带中的导体电势相量必定分布在 $60°$ 电角度的范围内。

2.1.3　三相绕组

交流电机在运行时，通过其交流绕组进行机电能量转换，这种绕组称为电枢绕组。电枢绕组与其铁芯合称为电枢。

绕组是由绕组元件按一定的规律连接而成的。对三相绕组来说，一般是先将属于同一相的所有元件连接成若干个元件组。元件组内的元件是串联的，同一相的各元件组其电势的大小和相位均相同。根据需要，各相的元件组可串联或并连接成相绕组。至于相绕组之间的连接（Y 接或△接），一般在安装现场完成。

常用的三相绕组按元件的形状和连接方式，单层绕组可分为同心式、链式和交叉式三种，双层绕组可分为叠绕组和波绕组两种。此外，每极每相槽数 q 是整数的称为整数槽绕组，如图 2.16 所示。q 是分数的称为分数槽绕组。现以三相双层短距叠绕组为例说明三相绕组的形成过程，如图 2.17 和图 2.18 所示。

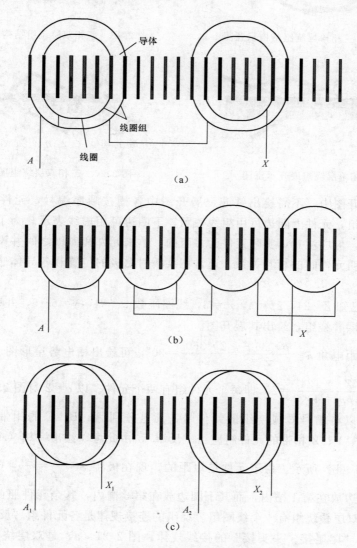

图 2.16　单层绕组形式

（a）同心式；（b）链式；（c）交叉式

绕组接法常用展开图来表示。展开图是假设将定子在某齿中心线处沿轴向切开并展成平面后所画出的示意图，图 2.19、图 2.20 分别是三相单层绕组和三相双层绕组的展开示

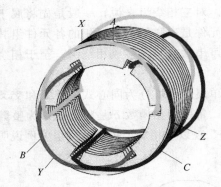

图 2.17　三相单层绕组结构示意图

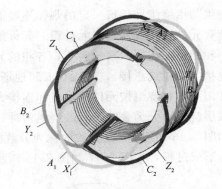

图 2.18　三相双层绕组结构示意图

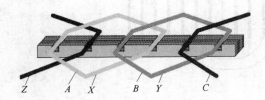

图 2.19　三相单层绕组展开示意图

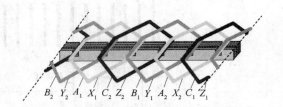

图 2.20　三相双层绕组展开示意图

意图。一般在展开图中，不需绘出铁芯。展开图中各槽按顺序编号，元件用线条图形表示，如为双层绕组，元件上圈边可用粗线表示，下圈边可用虚线表示。为了清晰，元件常画成单匝的形式，但应注意，实际元件为多匝的。本来元件和磁极之间并没有固定的相对位置，但为了说明元件间的相互关系，还常把某瞬时磁极的位置和各导体感应电势的方向也画在图中。

【例 2.1】 已知 $Z=24$，$2p=4$，$m=3$，线圈匝数 $w_c=1$，$y=5\tau/6$，并联支路数 $a=1$，试绕制一三相双层叠绕组，绘出其展开图。

解： 算出槽距电角 $\alpha=\dfrac{p\times360°}{Z}=\dfrac{2\times360°}{24}=30°$，可绘出槽电势星形图（图 2.15）。每

极每相槽数 $q=\dfrac{Z}{2pm}=\dfrac{24}{4\times3}=2$，即每个元件组有两个元件。以 $q=2$ 对图 2.15 的电势星形图进行分相，可以将槽号看成绕组的元件号，凡是分到 A、B、C 的相带的元件组应当"顺串"，分到 X、Y、Z 相带的元件组应当"反串"，由此可以绘出一相（A 相）绕组的展开图，如图 2.21（b）所示。由于元件是短距的，现在极距 $\tau=\dfrac{Z}{2p}=\dfrac{24}{4}=6$，于是 $y_1=5$，第 1 元件的上圈边放在第 1 槽内，而其下圈边放在第 6 槽内，其余元件照此类推。从图中还可看到，4 极双层叠绕组有 4 个线圈组。绕组的连接规律是各元件组"反串""顺串"交错进行，即符合"尾尾接、头头接"的接线规律。图 2.21（a）是双层绕组的分布情况，上层导体的编号在数字上不带"′"，下层导体的编号带"′"。

双层绕组主要用于 10kW 以上的电机中。电机额定电流较大时，导线的截面积也要相应增大。如果导线的截面积过大，导线较硬，绕线、下线、整形等工艺过程都比较困难。因此双层绕组常用多路并联，其最大可能的并联支路数 a 等于每相的线圈组数，也就是等

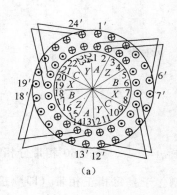
（a）

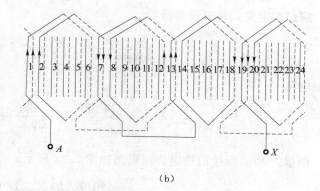
（b）

图 2.21　双层短距绕组

（a）端面图；（b）展开图

于极数。

2.1.4　分数槽绕组

对整数槽绕组（即每极每相槽数 q 为整数的绕组）及其电势分析表明，当采用短距和分布绕组时能改善电势波形。在水轮发电机中，极数很多，由于槽数的限制，每极每相槽数 q 不可能太多。这时，若采用较小的整数 q 值，一方面不能利用分布效应来削弱由于磁极磁场的非正弦分布所感应的谐波电势，另一方面也使齿谐波电势的次数较低而幅值较大。这两方面都使绕组中感应电势的波形得不到应有的近于正弦波的形状。为解决上述矛盾，水轮发电机的每极每相槽数 q 通常不用整数，而用分数，即分数槽绕组，便能得到较好的电势波形。在分数槽绕组中按下式计算 q：

$$q=\frac{Z}{2pm}=b+\frac{c}{d} \tag{2.1}$$

式中　b——整数；

$\dfrac{c}{d}$——不可约的分数；

m——相数。

事实上，每相在每极下所占的槽数只能是整数，不能是分数。因此，分数槽绕组实际上是每相在每极下所占的槽数不相等，有的极下多一个槽，有的极下少一个槽，而 q 是一个平均值。例如一台三相电机，$Z=30$，$2p=4$，每极每相槽数 $q=\dfrac{Z}{2pm}=\dfrac{30}{2\times2\times3}=2\dfrac{1}{2}=\dfrac{5}{2}$，是指在两个磁极下面每相占 5 个槽，即实际的分布情况是在一对磁极下面，N 极下占 3 个槽，S 极下占 2 个槽，平均起来每相在每个磁极下占 5/2 个槽。

如同整数槽绕组一样，分数槽绕组也分双层和单层绕组、叠绕组和波绕组，这里以双层叠绕组和波绕组为例进行分析。

由于槽电势星形图是分析绕组的一个有效方法，这里也用槽电势星形图来分析分数槽绕组的连接方法和特征。

2.1.4.1　分数槽绕组的连接法

下面以例题方式说明分数槽绕组的连接方法。

【例 2.2】　已知 $Z=30$，$2p=4$，$m=3$，试绘制双层分数槽绕组展开图。

解： 按定义，每极每相槽数

$$q = \frac{Z}{2pm} = \frac{30}{2 \times 2 \times 3} = 2\frac{1}{2}$$

槽距电角

$$\alpha_1 = \frac{p \times 360°}{Z} = \frac{2 \times 360°}{30} = 24°$$

根据 Z 和 α_1 所绘的槽电势星形图如图 2.22 所示。由于 $q = 2\frac{1}{2}$，当按 60°相带分相时，每相带只能占 2.5 个槽。于是每相正相带（即顺接相带）取 3 个槽，负相带（即反接相带）取 2 个槽（或反之），其平均相带为 60°。从图 2.22 可见，三相电势大小相等，相位差 120°，是一个对称三相绕组。各相所占的槽号分别为：

A 相：1、2、3，9、10 和 16、17、18，24、25；

B 相：6、7、8，14、15 和 21、22、23，29、30；

C 相：11、12、13，4、5 和 26、27、28，19、20。

从槽电势星形图可见，每相分为两组，每组有 5 个相量，可以把它们并联成两条支路，也可以串联成一条支路。当采用节距 $y_1 = 6$ 时，A 相绕组的展开图如图 2.23（b）所示。图中两组串联成一条支路，串联的规律与双层整数槽叠绕组相同。A 相各线圈的连接次序如图 2.23（a）所示。

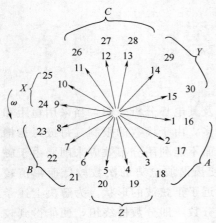

图 2.22 $Z = 30$，$2p = 4$，$m = 3$ 的槽电势星形图

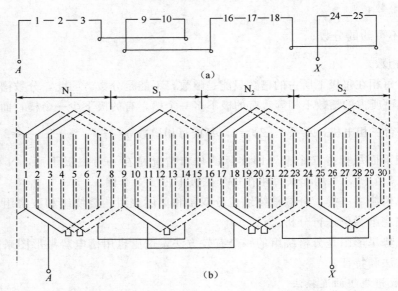

(a)

(b)

图 2.23 $Z = 30$，$2p = 4$，$q = 2\frac{1}{2}$，$a = 1$ 时 A 相叠绕组展开图

(a) A 相各线圈连接次序；(b) A 相绕组展开图

2.1.4.2　分数槽绕组的特征

在整数槽绕组中，当电机有 p 对极时，则有 p 个重叠的槽电势星形，每个星形中对应的槽在磁极下分别处于相同的相对位置。每一个星形称为基本星形，相当于一个"单元电机"。在分数槽绕组中，相邻磁极和定子槽的相对位置是不同的（图 2.22），但就整个电机来说，某些磁极与定子槽的相对位置可与另一些磁极与定子槽的相对位置有所重复，如〔例 2.2〕中槽电势星形图重复了一次，说明定子槽在磁极下的分布重复了一次。所以这台电机的分数槽绕组有两个基本星形，相当于两台两极 15 槽的"单元电机"所组成。总结起来，当 Z 和 p 的最大公约数为 t 时，便有 t 个重叠的基本星形，相当于 t 个"单元电机"。在〔例 2.2〕中，Z 和 p 的最大公约数 $t=2$，故星形图重叠两次，即有两个基本星形，相当于两个"单元电机"组成。

从图 2.22 可见，每相包含着相量个数不同的两组相量。直接利用这个图来计算电势很不方便，为此，让第一个基本星形不动，而把第二个基本星形的各相量转 $180°$ 而与第一个基本星形绘在一起，便得如图 2.24 所示的新的星形图。

若将原来的分数 q 写成 $q=b+\dfrac{c}{d}=\dfrac{bd+c}{d}=\dfrac{N}{d}=\dfrac{5}{2}$，则发现 $q'=N=5$，$p'=\dfrac{p}{d}=\dfrac{2}{2}=1$，这是分数槽绕组的普遍规律，即：任何一个 m 相对称的双层分数槽绕组 $\left(q=b+\dfrac{c}{d}=\dfrac{N}{d}\right)$，在计算基波电势时，它和一个具有同样槽数，但 q' 等于原来分数 q 的分子（即 $q'=N$），极对数 p' 等于用原来分数 q 的分母去除原来的极对数$\left(\text{即 }p'=\dfrac{p}{d}\right)$的整数槽绕组是等效的。

下面以 $Z=36$，$p=10$，$m=3$ 的双层绕组为例加以说明。这里

$$q=\frac{Z}{2pm}=\frac{30}{2\times10\times3}=\frac{3}{5}=\frac{N}{d}$$

$$\alpha_1=\frac{p\times360°}{Z}=\frac{10\times360°}{36}=100°$$

Z 和 p 的最大公约数 $t=2$，故应有两个重叠的基本星形，也相当于由两个"单元电机"组成。每个基本星形有 $Z_t=\dfrac{Z}{t}=\dfrac{36}{2}=18$ 槽，如图 2.25 所示。当按 $60°$ 相带分相时，每相正相带占三个槽，负相带也占三个槽，如图 2.25 中 $A—X$、$B—Y$、$C—Z$ 所示。显然，相电势也是对称的。

从电势相量相加的观点来看，对基波来说，图 2.25 所表示的 $Z=36$，$2p=20$，$q=\dfrac{3}{5}$，$\alpha_1=100°$ 的分数槽绕组与 $Z=36$，$Z_p{}'=4$，$q'=3$，$\alpha'=20°$ 的整数槽绕组是等效的，在每极磁通量和电势频率不变时，绕组的基波电势是相等的，即后者是前者的等效绕组。

从上述例子不难看出，等效绕组的极对数 p' 也等于用分数 q 的分母 d 去除原来的极对数 p，即 $p'=\dfrac{p}{d}=\dfrac{10}{5}=2$；等效绕组的每极每相槽数 q' 也等于分数 q 的分子 N，即 $q'=N=3$。

所以，采用分数槽绕组后，虽然每极每相实际槽数很少 $q=\dfrac{3}{5}$，但从槽电势星形图的分析可见，却等效于 $q=3$ 的整数槽绕组，这就是分数槽绕组的主要特征。

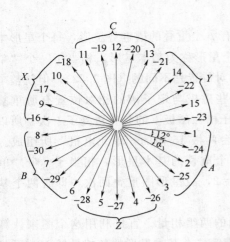

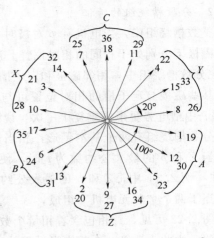

图 2.24 将图 2.22 中的第二个基本星形倒转 180°后的槽电势星形图（即等效整数槽绕组的槽电势星形）

图 2.25 $Z=36,\ 2p=20,\ m=3,\ q=\dfrac{3}{5}$ 的分数槽绕组的电势星形图

从上面分析可见，当 $Z'=\dfrac{Z_t}{m}$ 等于偶数时，绕组是等相带的（即正、负两个相带包含着相等的相量数），如图 2.25 所示；当 $Z'=\dfrac{Z_t}{m}$ 等于奇数时，绕组是不等相带的（即正、负两个相带包含的相量数不相等），如图 2.22 所示。上述规律亦可从分数 q 的分母 d 是偶数还是奇数反映出来，现以三相绕组为例加以说明。

前已述及，在对称的 m 相绕组中，每个基本星形的相量数 $Z_t=\dfrac{Z}{t}$ 应能被 m 除尽，即 $Z_t/m=Z/mt$ 应为整数。对于三相绕组，则有

$$q=\frac{Z}{2pm}=\frac{Z}{2\times 3p}=\frac{Z_t/3}{2(p/t)}=\frac{N}{d} \tag{2.2}$$

式（2.2）中，Z_t 和 p/t 是没有公约数的，所以当 $Z_t/3$ 为偶数时，由于 $Z_t/3$ 和 p/t 没有公约数，故 p/t 必为奇数。同时，由于 $Z_t/3$ 是偶数，所以 $\dfrac{1}{2}\left(\dfrac{Z_t}{3}\right)$ 等于整数（可以是奇数或偶数）。故得 $q=\dfrac{\frac{1}{2}(Z_t/3)}{p/t}=\dfrac{N}{d}$，即这时 $N=\dfrac{1}{2}(Z_t/3)$。$d=p/t=$奇数。当 $Z_t/3$ 等于奇数时，则从式（2.2）可见，这时 $N=Z_t/3$ 为奇数，$d=2(p/t)$ 应等于偶数。

上述分析表明，当分数 q 的分母 d 为奇数，每相在每个基本星形中所占的槽数（$Z_t/3$）为偶数，可分为正、负两个相等的相带，每个相带的槽数等于分数 q 的分子 N；而当 d 为偶数时，则每相在每个基本星形中所占的槽数（$Z_t/3$）为一奇数，等于分数 q 的分子 N，此时正、负两个相带所占的槽数不相等。为了提高分布系数以获得最大相电势，通常采用正、负相带相差一个槽的方案，此时仍等效于一个 60°相带的整数槽绕组。

分数槽绕组的短距系数的计算方法与整数槽绕组的一样（在 2.2.2 小节中详细介绍），但计算分布系数时，必须采用等效绕组的有关数据，即 $q'=bd+c=N$，$\alpha_1'=\dfrac{p'2\pi}{Z}=\dfrac{\pi}{mq'}=$

$\frac{\pi}{mN}$，于是，对基波

$$k_{q1}=\frac{\sin\dfrac{q'\alpha_1'}{2}}{q'\sin\dfrac{\alpha_1'}{2}}=\frac{\sin\dfrac{\pi}{2m}}{N\sin\dfrac{\pi}{2N}} \tag{2.3}$$

利用高次谐波的槽电势星形，对次数为奇数的高次谐波，即 $v=3,5,7,\cdots$ 时，分布系数为

$$k_{qv}=\frac{\sin\dfrac{v\pi}{2m}}{N\sin\dfrac{v\pi}{2N}} \tag{2.4}$$

从式（2.3）和式（2.4）可以看出，因 $N\gg q$，所以在分数槽绕组中，虽然实际上每极每相槽数 q 很少，但却具有很大的分布作用，例如当 $q=2\frac{16}{17}$ 时，实际上每极每相槽数不到 3，而在分布效果上它却相当于 $q'=bd+c=2\times17+16=50$，因此能有效地削弱由空间谐波磁场所引起的高次谐波电势。至于齿谐波电势，所有 $2mqk\pm1$ 次（其中 $k=1，2，3，\cdots$）谐波的绕组系数都等于基波的绕组系数，而把这些谐波称为齿谐波。这时 $k=1$ 的 $2mqk\pm1$ 次称为齿谐波的基波，而当 $k=2$ 时称为二阶齿谐波，$k=3$ 为三阶齿谐波，余类推。

对于对称分布的转子磁极，磁极磁场不存在偶次谐波和分数次谐波，因此只需注意奇次谐波。在整数槽绕组中，$2mqk\pm1$ 都等于奇数，因此所有的齿谐波电势都存在，当然以 $2mqk\pm1$ 次最强。但在分数槽绕组中。由于 $\frac{d}{m}\neq$ 整数，可以证明 $2mqk\pm1\neq$ 奇数，因此把最强的齿谐波电势消除了。这时只有 $k=d$ 才能使 $2mqk\pm1=$ 奇数，因此把存在的齿谐波电势的阶次提高到大 $k=d$ 阶，即 $2mqk\pm1$ 次，而阶次越高则相应的齿谐波磁场越弱，由此可见分数槽绕组能削弱齿谐波电势，q 的分母 d 越大，削弱效应越强。

2.1.4.3　分数槽绕组的对称条件及并联支路数

如前所述，分数槽绕组的基本对称条件是 $Z'=Z_t/m=Z/mt=$ 整数。通常也可用分数 q 的分母 d 来判断绕组是否对称。因为要满足上述条件时，在分数 $q=b+\frac{c}{d}=\frac{bd+c}{d}$ 的分母中也应反映出一定的规律。

根据 $Z'=\frac{Z}{mt}=$ 整数，有

$$Z'=\frac{Z}{mt}=\frac{2pmq}{mt}=2\,\frac{p}{t}q=2\,\frac{p}{t}\left(\frac{bd+c}{d}\right)=\text{整数} \tag{2.5}$$

要满足式（2.5），d 必须不是 m 的倍数。因为 $\frac{bd+c}{d}$ 是除不尽的分数，只有 $2p/t$ 能被 d 整除才能使式（2.5）为整数。然而 $2p/t$ 不会是 m 的倍数（因为 t 是 Z 和 p 的最大公约数，所以 $Z=mtZ'$ 和 $p=\left(\dfrac{p}{t}\right)t$ 除了最大公约数 t 外，p/t 和 m 不能再有公约数，即 p/t 不会是 m 的倍数，此外，在对称多相绕组中 $m>2$，故 $2p/t$ 也不是 m 的倍数），所以 d 也不

能是 m 的倍数，否则就不可能使式（2.5）为整数。

有了这一结论，只要看分数 q 的分母 d 是不是 m 的倍数，就能判断绕组是否对称。如前述例题 $Z=30$，$p=2$，$m=3$，$q=\dfrac{Z}{2pm}=\dfrac{30}{2\times2\times3}=\dfrac{5}{2}$。$q$ 的分母 $d=2$，不是 3 的倍数，所以绕组是对称的。

此外，从前面的分析已知，与分数槽绕组等效的整数槽绕组的极对数为 $p'=\dfrac{p}{d}$，由于整数槽每相的最大并联支路数等于极数，可见分数槽绕组的最大并联支路数 a_{max} 等于 $2p'=\dfrac{2p}{d}$，即

$$a_{max}=\frac{2p}{d} \tag{2.6}$$

为了使三相对称，实际采用的每相并联支路数 a 应为 a_{max} 的约数，即应有 $a_{max}/a=$ 整数。总结以上所述，可将分数槽绕组的对称条件写成

$$\left.\begin{array}{l}\dfrac{d}{m}\neq\text{整数}\\[2mm]\dfrac{2p}{da}=\text{整数}\end{array}\right\} \tag{2.7}$$

2.1.4.4 分数槽绕组的轮换数

与整数槽绕组一样，利用槽电势星形图可以确定分数槽绕组每相所属的槽号及其连接规律，检查绕组对称情况等。但当电机的槽数很多时，这样做很费时间，因此在实际工作中，常用确定线圈组轮换数的方法来确定每相所属的槽号。现以 $Z=54$，$2p=8$，$m=3$ 为例来说明。这里

$$q=\frac{Z}{2pm}=\frac{54}{2\times4\times3}=2\frac{1}{4}$$

$$\alpha_1=\frac{p\times360°}{Z}=\frac{4\times360°}{54}=\left(26\frac{2}{3}\right)°$$

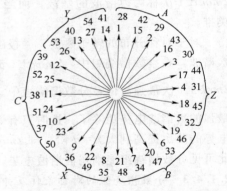

图 2.26 $Z=54$，$2p=8$，$m=3$ 的槽电势星形图

槽电势星形图如图 2.26 所示。将槽电势星形进行分相，并将分相结果排列于表 2.1（这里只排列 27 槽）。

表 2.1　　　　　　　　　　　　　　　　　　槽电势星形分相表

相属	A	A	A	$-C$	$-C$	B	B	$-A$	$-A$	C	C	C	$-B$	$-B$
槽号	1	2	3	4	5	6	7	8	9	10	11	12	13	14
每个线圈组中的线圈数		3			2		2		2		3			2

相属	A	A		$-C$	$-C$	B	B	B	$-A$	$-A$	C	C	$-B$	$-B$ ⋯
槽号	15	16		17	18	19	20	21	22	23	24	25	26	27 ⋯
每个线圈组中的线圈数		2			2		3			2		2		2

比较图 2.26 和表 2.1，不难看出，星形图和表 2.1 是一致的。从表 2.1 可见，每相的线圈组分为两种，一种是 3 个线圈的大线圈组，另一种是两个线圈的小线圈组，它们是按"3，2，2，2"的规律轮换下去的，因此，把"3，2，2，2"称为线圈组的轮换数。可见，当线圈组的轮换数已知时，对于 60°相带的三相绕组，按 A—CB—AC—B 的相序排列，就可以确定每个线圈组包含的槽数、槽号以及属于哪一相和顺接、反接。

分相完毕后，对于双层叠绕组，只要按一般正、负相带连接的规律依次串联或并联即可。图 2.27 是上述分数槽绕组 A 相的展开图。对于波绕组，则须先根据轮换数绘出方格图，然后再进行绕组连接。

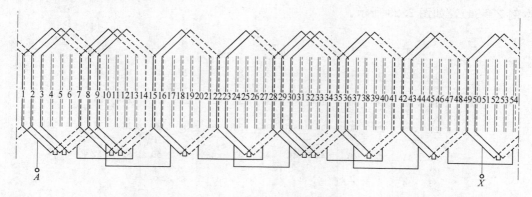

图 2.27　$Z=54$，$2p=8$ 三相叠绕组 A 相展开图

下面分析当知道分数 q 后，怎样确定线圈组的轮换数。为此，首先看一看轮换数与分数 q 的关系。

在分数槽绕组中，因为 $q=b+\dfrac{c}{d}$，而 c/d 是不能约简的真分数，所以要实现线圈组的平均线圈数为 q 个，就必须使一部分线圈组由 $(b+1)$ 个线圈组成，另一部分线圈组由 b 个线圈组成。例如当 $q=2\dfrac{1}{4}$ 时，一部分线圈组由 $b+1=2+1=3$ 个线圈组成，另一部分线圈由 $b=2$ 个线圈组成。又因 $q=b+\dfrac{c}{d}=\dfrac{bd+c}{d}=\dfrac{N}{d}$，可见，若每个线圈组都取 b 个线圈，则 d 个线圈组只有 bd 个线圈，多余了 c 个线圈，所以必须使 d 个线圈组共有 $bd+c=N$ 个线圈，才能满足线圈组的平均线圈数为 $q=b+\dfrac{c}{d}$ 个。由此得出结论：在每一次轮换中，线圈组的数目为 d（即 q 的分母），线圈的总数为 N（即 q 的分子），所以只要将 N 个线圈分成 d 组，即可得出轮换数。例如上例中 $q=b+\dfrac{c}{d}=2\dfrac{1}{4}=\dfrac{9}{4}=\dfrac{3+2+2+2}{4}$，轮换数为 3，2，2，2，当然也可用 2，3，2，2；2，2，3，2；2，2，2，3 等轮换数。经过生产实践，积累了许多获得轮换数的方法，该部分内容可参看其他相关书籍。

2.1.4.5　用方格图确定波绕组的连接法

分数槽波绕组的连接不像叠绕组那样有规律，尤其在电机的槽数较多的情况下，为了得到较短的跨接线和使引出头集中，往往要做出许多连接方案，经过比较才能获得最佳方案。这时若每次都绘出整个接线图则比较费时，为此工厂一般采用一种叫方格图的办法来确定波绕组的连接顺序。

方格图是在波绕组连接的一般规律的基础上提出来的，现在仍以 $Z=54$，$2p=8$，$m=3$为例来说明方格图的作法及用它连接波绕组的原理。

首先计算出每极每相槽数 $q=2\frac{1}{4}$；再按前述确定轮换数的方法确定轮换数为 3，2，2，2；接着确定合成节距 $y=y_1+y_2=13$。

作方格图时，先按 1，2，3，4，…顺序写出线圈的编号，也就是线圈上层边所在槽的编号，取每行的槽号数等于合成节距 y（本例 $y=13$），然后重复往下写，直到写完 Z 个槽（本例 $Z=54$），如图 2.28 所示。

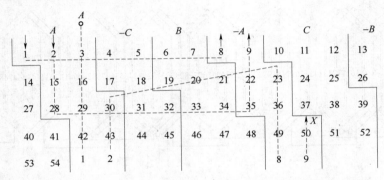

图 2.28　$Z=54$，$2p=8$，三相双层波绕组的方格图

在方格图上按所取的轮换数 3，2，2，2 从头到尾将槽分相，并做出各相的范围线如图 2.29 所示。

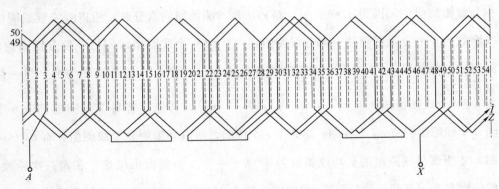

图 2.29　$Z=54$，$2p=8$，三相波绕组 A 相的展开图

为了获得最短的跨接线，可在方格图上进行各种不同的连接试探。连接时除了要求跨接线最短，跨接线数目尽量少外，还应注意跨接线不能交叉；同时也不要使一相的跨接线形成整圆，以免引起轴向磁场。

观察方格图上各相的每一段中纵向的各槽，例如 A 相中的 3—16—29—42，它们之间都相差一个合成节距（$y=13$ 槽）。所以上层边在这些槽中的线圈是自然地连接在一起的。其他槽如 2—15—28，30—43，9—22—35，23—36—49 等也是这样。

之后，49 与 8 槽也是相差一个合成节距（$y=13$ 槽），故它们也可以自然地连接起来，从而可以连到 23 槽的上层边。而 23 与 30 槽只相隔 7 槽较近，可用一直跨线连接起来（类似的跨接线有三根，如图 2.28 和图 2.29 所示），继续按方格图中所示箭头连接下去，直至连完 A 相的全部槽，这样便得到 A 相的连接表为

$$
\begin{array}{l}
A\ \ 0 - 3 - 16 - 29 - 42 - 1 \\
X\ \ 0 \quad\quad\ 50 - 9 - 22 - 35
\end{array}
\left.\begin{array}{l}
23 - 36 - 49 - 8 \\
30 - 43 - 2 - 15 - 28
\end{array}\right.
$$

　　B、C 两相的连接与 A 相是类似的，只需分别从相应的槽开始以形成互差 120° 相位。这里 B 相可取 21 槽作为出线头，因为 $(21-3)\times\left(26\dfrac{2}{3}\right)° = 480°$，即 $360°+120°$；C 相可取 12 槽作为出线头，因为 $(12-3)\times\left(26\dfrac{2}{3}\right)° = 240°$。B、C 两相的连接表为

$$
\begin{array}{l}
B\ \ 21 - 34 - 47 - 6 - 19 \\
Y\ \ \quad\ 14 - 27 - 40 - 53
\end{array}
\left.\begin{array}{l}
41 - 54 - 13 - 26 \\
48 - 7 - 20 - 33 - 46
\end{array}\right.
$$

$$
\begin{array}{l}
C\ \ 12 - 25 - 38 - 51 - 10 \\
Z\ \ \quad\ 5 - 18 - 31 - 44
\end{array}
\left.\begin{array}{l}
32 - 45 - 4 - 17 \\
39 - 52 - 11 - 24 - 37
\end{array}\right.
$$

　　当连成一条支路时，A 相的展开图如图 2.29 所示。若要连成两条支路，则应将 A 相的 30 与 23，B 相的 48 与 41，C 相的 39 与 32 之间的连接线拆开即可（图 2.29 和图 2.28 以及上表）。

　　在槽数较多的大型水轮发电机中，往往可以有多种轮换数，每一种轮换数又可能有多种连接法，从而可以得到许多种连接方案，需要一一按方格图进行具体连接，最后进行方案比较，才能确定最佳方案。

2.2　水轮发电机定子绕组的感应电势

　　由上述内容可知，绕组的形成过程是导体—元件（或线圈）—元件组（或线圈组）—相绕组。下面按这个过程来分析绕组中的感应电势。

2.2.1　导体电势

　　当电机转子磁极被原动机拖动旋转，使沿圆周呈正弦分布的磁极磁场切割定子导体时，导体的感应电势也是正弦波，如图 2.30 所示。由于每转过一对磁极电势变化一周期，故当电机极对数为 p、转速为 $n(\mathrm{r/min})$ 时，电势的频率 f 为

$$
f = \frac{pn}{60} \tag{2.8}
$$

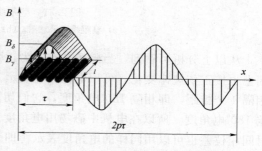

图 2.30　正弦分布磁场下导体中的感应电势

若气隙磁密的幅值为 B_m，导体的有效长度为 l，磁场与导体的相对速度为 v，则电势最大值 E_{nmax} 为

$$E_{nmax} = B_m l v \tag{2.9}$$

考虑到 $v = \dfrac{2p\tau n}{60}$（$2p\tau$ 为定子内圆的周长）、导体电势的有效值为

$$E_n = \frac{E_{nmax}}{\sqrt{2}} = \frac{B_m l}{\sqrt{2}} \frac{2p\tau}{60} n = \sqrt{2} f B_m l \tau \tag{2.10}$$

式中 τ——用长度表示的极距。

当磁密按正弦分布时，每极磁通 $\varPhi_1 = \dfrac{2}{\pi} B_m l \tau$，故式（2.10）可写成

$$E_n = \frac{\pi}{\sqrt{2}} f \left(\frac{2}{\pi} B_m l \tau \right) = 2.22 f \varPhi_1 \tag{2.11}$$

当磁通单位为 Wb，频率单位为 Hz 时，电势单位为 V。

2.2.2 线圈电势

如图 2.31（a）所示的整距单匝线圈的两根导体在空间相隔一个极距，也就是相隔 180°电角度。当一根导体处在 N 极的最大磁密处时，另一根导体刚好处在 S 极的最大磁密处，所以这两根导体的电势总是大小相等而方向相反，如图 2.31（b）所示。故整距单匝线圈的势为 $\dot{E}_y = \dot{E}_{n1} - \dot{E}_{n2} = 2\dot{E}_{n1}$，其相量图如图 2.31（c）所示。所以它的电势有效值为

$$E_y = 2E_{n1} = 4.44 f \varPhi_1 \tag{2.12}$$

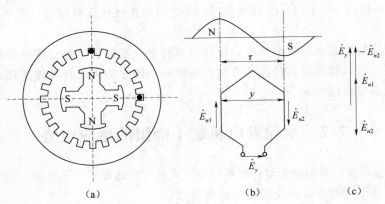

图 2.31 整距线圈电势及相量图
（a）整距线圈示意图；（b）整距线圈电势；（c）相量图

从以上分析可看到，当磁场在空间为正弦分布，导体切割磁场所产生的感应电势在时间上也按正弦规律变化，可用电势相量表示。一个整距线圈的两根导体在磁场中所处位置相隔 1 个极距，即相隔 180°电角度，它们切割磁场所产生的感应电势在时间相位上也是相差 180°电角度。所以在电机中磁场用电角度表示时，电机绕组中各导体所产生的感应电势时间相位差也可以用同样的电角度表示。即两根导体在按正弦分布的磁场中相距多少电角度，该两根导体中的感应电势在时间相位上也相差多少电角度，这在分析电机绕组感应电

势时是很方便的。

对短距单匝线圈，如图 2.32（a）所示，两根导线在空间的距离比整距线圈的缩短了 β 电角度，即相距（$180°-\beta$）电角度，如图 2.32（b）所示。因此，两根导线中感应电势在时间相位上也相差（$180°-\beta$）电角度。根据相量图，如图 2.32（c）所示，可求得短距线圈每匝电势 $\dot{E}_y = \dot{E}_{n1} - \dot{E}_{n2}$，由相量图的几何关系可求得每匝线圈电势的有效值

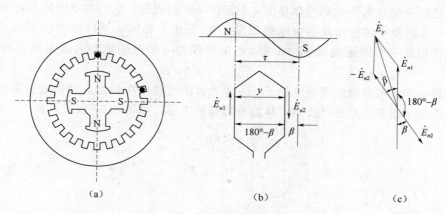

图 2.32　短距线圈电势

（a）短距线圈示意图；（b）短距线圈电势；（c）短距线圈相量图

$$E_y = 2E_{n1} \cos \frac{\beta}{2} = 2E_{n1} k_{y1} \tag{2.13}$$

$$k_{y1} = \frac{短距线圈电势}{整距线圈电势} = \frac{2E_{n1} \cos \dfrac{\beta}{2}}{2E_{n1}} = \cos \frac{\beta}{2} \tag{2.14}$$

式中　　k_{y1}——基波短距系数，它代表线圈短距后感应电势比整距时应打的折扣系数。短距时的 k_{y1} 总是小于 1。

如果线圈不是一匝，而是 N_y 匝，则短距线圈的电势

$$E_y = 4.44 f N_y \varPhi_1 k_{y1} \tag{2.15}$$

上面介绍了线圈中感应电势 E_y 的计算方法，但感应电势 $\dot{E}_y$ 与线圈中匝链的磁通在时间上的关系是怎样的呢？这是画相量图时必须知道的，下面分析这个问题。

图 2.33（a）表示 $\omega t = 0$ 这一瞬间，旋转磁场的最大值刚好位于整距线圈的中心线上，这时线圈匝链了整个极的磁通，所以线圈的磁链 $\varPsi = N_y \varPhi_1$ 为最大值。但此时线圈的两根导线都位于磁通密度 $B=0$ 的位置，根据 $e = Blv$ 可知，线圈中的瞬间感应电势 $e=0$。

当 ωt 经过 $90°$，旋转磁场在空间移过 $90°$ 电角度，

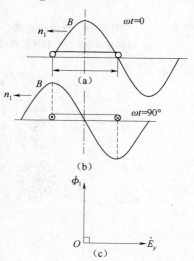

图 2.33　E_y 与 $\varPhi$ 的相位关系

（a）线圈匝链 $\varPhi_1$ 最大；（b）线圈匝链 $\varPhi_1$ 最小；（c）E_y 落后 $\varPhi_1 90°$

71

如图 2.33（b）所示的位置，此时线圈匝链的磁通为零，即 $\Psi=0$。从图中可以看到，此时两根导线都位于最大磁密处，线圈中瞬间感应电势最大。由此可见，当线圈匝链的磁通最大时，感应电势为零。ωt 经过 $90°$，线圈匝链的磁通为零时，感应电势才达最大值，所以线圈中的感应势 $\dot{E}_y$ 在时间上落后于线圈所匝链的磁通 $90°$ 相角，用相量图表示如图 2.33（c）所示。

2.2.3　线圈组电势

前面已经介绍过每个线圈组都是由 q 个元件串联而成的，它们在空间的布置如图 2.34（a）所示，在磁场中的分布及感应电势如图 2.35 所示，即同一元件组内各相邻元件的电势相位依次相差一个槽距电角 α，则线圈组电势即为 q 个线圈电势的相量和，如图 2.36 所示。

故根据 q 和 α 可求得线圈组电势 E_q。q 个元件的电势依次相加，将构成正多边形的一部分。若作这个正多边形的外接圆，R 为外接圆的半径，如图 2.37 所示，则

$$\frac{E_y}{2}=R\sin\frac{\alpha}{2}$$

即

$$E_y=2R\sin\frac{\alpha}{2}$$

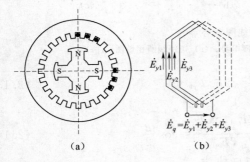

$$\dot{E}_q=\dot{E}_{y1}+\dot{E}_{y2}+\dot{E}_{y3}$$

（a）　　　（b）

图 2.34　线圈组电势

（a）线圈组分布；（b）线圈组感应电势

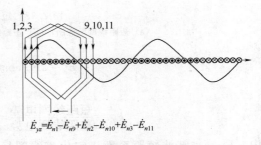

$$\dot{E}_{yz}=\dot{E}_{n1}-\dot{E}_{n9}+\dot{E}_{n2}-\dot{E}_{n10}+\dot{E}_{n3}-\dot{E}_{n11}$$

图 2.35　线圈组在磁场中的分布及感应电势

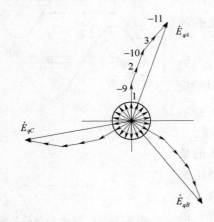

图 2.36　线圈电势相量相加

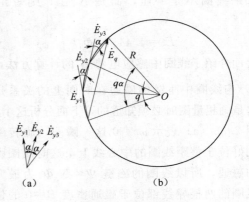

（a）　　　　　（b）

图 2.37　线圈组电势

（a）线圈电势相量；（b）线圈电势相量相加

又
$$\frac{E_q}{2}=R\sin\frac{q\alpha}{2}$$

由 E_y 表达式求得 R 代入上式，得

$$E_q=2R\sin\frac{q\alpha}{2}=qE_y\frac{\sin\dfrac{q\alpha}{2}}{q\sin\dfrac{\alpha}{2}}=qE_yk_{q1} \tag{2.16}$$

$$k_{q1}=\frac{E_q(q\text{个分布线圈的合成电势})}{qE_q(q\text{个集中线圈的合成电势})}$$

式中　E_q——q 个分布线圈的合成电势；

$\qquad qE_q$——q 个集中线圈的合成电势；

$\qquad k_{q1}$——绕组的分布系数，它也小于 1，只有在集中绕组 $q=1$ 时，k_{q1} 才等于 1，式
（2.16）表明分布绕组的电势比集中绕组的电势小。

将式（2.15）代入式（2.16）可得线圈组的感应电势为

$$E_q=4.44fqN_y\Phi_1k_{w1} \tag{2.17}$$

$$k_{w1}=k_{y1}k_{q1}$$

式中　k_{w1}——绕组系数。

2.2.4　相电势

同一相内各线圈组的电势是同大小、同相位的，因此相电势等于线圈组电势与一个支路中串联线圈组数的乘积，在式（2.17）中 qN_y 是元件组的串联匝数，它与串联元件组数的乘积，即为每相绕组一条支路中的串联匝数 w。故相电势 $E_{\varphi1}$ 为

$$E_{\varphi1}=4.44wk_{w1}f\varphi_1 \tag{2.18}$$

由于每相绕组有 $2p$ 个线圈组，即 $2pq$ 个线圈（双层绕组）或 pq 个线圈（单层绕组），每个线圈的匝数为 N_y，则双层绕组每相有 $2pqN_y$ 匝，单层绕组有 pqN_y 匝。设并联支路数均为 a，则每相每一支路串联匝数 $w=\dfrac{2pqN_y}{a}$（双层绕组）或 $w=\dfrac{pqN_y}{a}$（单层绕组）。

2.3　在非正弦分布磁场下绕组的谐波
电势及其削弱方法

2.3.1　非正弦分布磁场引起的谐波电势

为了使电势波形为正弦波，必须使主磁通在气隙的分布为正弦波。而实际电机的气隙磁通很难保证按正弦规律分布，根据傅氏级数，它可分解成为正弦分布的基波和一系列奇次谐波，如图 2.38 所示。图中分别画出了 3 次和 5 次谐波所对应的转子模型。

谐波电势的计算方法和基波电势的计算方法相似。由图 2.38 可见，v 次谐波磁场的极对数为基波的 v 倍，而极距则为基波的 $1/v$ 倍，即 $p_v=vp$；$\tau_v=\dfrac{1}{v}\tau$。

由于谐波磁场也因转子旋转而形成旋转磁场，其转速等于转子转速，即 $n_v=n$。因 $p_v=vp$，故在定子绕组内感生的高次谐波电势的频率为

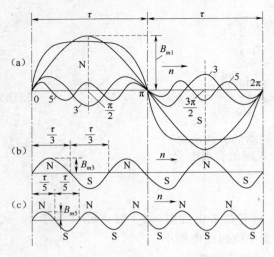

图 2.38　主极磁密的空间分布曲线
（a）主极磁密分解为一系列谐波；
（b）3 次谐波；（c）5 次谐波

$$f_v = \frac{p_v n_v}{60} = \frac{(vp)n}{60} = v f_1 \qquad (2.19)$$

$$f_1 = \frac{pn}{60}$$

式中　f_1——基波的频率。

根据式（2.18），谐波电势的有效值为

$$E_{\varphi v} = 4.44 w k_{wv} f_v \varphi_v \qquad (2.20)$$

式中　φ_v——v 次谐波的每极磁通量；

　　　k_{wv}——v 次谐波的绕组系数。

分析表明，高次谐波电势对相电势大小影响很小，它主要是影响电势的波形。

2.3.2　非正弦分布磁场引起的谐波电势的削弱方法

发电机电势中如果存在高次谐波，将使电势波形变坏，产生许多不良影响，如使电机的运行特性变坏、损耗增加、效率降低、温升增高、对邻近通信线路产生干扰等。因此要采取措施来削弱谐波电势。

数学分析和生产实践表明，谐波次数越高，它的幅值越小，对电势波形的影响也越小，因此，影响电势波形的主要是 3、5、7、9 等次谐波。所以，设计绕组时，主要考虑削弱或者消除 3、5、7、9 等次谐波。

2.3.2.1　改善磁场的分布

改善磁场分布的目的是使磁密的分布比较接近正弦。磁密的分布取决于磁势的分布和磁路的磁阻情况，因此适当地调整励磁绕组的分布和采用合适的磁极形状可实现磁场的分布满足接近正弦波的要求，如图 2.39 所示。

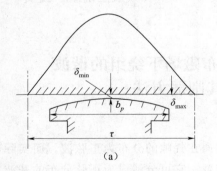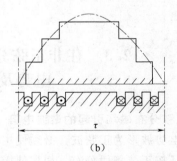

图 2.39　凸同步电机的极靴外形和隐极同步电机的励磁绕组布置
（a）凸极电机；（b）隐极电机

为了得到满意的磁场分布，对于凸极机，由于励磁绕组是集中的，无法采用合理地分布励磁安匝来达到磁密的正弦分布，只能调整磁路的磁阻，即选择适当的极弧形状。一般取最大气隙 $\delta_{\max}$ 与最小气隙 $\delta_{\min}$ 之比在 1.5～2.0 范围内，极靴宽度 b_p 与极距 τ 之比在 0.70～0.75 范围内。对于隐极电机，气隙是均匀的，故采用适当分布励磁安匝来改善气隙磁密的波形，即安放励磁绕组的部分与极距之比值应在 0.70～0.75 范围内。实践表明，当采取上述措施后，同步电机磁极磁场的波形就比较接近于正弦波形。

2.3.2.2　三相绕组的连接

在三相绕组中，各相的三次谐波电势大小相等、相位也相同，并且 3 的奇数倍次谐波电势（如 9、15 次等）也有此特点。

当三相绕组接成 Y 形连接时，如图 2.40（a）所示，由于线电势等于相邻两相的相电势的相量差，即 $\dot{E}_{AB3} = \dot{E}_{A3} - \dot{E}_{B3} = 0$，故发电机输出的线电势中无 3 次谐波，同理也不存在 3 的倍数奇次谐波。因此发电机绕组多采用 Y 形连接。

当三相绕组接成△形连接时，如图 2.40（b）所示，由于各相中 3 次谐波电势大小相等、相位相同，故其经闭合的△回路而短路，产生 3 次谐波环流。即在线电势中也不会出现 3 次谐波。虽然如此，由于△形连接时绕组中存在附加的 3 次谐波环流，使损耗增加、效率降低、温升变高，故发电机绕组很少采用△形连接。

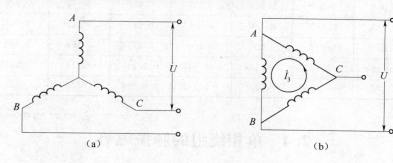

图 2.40　三相绕组的连接法

（a）Y 连接；（b）△连接

2.3.2.3　采用短距绕组和分布绕组

选择适当的短距绕组或分布绕组，可使高次谐波的绕组系数远比基波的为小，故能在基波电势降低不多的情况下大幅度削弱高次谐波。

一般，节距缩短 $\dfrac{\tau}{v}$，可以消去 v 次谐波，例如节距缩短 $\dfrac{\tau}{5}$，可消去 5 次谐波，如图 2.41 所示。当绕组为整距（$y_1 = \tau$）时，线圈的两个有效边分别处于 5 次谐波磁密的 N、S 极相应位置下，且电势方向相反，因此其 5 次谐波电势是相加的；如采用 $y_1 = \dfrac{4}{5}\tau$ 的短距绕组，由图可见两个有效边均处于 N 极相应位置下，电势方向相同，故互相抵消，即线圈中无 5 次谐波电势。

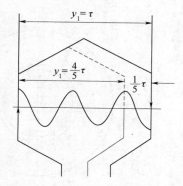

图 2.41　采用短距绕组消除 5 次谐波电势

实际上，由于三相绕组的连接线电势中已经消除了 3 及 3 的倍数次谐波，同时在电势中通常没有偶次谐波，因此在分析绕组电势时，这两类谐波可不予考虑。各相电势中余下谐波电势主要是 5 次、7 次及 7 次以上的。但 7 次以上谐波的幅值已经很小，在一般计算中可以忽略。因此，短距绕组主要被用来削弱 5 次及 7 次谐波。通常选用 $y_1 = \dfrac{5}{6}\tau$。这时 5 次、7 次谐波电势差不多都削弱到只有原来的 1/4 左右。

采用分布绕组是利用线圈组电势和线圈电势之间几何相加的关系来削弱高次谐波电势的。由表 2.2 可见，当 q 增加时，基波的分布系数减小不多，但高次谐波的分布系数却显著减小，因此，采用分布绕组可以削弱高次谐波电势。但是，随着 q 的增大，电枢槽数 Z 也增多，这将引起冲剪工时和绝缘材料消耗量增加，从而使电机成本提高。事实上，当 $q > 6$ 时，高次谐波分布系数的下降已不太显著，因此除二极汽轮发电机采用 $q = 6 \sim 12$ 以外，一般交流电机的 q 均在 $2 \sim 6$ 范围内。

表 2.2　　　　　　　　基波和部分高次谐波的分布系数 k_{qv}

v \ q	2	3	4	5	6	7	8	∞
1	0.966	0.96	0.958	0.957	0.957	0.957	0.956	0.955
3	0.707	0.667	0.654	0.646	0.644	0.642	0.641	0.636
5	0.259	0.217	0.205	0.200	0.197	0.195	0.194	0.191
7	−0.259	−0.177	−0.158	−0.149	−0.145	−0.143	−0.141	−0.136
9	−0.707	−0.333	−0.270	−0.247	−0.236	−0.229	−0.225	−0.212

2.4　单相绕组的脉振磁势

2.4.1　单匝整距绕组的磁势

在单匝整距绕组中通以电流后所产生的磁场如图 2.42 所示。由于气隙磁密均匀分布，根据全电流定律，若线圈匝数为 N_c，导体中流过的电流为 i_c，则每根磁力线都包围相同的电流 $i_c N_c$。若忽略铁芯中的磁压降，则总磁势 $i_c N_c$ 降落在两段气隙上，每段气隙磁势为 $\dfrac{1}{2} i_c N_c$，其空间分布波形如图 2.43 所示的矩形波。当电流随时间按正弦规律变化时，矩形波的高度也随时间按正弦规律变化，变化的频率等于电流交变的频率。即电流为零时，

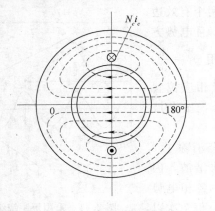

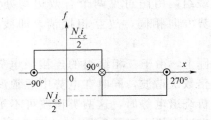

图 2.42　整矩线圈磁场分布　　　　　　图 2.43　单匝整距绕组的脉振磁势

波幅的高度也为零；电流最大时，波幅的高度也最大；电流改变方向时，波幅的高度也改变方向。这种空间位置固定不动，波幅的大小和正负随时间变化的磁势，称为脉振磁势。若

$$i_c = I_{cm}\sin\omega t = \sqrt{2}\,I_c\sin\omega t$$

则磁势的最大幅值 F_{cm} 为

$$F_{cm} = \frac{\sqrt{2}\,I_c}{2}N_c \qquad\qquad (2.21)$$

在任一瞬间，脉振磁势波的空间分布总为矩形波，但在不同的瞬间有不同的振幅。将图 2.43 所示矩形波用傅氏级数分解，若坐标原点取在线圈中心线上、横坐标取空间电角度，可得基波及一系列奇次谐波如图 2.44 所示。其表达式为

$$F_{cm}(\alpha) = F_{c1}\cos\alpha + F_{c3}\cos3\alpha + F_{c5}\cos5\alpha + \cdots + F_{cv}\cos v\alpha \qquad (2.22)$$

式中　$F_{c1}, F_{c3}, \cdots, F_{cv}$——基波及各奇次谐波磁势的幅值，其值可按傅氏级数求幅值的方法得出，即

$$\begin{aligned}
F_{cv} &= \frac{1}{\pi}\int_0^{2\pi} F_{cm}(\alpha)\cos v\alpha\,\mathrm{d}\alpha \\
&= \frac{1}{v}\,\frac{4}{\pi}F_{cm}\sin v\,\frac{\pi}{2} \\
&= \frac{1}{v}\,\frac{4}{\pi}\,\frac{\sqrt{2}}{2}I_c N_c\sin v\,\frac{\pi}{2} \qquad (2.23)
\end{aligned}$$

对基波而言，$v=1$，$\sin v\dfrac{\pi}{2}=1$，故基波幅值为

$$F_{c1} = \frac{4}{\pi}\,\frac{\sqrt{2}}{2}I_c N_c = 0.9 I_c N_c \qquad (2.24)$$

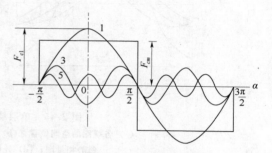

图 2.44　矩形波分解成基波及谐波

同理可得出 $F_{c3}=-\dfrac{F_{c1}}{3}$，$F_{c5}=\dfrac{F_{c1}}{5}$，$\cdots$，$F_{cv}=\pm\dfrac{F_{c1}}{v}$。幅值为正，说明在此瞬间原点处该次谐波幅值与基波幅值方向相同，幅值为负则相反。

整距线圈磁势瞬时值的表达式为

$$f_c(\alpha,t) = 0.9 I_c N_c\left(\cos\alpha - \frac{1}{3}\cos3\alpha + \frac{1}{5}\cos5\alpha + \cdots\right)\sin\omega t \qquad (2.25)$$

由上述分析可知：

(1) 整距线圈产生的磁势在空间按矩形波分布，其幅值随时间以电流的频率脉振。

(2) 矩形波磁势可分解为基波及一系列奇次谐波，各次谐波均为同频率的脉振波。

(3) 基波的极对数就是电机的极对数 p，v 次谐波的极对数 $p_v=vp$，极距 $\tau_v=\dfrac{\tau}{v}$。

(4) 基波的幅值 $F_{c1}=0.9 I_c N_c$，谐波的幅值 $F_{cv}=\dfrac{F_{c1}}{v}$。

(5) 各次波都有一个波幅在线圈轴线上，其正负由 $\sin v\dfrac{\pi}{2}$ 的正负决定。

2.4.2　单层单相绕组的磁势

对两极电机而言，单层单相绕组只有一个线圈组，由 q 个线圈串联而成。图 2.45（a）为槽中电流分布，其磁势可以看成 q 个彼此在空间相距 α 电角度的整距线圈所产生的矩形波磁势相加，其结果为图 2.45（a）中所示的阶梯波。图 2.45（b）表示各线圈磁势及合成磁势的基波。

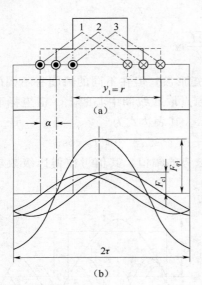
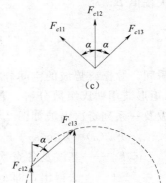
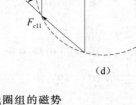

图 2.45　单层绕组线圈组的磁势
（a）各线圈的空间位置；（b）合成磁势的基波；（c）各线圈
磁势相量图；（d）线圈组的合成磁势相量图

由于基波磁势在空间按正弦规律分布，故可用空间相量来表示，如图 2.45（c）所示。相量 F_{c1} 的长度代表一个线圈磁势的基波幅值，单层单相绕组磁势的基波则由 q 个互差 α 电角度的线圈磁势的基波相量相加得出，如图 2.45（d）所示。这与前面求线圈组的电势相似，可得单层单相绕组磁势基波幅值为

$$F_{\Phi 1}=F_{q1}=qF_{c1}k_{q1}=0.9qk_{q1}I_cN_c \tag{2.26}$$

$$k_{q1}=\frac{\sin\dfrac{q\alpha}{2}}{q\sin\dfrac{\alpha}{2}}$$

式中　k_{q1}——基波磁势的分布系数。

若 p 为电机极对数，N 为每相串联匝数，I 为相电流，a 为每相并联支路数，则单层绕组中 $N=\dfrac{p}{a}qN_c$，$I=aI_c$，即 $qN_c=\dfrac{a}{p}N$，$I_c=\dfrac{I}{a}$，代入式（2.26），可得

$$F_{\Phi 1}=0.9\frac{I}{a}\frac{a}{p}Nk_{q1}=0.9\frac{IN}{p}k_{q1} \tag{2.27}$$

同理可导出单层单相绕组磁势的 v 次谐波幅值为

$$F_{\Phi v}=0.9\frac{IN}{vp}k_{\Phi 1} \tag{2.28}$$

$$k_{\Phi v}=\frac{\sin\dfrac{vq\alpha}{2}}{q\sin\dfrac{v\alpha}{2}}$$

式中　$k_{\Phi v}$——v 次谐波的分布系数。

若空间坐标的原点取在相绕组的轴线上，则单层单相绕组磁势的瞬时值表达式为

$$f_{\Phi}(t,\alpha)=0.9\frac{IN}{p}\Big(k_{q1}\cos\alpha-\frac{1}{3}k_{q3}\cos3\alpha$$
$$+\frac{1}{5}k_{q5}\cos5\alpha-\cdots\pm\frac{1}{v}k_{qv}\cos v\alpha\Big)\sin\omega t \tag{2.29}$$

2.4.3　双层单相绕组的磁势

双层绕组一对极下每相有两个线圈组，若双层绕组的线圈为短距，槽中电流分布如图 2.46（a）所示。由于磁势的大小和波形只决定于线圈边电流在空间的分布，与线圈边之间的连接次序无关。因此，可把上、下层各看成一个单层整距绕组，两个单层绕组在空间相差的电角度正好等于线圈节距比整距缩短的电角度。即 $\beta=\dfrac{\tau-y_1}{\tau}180°$。根据单层单相绕组磁势的求法可得出各个单层绕组磁势的基波，叠加起来可得双层短距绕组磁势的基波。如图 2.46（b）所示；若用空间相量表示，则如图 2.46（c）所示。

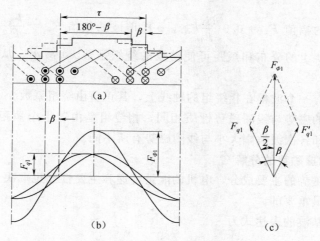

图 2.46　双层短距绕组一相的磁势

（a）线圈组空间位置；（b）线圈组合成磁势的基波；（c）线圈组合成磁势相量图

故
$$F_{\Phi 1}=2F_{q1}\cos\frac{\beta}{2}=2F_{q1}\sin\frac{y_1}{\tau}90°$$
$$=0.9I_c(2qN_c)k_{q1}k_{y1}=0.9I_c(2qN_c)k_{N1} \tag{2.30}$$

在双层绕组中，$N=\dfrac{2p}{\alpha}qN_c$，$I=\alpha I_c$，即 $2qN_c=\dfrac{\alpha}{p}N$，$I_c=\dfrac{I}{\alpha}$，代入式（2.30），可得

$$F_{\Phi 1}=0.9\frac{IN}{vp}k_{qv}k_{yv}=0.9\frac{I}{v}\frac{N}{p}k_{N\Phi} \tag{2.31}$$

同理可导出双层短距单相绕组磁势的高次谐波幅值为

$$F_{\Phi v} = 0.9 \frac{IN}{vp} k_{qv} k_{yv} = 0.9 \frac{I}{v} \frac{N}{p} k_{N\Phi} \tag{2.32}$$

式（2.32）为单相绕组磁势各次谐波幅值的一般式。对基波而言，$v=1$；谐波则有 $p=3$，5，7，…，奇数。对单层绕组及双层整距绕组而言，$k_{yv}=\sin v 90° = \pm 1$；对双层短距绕组而言，$k_{yv}=\sin v \frac{y_1}{\tau} 90°$。因此，若空间坐标的原点取在单相绕组的轴线上，可得单相绕组磁势瞬时值的一般表达式为

$$\begin{aligned} f_{\Phi}(t,\alpha) = 0.9 \frac{IN}{p} \Big(k_{N1}\cos\alpha + \frac{1}{3}k_{N3}\cos 3\alpha \\ + \frac{1}{5}k_{N5}\cos 5\alpha + \cdots + \frac{1}{v}k_{Nv}\cos v\alpha \Big)\sin\omega t \end{aligned} \tag{2.33}$$

综上所述，可得以下结论：

（1）单相绕组的磁势在电机的气隙空间按阶梯形波分布，幅值随时间以电流的频率脉振。

（2）单相绕组的脉振磁势可分解为基波和一系列奇次谐波，每次波都是同频率的脉振。

（3）基波的极对数就是电机的极对数 p，v 次谐波的极对数 $p_v = vp$，极距 $\tau_v = \frac{\tau}{v}$。

（4）磁势基波的幅值 $F_{\Phi 1} = 0.9 \frac{IN}{p} k_{N1}$，$v$ 次谐波的幅值 $F_{\Phi v} = \frac{k_{Nv}}{vk_{N1}} F_{\Phi 1}$。谐波次数越高，其幅值越小，绕组的分布和短距可使谐波的绕组系数 k_{Ny} 减小，从而减小谐波幅值，改善磁势波形。

（5）各次波都有一个波幅在相绕组的轴线上，其正负由绕组系数 k_{Ny} 的正负决定。

可见，相绕组的磁势与线圈磁势性质相同，相绕组是由若干个短距、分布线圈构成，仅磁势的分布波形和各次波波幅大小与线圈磁势有所不同。

2.4.4　单相绕组脉振磁势的分解

磁势的基波是磁势的主要成分，电机的能量传递和主要性能也取决于基波，因而基波的分析是最基本和最重要的。

单相脉振磁势基波的表达式为

$$f_{\Phi 1}(t,\alpha) = 0.9 \frac{IN}{p} k_{N1}\cos\alpha\sin\omega t = F_{\Phi 1}\cos\alpha\sin\omega t \tag{2.34}$$

式（2.34）表明，脉振磁势的基波沿电机气隙空间按余弦规律分布，幅值在相绕组轴线处（$\alpha=0$），幅值大小随时间按电流变化规律而变化。

利用三角恒等式，可将式（2.34）写成

$$\begin{aligned} f_{\Phi 1}(t,\alpha) &= \frac{F_{\Phi 1}}{2}\sin(\omega t - \alpha) + \frac{F_{\Phi 1}}{2}\sin(\omega t + \alpha) \\ &= f_{\Phi +}(t,\alpha) + f_{\Phi -}(t,\alpha) \end{aligned} \tag{2.35}$$

式（2.35）表明：一个脉振磁势可以分解为两个幅值为 $\frac{F_{\Phi 1}}{2}$，转速相同，转向相反的

旋转磁动势。这一结论可用空间相量图和波形图表示，如图 2.47 所示。

以 $f_{\Phi+}(t, \alpha)$ 为例来分析。对某一瞬间而言，时间 t 一定，该磁势在空间按正弦分布，其波幅为 $\dfrac{F_{\Phi 1}}{2}$，但波幅的位置则与时间有关。由 $\sin(\omega t - \alpha) = 1$ 可知，空间坐标 α 与时间 t 应满足关系 $\omega t - \alpha = 90°$，即 $\alpha = \omega t - 90°$。当绕组中通入的电流 $i = \sqrt{2} I \sin \omega t$ 及 $\omega t = 90°$ 时，则电流最大，其 $f_{\Phi+}(t, \alpha)$ 的波幅应在 $\alpha = 0$ 处，即在相绕组轴线上；当 $\omega t = 90° + 90°$ 时，则波幅在 $\alpha = 90°$ 处。可见，时间经过了多少电角度，磁势波的波幅也在空间移动了同样多的空间电角度。由于电机气隙空间分布在圆周上，磁势波随时间的推移向着 α 的正方向移动。则形成一个在气隙圆周上的旋转波。由于幅值恒定，若将该磁势用一个空间相量表示，则它旋转时顶点的轨迹为一个圆。这种幅值恒定的旋转磁势称为圆形旋转磁势。其旋转角速度为

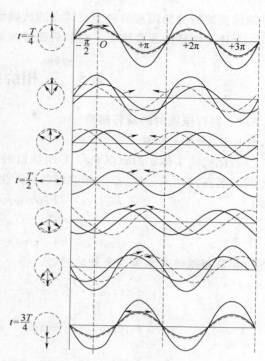

图 2.47　脉振磁势分解为两个旋转磁势

$$\frac{\mathrm{d}\alpha}{\mathrm{d}t} = \omega = 2\pi f (\mathrm{rad/s})$$

若以旋转速度表示，则

$$n_1 = \frac{2\pi f}{2\pi p} = \frac{f}{p}(\mathrm{r/s}) = \frac{60 f}{p}(\mathrm{r/min}) \tag{2.36}$$

同理，$f_{\Phi-}(t, \alpha)$ 也是一个圆形旋转磁势，其转速与 $f_{\Phi+}(t, \alpha)$ 相同，转向与之相反，即随时间的推移，相量 F_{Φ} 向着 α 的负方向旋转。

综合以上分析结果，可得下述结论：

任何一个在空间分布为正弦波形而时间上按正弦规律变化的脉振波可以用两个空间上做正弦波形分布的旋转波来代替，后者具有下列特性：

（1）两旋转波的波幅相等并保持不变，各为原来脉振波振幅的 1/2。

（2）两旋转波的波长相等，各等于原来脉振波在空间上的波长。

（3）两旋转波的转速在数值上相等但方向相反，确定转速大小的原则为：当产生脉振波的电流在时间上经过若干时间角度（即脉振波在脉振周期上所经的时间角度），则每个旋转波在空间上各转过同样数值的空间电角度（对旋转波自己而言的电角度，其一个波长为 2π 电弧角），即式（2.36）。

（4）原来的脉振波及用以代替的两个旋转波三者在空间上的相对位置可如此找出：当脉振波的波幅脉振到最大值（即振幅）时，三个波在空间上同相位，即三波波幅同在一直线上且同为正或同为负，如图 2.47 所示。当线圈组中的交流电流达到最大值时，由它产

生的脉振波所分解出来的两个旋转波的波幅恰巧在这个线圈组的轴线上。

上述 4 个特性非常重要，在分析磁势波或磁通波时常常用到。

2.5　三相绕组的合成磁势

2.5.1　对称电流时的旋转磁势

2.5.1.1　数学分析法

若把空间坐标 α 的原点取在 A 相绕组的轴线上，并把 A 相绕组电流为零的瞬间作为时间的起点，则 A、B、C 三相绕组各自产生的脉振磁势的基波表达式为

$$\left.\begin{array}{l} f_{A1}(t,\alpha)=F_{\Phi1}\cos\alpha\sin\omega t \\ f_{B1}(t,\alpha)=F_{\Phi1}\cos(\alpha-120°)\sin(\omega t-120°) \\ f_{C1}(t,\alpha)=F_{\Phi1}\cos(\alpha-240°)\sin(\omega t-240°) \end{array}\right\} \tag{2.37}$$

将每相脉振磁势分解为两个旋转磁势，得

$$\left.\begin{array}{l} f_{A1}(t,\alpha)=\dfrac{F_{\Phi1}}{2}\sin(\omega t-\alpha)+\dfrac{F_{\Phi1}}{2}\sin(\omega t+\alpha) \\[2mm] f_{B1}(t,\alpha)=\dfrac{F_{\Phi1}}{2}\sin(\omega t-\alpha)+\dfrac{F_{\Phi1}}{2}\sin(\omega t+\alpha-240°) \\[2mm] f_{C1}(t,\alpha)=\dfrac{F_{\Phi1}}{2}\sin(\omega t-\alpha)+\dfrac{F_{\Phi1}}{2}\sin(\omega t+\alpha-120°) \end{array}\right\} \tag{2.38}$$

三相合成磁势的基波为式（2.38）中的三式相加。由于三相代表的三个旋转波空间互差 120°，其和为零，故得三相合成磁势基波为

$$\begin{aligned} f_1(t,\alpha) &= f_{A1}(t,\alpha)+f_{B1}(t,\alpha)+f_{C1}(t,\alpha) \\ &= \frac{3}{2}F_{\Phi1}\sin(\omega t-\alpha)=F_1\sin(\omega t-\alpha) \end{aligned} \tag{2.39}$$

式中　F_1——三相合成磁势基波的幅值，即

$$F_1=\frac{3}{2}F_{\Phi1}=1.35\frac{IN}{p}k_{N1} \tag{2.40}$$

式（2.39）表示三相合成磁势的基波是圆形旋转磁势，其幅值为一相磁势幅值的 $\dfrac{3}{2}$ 倍，转速 $n_1=\dfrac{60f}{p}$，转向为 α 的正方向。

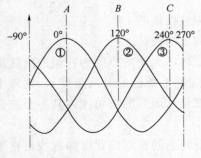

图 2.48　三相电流波形

①—$\omega t=0°$；②—$\omega t=120°$；③—$\omega t=240°$

2.5.1.2　图解分析法

在三相交流电机的定子里，嵌放着对称的三相绕组，正常运行时绕组里流过的电流也是三相对称电流。由三相对称电流产生的合成磁势的基波对电机进行机电能量转换起着重要作用。下面分析三相绕组合成磁势的基波。

当三相绕组中流过三相对称电流时，其波形如图 2.48 所示。三相对称绕组用 3 个只有一匝导线组成的线圈表示，如图 2.49 所示。图中 $A—X$、$B—Y$、$C—Z$

是定子上的三相绕组，它们在空间互相间隔120°电角度。在图2.49中假定：正值电流是从绕组的首端流入而从尾端流出，负值电流则从绕组的尾端流入而从首端流出。图中的虚线表示磁通，实线箭头表示合成磁场的轴线及方向。现取图2.48上的不同瞬间（①、②、③）时的电流，看看它所对应的磁场情况（图2.49）。当 $\omega t = 0$ 时，A 相电流具有正的最大值。因此 A 相电流是从 A 相绕组的首端 A 点流入，而从尾端 X 点流出〔图2.49（a）〕。此时 B 相及 C 相电流均为负值，所以电流 I_B 及 I_C 分别从 B 相绕组及 C 相绕组的尾端 Y 及 Z 点流入，而从它们的首端 B 及 C 点流出。从图中电流的分布情况可以清楚地看到：合成磁势的轴线正好与 A 相绕组的中心线相重合。在图2.49（b）中，当 $\omega t = 120°$ 时，B 相电流达到正的最大值，A 相电流及 C 相电流为负值，A 相及 C 相电流分别从它们的尾端 X 及 Z 点流入，而从首端 A 及 C 点流出，此时合成磁势的轴线便与 B 相绕组的中心线相重合。根据同样的方式可以解释图2.49（c），当 $\omega t = 240°$ 时，C 相电流有最大值时，合成磁势的轴线便与 C 相绕组的中心线相重合。

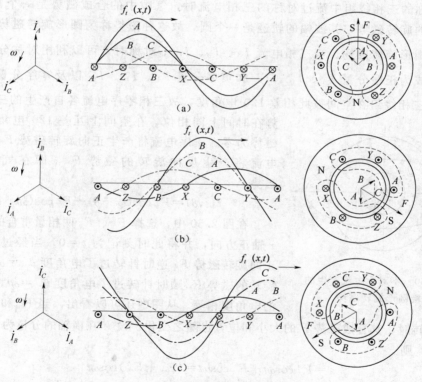

图 2.49 旋转磁势

(a) $\omega t = 0°$, $i_a = I_m$；(b) $\omega t = 120°$, $i_b = I_m$；(c) $\omega t = 240°$, $i_c = I_m$,

$$i_b = i_c = -\frac{I_m}{2}；\quad i_a = i_c = -\frac{I_m}{2}；\quad i_a = i_b = -\frac{I_m}{2}$$

分析图2.49（a）、（b）、（c）3个图形中磁势的位置，可以明显地看出：合成磁势是一个旋转磁势。该旋转磁势（旋转磁场）有下述特点：

（1）三相基波合成磁势在空间旋转，它的转速与绕组中电流的频率有关。其关系为 $n = \dfrac{60f}{p}$，这个转速称为同步转速。

（2）当某相电流达到最大值时，旋转磁势的轴线刚好转到该相绕组的轴线上。

（3）合成磁势的旋转方向与三相绕组中电流的相序有关。总是从载有超前电流的相转向载有滞后电流的相。例如 A 相电流首先达到正的最大值，而后依次是 B 相和 C 相电流达到正的最大值，即 A 相中的电流比 B 相超前，C 相中的电流比 B 相滞后，合成磁势的旋转方向是从 A 相到 B 相，再转到 C 相，与电流的相序一致。

如果电流的相序反了，电流达最大值的顺序首先是 A 相，而后是 C 相，再转到 B 相，则磁势的旋转方向也将反向，将从 A 相转到 C 相，然后再到 B 相。

顺便指出：一个绕组产生的磁势，除基波外还有空间高次谐波。3 次及其倍数的谐波所产生的相应磁通在三相绕组中恰好互相抵消，而剩下的高次谐波主要是 5 次和 7 次及其倍数的谐波。这些谐波的存在，对电机运行是有影响的，如在转子表面产生涡流损耗，引起附加力矩，产生漏抗压降等。

2.5.2　三相电流不对称时的旋转磁势

在对称的三相绕组中流过对称的三相电流时，气隙中的合成磁势是一个幅值恒定、转速恒定的旋转磁势，其波幅的轨迹是一个圆，故这种磁势称为圆形旋转磁势，相应的磁场称为圆形旋转磁场。当三相电流 $\dot{I}_A$、$\dot{I}_B$、$\dot{I}_C$ 不对称时，可以利用对称分量法，将它们分解成为正序分量 $\dot{I}_A^+$、$\dot{I}_B^+$、$\dot{I}_C^+$ 和负序分量 $\dot{I}_A^-$、$\dot{I}_B^-$、$\dot{I}_C^-$ 以及零序分量 $\dot{I}_A^0$、$\dot{I}_B^0$、$\dot{I}_C^0$。由于三相绕组在空间彼此相差 120° 电角度，故三相零序电流各自产生的三个脉振磁势在时间上同相位、在空间上互差 120° 电角度，合成磁势为零。正序电流将产生正向旋转磁势 F_+，而负序电流将产生反向旋转的磁势 F_-，即在气隙中建立磁势。

$$f(t,\theta)=F_+\cos(\omega t-\theta)+F_-\cos(\omega t+\theta) \quad (2.41)$$

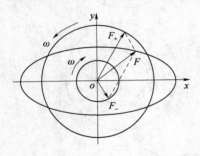

图 2.50　不对称电流产生的椭圆形旋转磁势

在图 2.50 中，选择 F_+、F_- 两相量重合的方向作为 x 轴正方向，并将此时刻记为 $t=0$。当经过时间 t 后，正向旋转磁势 F_+ 逆时针转过了电角度 $\theta_+=\omega t$，而反向旋转的磁势 F_- 顺时针转过了电角度 $\theta_-=\omega t$，两者转过的电角度相等。从图中还可以看出，当 F_+ 和 F_- 沿相反的方向旋转时，其合成磁势 F 的大小和位置也随之变化。设 F 在横轴的分量为 x，纵轴的分量为 y，则

$$\left.\begin{array}{l} x=F_+\cos\omega t+F_-\cos\omega t=(F_++F_-)\cos\omega t \\ y=F_+\sin\omega t-F_-\sin\omega t=(F_+-F_-)\sin\omega t \end{array}\right\} \quad (2.42)$$

由式（2.42）变换得

$$\frac{x^2}{(F_++F_-)^2}+\frac{y^2}{(F_+-F_-)^2}=1 \quad (2.43)$$

式（2.43）表明，合成磁势相量 F 旋转一周时，相量端点的轨迹是一个椭圆，故将这种磁势称为椭圆形旋转磁势。式（2.41）是交流绕组磁势的通用表达式，当 $F_+=0$ 或 $F_-=0$ 时，就得到圆形旋转磁势；当 $F_+=F_-$ 时，便得到脉振磁势；当 F_+、F_- 都存在且 $F_+\neq F_-$ 时，便是椭圆形旋转磁势。

【例 2.3】 试分析如图 2.51 所示三相绕组所产生的磁势的性质和转向。

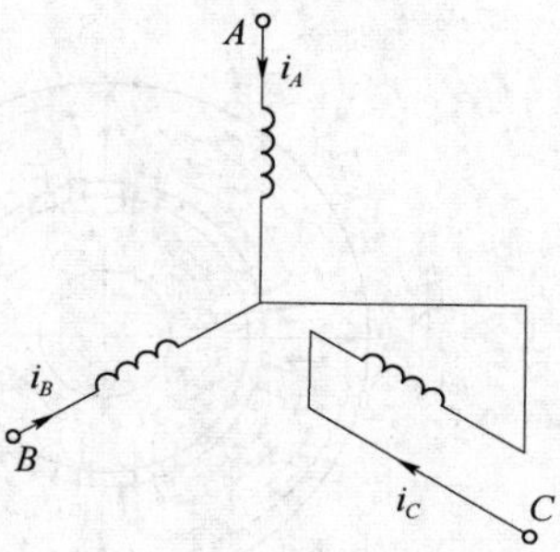

解： 首先写出三相绕组磁势

$$f_{A1} = F_{\Phi 1} \cos\theta \cos\omega t$$

$$f_{B1} = F_{\Phi 1} \cos\left(\theta - \frac{2}{3}\pi\right)\cos\left(\omega t - \frac{2}{3}\pi\right)$$

$$f_{C1} = F_{\Phi 1} \cos\left(\theta - \frac{4}{3}\pi\right)\cos\left(\omega t - \frac{4}{3}\pi\right)$$

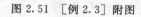

图 2.51　[例 2.3] 附图

将上述三个式子运用积化和差进行变换，得

$$f_{A1}(t,\theta) = \frac{1}{2}F_{\Phi 1}\cos(\omega t - \theta) + \frac{1}{2}F_{\Phi 1}\cos(\omega t + \theta)$$

$$f_{B1}(t,\theta) = \frac{1}{2}F_{\Phi 1}\cos(\omega t - \theta) + \frac{1}{2}F_{\Phi 1}\cos\left(\omega t + \theta - \frac{4}{3}\pi\right)$$

$$f_{C1}(t,\theta) = -\frac{1}{2}F_{\Phi 1}\cos(\omega t - \theta) - \frac{1}{2}F_{\Phi 1}\cos\left(\omega t + \theta - \frac{2}{3}\pi\right)$$

将三个相绕组磁势合成得

$$f_1 = \frac{1}{2}F_{\Phi 1}\cos(\omega t - \theta) - F_{\Phi 1}\cos\left(\omega t + \theta - \frac{2}{3}\pi\right)$$

由于负序旋转磁势幅值 $F_+ > F_-$，故气隙磁势是椭圆形旋转磁势，且沿负序磁势转向旋转，由 i_A 所在的绕组轴线 A 转向 i_C 所在的绕组轴线 C，再转向轴线 B，即顺时针方向旋转。

2.6　主磁通、漏磁通及漏电抗

定子绕组中通过三相对称电流时将产生旋转磁势，根据磁通经过的路径和性质，可以把磁通分为主磁通和漏磁通两大类。

2.6.1　主磁通

基波旋转磁势所产生的经过气隙并与定子绕组及转子绕组相匝链的磁通称为主磁通，如图 2.52 所示。交流电机中主要依靠这部分磁通来实现定子和转子间的能量转换。

2.6.2　漏磁通及漏电抗

当定子绕组流过三相电流时，除产生主磁通外，还产生仅与定子绕组相匝链的磁通，称为定子漏磁通。

定子绕组的漏磁通可以分为 3 部分：

（1）槽漏磁通：由槽的一壁横越至槽的另一壁的漏磁通，如图 2.53（a）所示。

（2）端部漏磁通：匝链绕组端部的漏磁通，如图 2.53（b）所示。

（3）谐波漏磁通：定子绕组流过三相交流电时，除产生基波旋转磁场外，在空间还产生一系列高次谐波磁势及磁通。它们对能量转换不起作用，所以谐波磁通虽然也能同时匝链定、转子绕组，但仍把它看成漏磁通。

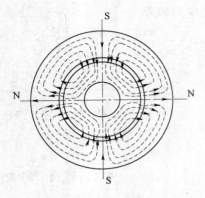

图 2.52　主磁通

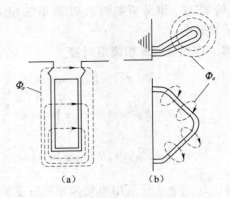

图 2.53　槽漏磁通与端部漏磁通
（a）槽漏磁通；（b）端部漏磁通

当电流交变时，漏磁通也随着变化，于是在定子绕组中产生感应电势 $\dot{E}_{1\sigma}$。我们用漏电抗压降 $-j\dot{I}_1 x_{1\sigma}$ 来表示 $\dot{E}_{1\sigma}$，则 $\dot{E}_{1\sigma} = -j\dot{I}_1 x_{1\sigma}$，$x_{1\sigma}$ 称为定子漏电抗。

转子绕组中通过电流时，同样会产生只与转子绕组匝链的转子漏磁通，它们也会在转子绕组中感应电势，用转子漏电抗压降 $-j\dot{I}_2 x_{2\sigma}$ 表示。$x_{2\sigma}$ 为转子绕组的漏电抗。

2.6.3　影响漏电抗大小的因素

漏电抗的大小对电机的运行性能有很大的影响。下面简要地分析一下影响电抗大小的因素。我们知道一个线圈的电抗为 $X = 2\pi f L$，其中 L 是线圈的电感，它在数值上等于线圈中通过单位电流时产生的磁链，即

$$L = \frac{N\Phi}{i}$$

$$\Phi = \frac{磁势}{磁阻} = \frac{F}{R_M} = \frac{Ni}{R_M}$$

由此可得

$$X = 2\pi f L = 2\pi f \frac{N^2}{R_M} \qquad (2.44)$$

式中　Φ——电流流过线圈时所产生的磁通；

　　　N——线圈匝数；

　　　R_M——磁路的磁阻。

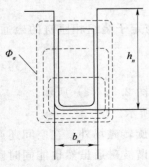

图 2.54　影响槽漏抗的因素

式（2.44）说明电抗的大小与线圈的匝数平方成正比（匝数越多，电抗就越大），与磁通经过途径中所遇的磁阻成反比（磁阻越大，电抗越小），还与频率成正比。这个结论对所有电抗都是适用的。例如每槽的槽漏电抗的大小与每槽中线圈的匝数平方成正比，与槽漏磁通经过的途径中所遇的磁阻成反比。在槽漏磁通经过的途径中，槽部为空气，其余部分都是硅钢片。由于空气的磁阻比铁芯的磁阻大得多，因此经过铁芯时的磁阻可略去不计。

在图 2.54 中，如果槽的宽度 b_n 越宽，槽漏磁通经过空气

部分的长度越长，磁阻越大，槽漏电抗就越小。如果槽的深度 h_n 越大，则槽漏磁通经过的截面积越大，磁阻越小，因而漏电抗就越大。同样，如果绕组的端部增长，则通过端部的漏磁通的磁路截面积增大磁阻减小，漏电抗也增大。

本　章　小　结

本章介绍了定子绕组的基本概念及绕组的感应电势和磁势，介绍了绕组的形成过程，导体—元件（或线圈）—元件组（或线圈组）—相绕组。因此绕组中的感应电势也是按这一过程求取的。

只要磁场和绕组发生相对运动而使和绕组交链的磁链发生变化，就会在绕组内感应出交变电势。多相电势的大小、频率、波形和对称性是研究交流绕组感应电势的四个主要问题。

单相和三相绕组磁势的性质、大小和波形应牢固掌握。单相绕组产生的磁势是脉振磁势。对称的三相绕组通以对称的三相电流时产生的基波合成磁势是圆形旋转磁势，如果电流不对称，则产生的磁势是椭圆形旋转磁势。椭圆形旋转磁势是磁势的普遍形式，当正向旋转磁势和反向旋转磁势任何一个为零时，便是圆形旋转磁势；当 $F_+ = F_-$ 时，是脉振磁势，所以圆形旋转磁势和脉振磁势是椭圆形旋转磁势的两种特殊情况。此外，在三相绕组的合成磁势中，除基波磁势外，还有高次谐波磁势，它们的存在对发电机运行有害，需要采取措施对高次谐波磁势加以削弱。

此外应注意绕组的电势和磁势的共性和特性。电势和磁势既然是同一绕组中发生的电磁现象，那么绕组的短距、分布将同样地影响电势和磁势的大小与波形，这是共性。但不论导体电势还是相电势，仅是时间的函数；而磁势既是时间的函数又是空间函数，这是交流绕组磁势的特性。

思 考 题 与 习 题

2.1　电角度的意义是什么？它与机械角度之间有什么关系？

2.2　一个整距线圈的两个边，在空间上相距的电角度是多少？如果电机有 p 对磁极，那么它们在空间上相距的机械角度是多少？

2.3　试述双层绕组的优点，为什么现代交流电机大都采用双层绕组？

2.4　三相同步发电机定子绕组为什么常接成星形而不接成三角形？

2.5　为什么常用的交流发电机都采用三相制而不采用单相制？

2.6　采用短距绕组及分布绕组为什么会削弱或消除谐波电势？

2.7　试述短距系数和分布系数的物理意义，为什么这两个系数总是小于或等于 1？

2.8　采用分布或短距绕组改善电动势波形时，每根导体中的感应电动势波形是否也相应得到改善？

2.9　交流发电机定子槽中导体的感应电势的频率、波形、大小与哪些因素有关？这些因素中哪些是由结构决定的？哪些是由运行条件决定的？

2.10　一台 50Hz 的交流电机，现通入 60Hz 的三相对称交流电流，设电流大小不变，问此时基波合成磁势的幅值大小、转速和转向将如何变化？

2.11　额定转速为 3000r/min 的同步发电机，若将转速调整到 3060r/min 运行，其他情况不变，问定子绕组三相电势大小、波形、频率及各相电势相位差有何改变？

2.12　不考虑谐波分量，在什么情况下椭圆形旋转磁势将会简化为圆形旋转磁势？在什么情况下椭圆形旋转磁势将简化为脉振磁势？

2.13　脉振磁势和旋转磁势各有哪些基本特性？产生脉振磁势、圆形旋转磁势和椭圆形旋转磁势的条件有什么不同？

2.14　一台三角形连接的定子绕组，当绕组内有一相断线时将会产生什么样的磁势？

2.15　假如一同步电机转子保持不动，励磁绕组里通以 50Hz 的单相交流电流，将在定子三相对称绕组里感应出电势。现将定子三相绕组星形的三个首端 A、B、C 短路，问此时定子绕组中流过的三相电流产生的合成磁势是脉振的还是旋转的？

2.16　试分析下列 3 种情况下是否会产生旋转磁势？顺时针方向还是逆时针方向？

（1）三相绕组内通以正序（A—B—C）电流或负序（C—B—A）电流（图 2.55）。

（2）星形连接的对称三相绕组内，通以不对称电流：$\dot{I}_A = 100\angle 0°A$，$\dot{I}_B = 80\angle -110°A$，$\dot{I}_C = 90\angle -250°A$。

（3）星形连接一相断线。

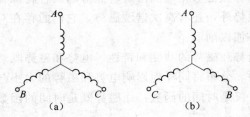

图 2.55　习题 2.16 附图

第3章 水轮发电机运行原理

前面介绍了水轮发电机的结构及定子绕组等基本知识，在此基础上，本章将讨论水轮发电机在对称负载下运行时内部的物理过程，并由此导出其基本方程式、绘制相量图和等效电路图，为研究其运行特性和运行方式及解决相关工程实际问题奠定理论基础。

3.1 水轮发电机的建压过程

大部分水轮发电机通常采用三级励磁方式，如图 3.1 所示，即由副励磁机（FL）、主励磁机（L）及发电机转子（FLQ）三部分组成一个自励磁系统。当发电机旋转时，由副励磁机的剩磁产生磁场使副励磁机的直流电压逐渐升高，此电压一部分加至本身励磁绕组，用于给自己励磁（自励），另一部分加至主励磁机的励磁绕组给主励磁机励磁，使主励磁机电压逐渐升高，而主励磁机产生的直流电压，也是一部分加至自己的励磁绕组，另一部分加至发电机的励磁绕组，即转子绕组，给发电机励磁，因此发电机的三相交流电压将随励磁机电压的升高而升高。当发电机转速达到额定转速后，由于铁芯的磁饱和作用使发电机电压稳定在某一数值，此时调整发电机的励磁电流，即可使电压达到所要求的数值，整个建压过程结束。

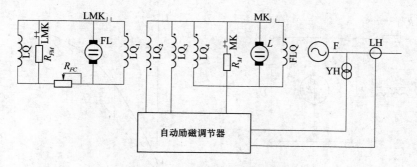

图 3.1 水轮发电机励磁系统

由于三级励磁的水轮发电机组的电压是否能够建起主要决定于副励磁机，而副励磁机多为自励式直流发电机，因此以下重点讨论自励直流发电机的建压过程。自励发电机之所以能够建压，基础在于磁极剩磁的存在。任何磁性物质，一旦经过励磁，即使把励磁电流下降至零，仍将留有少量的剩余磁性，称作剩磁。在自励发电机的磁极铁芯中，在没有励磁电流时，或多或少总有些剩磁存在。当发电机旋转时，此剩磁在电枢中感应出微小的电压，使发电机的电压逐渐上升至最后的稳定值，完成发电机建压。现以并励发电机为例来说明：图 3.2（a）表示一并励发电机的接线图，此时发电机并没有供给负载，即处于空载状态。设 U_0 为空载电压，i_f 为并励绕组中的励磁电流，由发电机本身所供给。i_f 的数值是很小的，i_f 流过电枢绕组所引起的电压降可略去不计。故可认为 U_0 即等于电枢中的感应电势。U_0 和 i_f 必须同时满足下列两关系式：

$$U_0 = i_f \sum r_f \tag{3.1}$$

$$U_0 = f(i_f) \tag{3.2}$$

式 (3.1) 由励磁回路应用欧姆定律获得。式 (3.2) 表示发电机感应电势与励磁电流之间的关系，即空载特性或磁化曲线 (3.2 中详细介绍)。如式 (3.2) 所示的函数关系并无理论公式，通常用曲线表示。从数学的观点来看，只要把式 (3.1) 和式 (3.2) 联立求解，便可得到在发电机电压建起以后的稳定端电压和励磁电流。图 3.2 (b) 表示上述两公式的图解法。在图中，曲线 $1c$ 表示发电机的空载特性或磁化曲线，直线 oc 通过原点，称为场阻线，场阻线即为式 (3.1) 的图解表示法，其斜率即正比于场阻 $\sum r_f$。两线相交于 c 点，c 点的纵坐标即等于发电机电压建起后的空载端电压。c 点的横坐标即等于发电机电压建起后的励磁电流。

电压建起的物理过程如下：发电机的磁极中原有少量的剩磁，电枢旋转并切割剩磁，在电枢中感应一微小的电势，即相当于图 3.2 (b) 的纵坐标 $o1$。这一微小的电压加到并励绕组上，便在励磁绕组中流过一微小的励磁电流，使磁极的磁性增强，电枢的端电压也就随之增加。在励磁电流达到稳定值以前，由电枢回路和励磁回路所构成的闭合回路中，必须满足电压方程式 $U = i_f \sum r_f + L_f \dfrac{\mathrm{d}i_f}{\mathrm{d}t}$，式中 L_f 为励磁回路的电感。从图 3.2 (b) 可见，在端电压达到 c 点以前，$U > i_f \sum r_f$，亦即 $\dfrac{\mathrm{d}i_f}{\mathrm{d}t}$ 有正值。故励磁电流 i_f 以及与之对应的端电压 U 均将继续增加。直到空载特性与场阻线的交点 c 才达稳定值。

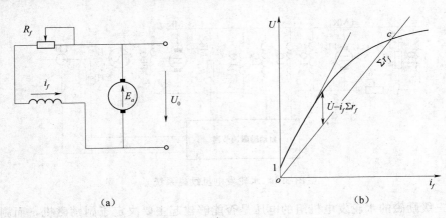

(a)　　　　　　　　　　　　　　(b)

图 3.2　并励发电机

(a) 并励发电机接线图；(b) 发电机建压曲线

由以上分析可见，为使自励发电机的电压能够建起，必须满足的一个先决条件是：最初的微小励磁电流必须能增强原有的剩磁，才能将感应电势提升。如果最初的微小励磁电流所产生的磁势方向与剩磁方向相反，则剩磁将被削弱，发电机不能建起电压。

最初的微小励磁电流所产生的磁场，究竟是增强剩磁还是削弱剩磁将依电枢绕组与磁极绕组的相对连接以及电枢的旋转方向而定。如图 3.3 (a) 的情况，励磁电流将增强剩磁，故发电机能建起电压。如保持电枢的旋转方向不变，仅对调电枢绕组与励磁绕组之间的相对连接，如图 3.3（b）的情况，则励磁电流将削弱剩磁，发电机便不能建起电压。如对调电枢绕组与励磁绕组的相对连接的同时，也改变电枢的旋转方向，如图 3.3（c）所示，则发电机的电压又能建起。最后，如不改变电枢绕组与励磁绕组的相对连接，只改变电枢的旋转方向，如图 3.3（d）的情况，则发电机电压又将不能建起。

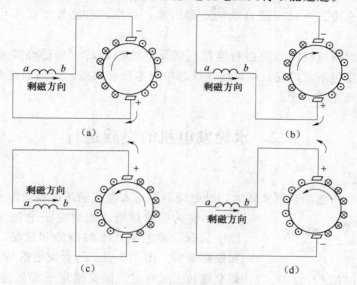

图 3.3　自励发电机电压建起条件

在发电机的自励磁系统中，针对主发电机而言，又可称为他励方式，因为其励磁电流是由主励磁机供给的。在他励发电机中，磁极的极性决定于励磁电流的方向，微弱的剩磁不起决定极性的作用，故对他励发电机来说，如保持励磁电流的方向不变，而使电枢反方向旋转，即可将电刷间电压的极性倒转。对并励发电机来说，剩磁的方向实际上已规定了磁极的极性。如仅改变电枢的旋转方向，而不改变电枢绕组与励磁绕组的相对连接，则电枢电压便不能建起。如果改变并励发电机的电刷极性，则必须同时改变电枢的旋转方向和励磁绕组与电枢绕组的相对连接，如图 3.3（a）、（c）所示的两种情况。在这两种情况下，发电机都能建起电压，但电刷有相反的极性。

还必须指出，即使在励磁电流确能增强剩磁的情况下，有时因场阻 $\sum r_f$ 的数值太大，并励发电机的电压也不能建起。在用图解法时，增大场阻相当于增大场阻线的斜率，图 3.4 表示把场阻线改变时的情况。oc 线相当于场阻 r_1，此时发电机电压建起后的稳定电压为 U_1，如将场阻增加至 r_3，则场阻线便如 oa，oa 与磁化曲线相交处得稳定电压 U_2，因为 U_2 的数值与剩磁电压相差无几，因此认为发电机电压没有建起。在场阻 r_1 和 r_3 之间，当有某一值 r_2 时，场阻线 ob 适与磁化曲线的直线部分重合，两线之间没有明确的交点，此时发电机建起

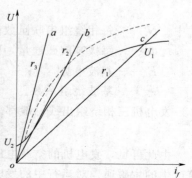

图 3.4　不同的场阻值对自激发电机的电压建起的影响

91

的电压不能稳定，因为场阻的微小变化将引起端电压很大的变化。必须指出，以上的情况是指某一固定转速而言，r_2 称为这一转速时的临界场阻，如将转速适当提高，磁化曲线便如图中虚线所示，场阻线 ob 和新的磁化曲线又能有明确的交点，r_2 也就不再为临界场阻了。对于不同的转速有不同的临界场阻，故当直流发电机旋转后，应调节串接在励磁回路中的变阻器，逐步减小电阻值，并观察它的电压是否能够建起。由此可以看出，磁化曲线的饱和特性亦为直流发电机可能自励的重要因素。否则，自励发电机不可能得到稳定的电压。

如果励磁绕组与电枢绕组的相对连接，以及电枢的旋转方向已经校正，场阻也已减小，而发电机电压仍不能建起，则可能是铁芯中根本没有剩磁。如遇到这种情况，需用直流电源将磁极重新充磁一次。

3.2　水轮发电机的空载运行

3.2.1　空载特性

发电机被水轮机拖动到同步转速，励磁绕组中通入直流励磁电流，定子绕组开路时的

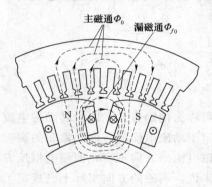

图 3.5　水轮发电机的空载磁场

运行，称为空载运行。此时定子电流为零，发电机气隙中只有励磁电流产生的磁势和磁场，称为励磁磁势和励磁磁场。图 3.5 表示一台发电机的空载磁路，图中即交链转子又经过气隙交链定子的磁通，称为主磁通，或称励磁磁通。显然这是一个被水轮机带动到同步转速的旋转磁场，其磁密波沿气隙圆周作接近于正弦波形的空间分布，其基波分量的每极磁通量用 Φ_0 表示。图中 Φ_{f0} 表示只交链励磁绕组而不与定子绕组相连的主极漏磁通，它不参与电机定、转子之间的能量转换过程。

当转子以同步转速 n_1 旋转且忽略高次谐波磁场时，主磁通切割定子绕组感应出频率为 $f=\dfrac{pn}{60}$ 的对称三相基波电势，每相绕组的有效值为

$$E_0 = 4.44 f N_c k_{w1} \Phi_0 \tag{3.3}$$

式中　N_c——每相绕组串联匝数；

　　　Φ_0——每极基波磁通量，Wb；

　　　E_0——基波电势，V；

　　　k_{w1}——基波绕组系数。

发电机三相绕组出线一般都采用星形接线，其出线端之间的空载电压有效值为

$$U_0 = \sqrt{3} E_0 \tag{3.4}$$

由此可见，发电机的空载电压值，决定于定子绕组的匝数、绕组系数、转速和励磁电流产生的主磁通。对运行中的发电机，定子绕组的匝数和绕组系数已是定值，开机后保持额定转速，调节励磁电流即可改变定子电压值。

由于 $I=0$，发电机定子电压等于空载电势 E_0，改变 I_f 可得到不同的 Φ_0 和 E_0 值，可画

出在同步转速下的 E_0 与 I_f 的关系。曲线 $E_0 = f(I_f)$ 称为发电机的空载特性，如图 3.6 所示。

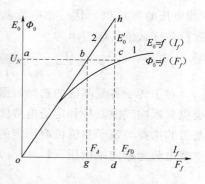

又 $E_0 \propto \Phi_0$，$F_f \propto I_f$，因此改换适当的比例尺后，空载特性曲线即可变成电机的磁化曲线 $\Phi_0 = f(F_f)$。由图可见，当励磁电流较小时，由于磁通较小，电机磁路没有饱和，空载特性呈直线（将其延长后的射线称为气隙线，图 3.6 中曲线 2）。随着励磁电流的增大，磁路逐渐饱和，磁化曲线开始进入饱和段。为了合理地利用材料，空载额定电压一般设计在空载特性的弯曲处，如图 3.6 中的 c 点。

图 3.6　水轮发电机的空载特性

空载特性曲线可以用试验方法测定。发电机由水轮机拖动到同步转速 n_1，$I = 0$，调节励磁电流 I_f，使 E_0 达 $1.3U_N$ 后再逐步减小 I_f，每次读取 I_f 和 E_0 的数值，直到 $I_f = 0$ 读取相应的剩磁电势，就可以绘制空载特性曲线 $E_0 = f(I_f)$。由于铁磁材料具有磁滞性质，空载特性曲线并不过原点，实用中往往修正后移到原点。图中 $\overline{oa}$ 代表额定电压 U_N，铁芯越饱和，铁芯所需磁势 $F_{Fe} = \overline{bc}$ 增长越快，此时的气隙磁势为 $F_\delta = \overline{ab}$。则电机磁路的饱和系数为

$$k_\mu = \frac{\overline{ac}}{\overline{ab}} = \frac{\overline{od}}{\overline{og}} = \frac{\overline{dh}}{\overline{dc}} = \frac{E_0'}{U_N} \tag{3.5}$$

式中　E_0'——从气隙线查得的空载电压。

从式（3.5）可知：$\overline{dc} = \dfrac{\overline{dh}}{k_\mu}$，表示在磁路饱和时，由励磁磁势所建立的磁通和它感应的电势都降低到未饱和时的 k_μ 分之一。

发电机的空载特性常用标么值（见 3.2.2）表示，用标么值表示的空载特性具有典型性，不论电机容量的大小，电压的高低，其空载特性彼此非常接近。表 3.1 给出了一条典型的发电机空载特性。

表 3.1　　　　　　　　　　　发电机的典型空载特性

I_f	0.5	1.0	1.5	2.0	2.5	3.0	3.5
E_0^*	0.58	1.00	1.21	1.33	1.40	1.46	1.51

空载特性在发电机理论中有着重要作用：①将设计好的电机的空载特性与表 3.1 中的数据相比较，如果两者接近，说明电机设计合理，反之，则说明该电机的磁路过于饱和或者材料没有充分利用；②空载特性结合短路特性（见 4.2.2）可以求取发电机的参数；③发电厂通过测取空载特性来判断三相绕组的对称性以及励磁系统的故障。

3.2.2　标么值在发电机中的运用

在工程计算中，各种物理量如电压、电流、功率、阻抗等往往不用它们的实际值进行计算，而是把这些物理量表示成与某一选定的同单位的基值之比的形式，称为标么值（或称相对值）。为了将标么值和实际值区别开来，在各物理量原来的符号的右上角加 "*" 以表示该物理量的标么值，如电流的标么值用 I^* 表示。在发电机中，各主要物理量基值一般是这样规定的：容量基值 $S_N = mU_{N\phi}I_{N\phi}$（$m$ 为电枢的相数）伏安；相电压基值 $U_{N\phi}$

（相电压的额定值）伏；相电流基值 $I_{N\phi}$（相电流的额定值）安；阻抗基值 $Z_N = U_{N\phi}/I_{N\phi}$ 欧；各标么值具体表示为

$$P^* = \frac{P}{S_N} = \frac{P}{mU_{N\phi}I_{N\phi}}; \quad U^* = \frac{U}{U_{N\phi}}; \quad I^* = \frac{I}{I_{N\phi}}; \quad Z^* = \frac{Z}{Z_N} = \frac{ZI_{N\phi}}{U_{N\phi}}$$

对于转子各量基值的选择根据运行情况而定。对于稳态对称运行，定子电流通过电枢反应只影响气隙磁势和定子电势而不影响转子电流值，这时转子电路是独立的，故其各量基值的选择与定子基值没有固定的关系，可根据应用方便来选取。实用上，常采用对应于空载电势为额定端电压（$E_0 = U_N$）时的励磁电流 I_{f0} 作为转子电流的基值。

3.3　对称负载时的电枢反应

3.3.1　对称负载时的合成磁场

空载时，发电机中只有一个以同步转速旋转的转子磁场，即励磁磁场，它在电枢绕组中感应出三相对称交流电势，其每相有效值为 E_0，称为励磁电势。电枢绕组每相端电压 $U = E_0$。

当电枢绕组接上三相对称负载后，电枢绕组和负载一起构成闭合回路，回路中流过的是三相对称的交流电流 $\dot{I}_a$、$\dot{I}_b$ 和 $\dot{I}_c$。当三相对称电流流过三相对称绕组时，将会形成一个以同步速度旋转的旋转磁场。电枢磁场与励磁磁场相互作用，形成负载时气隙中的合成磁场并建立负载时的气隙磁场。这时尽管励磁电流未变，但气隙磁场已不同于空载时的气隙磁场，所以感应电势也不再是 $\dot{E}_0$ 了，说明电枢磁场对主磁场产生了影响。

因此，发电机接上三相对称负载以后，电机中除了随轴同转的转子磁场外，又多了一个电枢旋转磁场，它们都以同步转速旋转。下面分析一下这两个旋转磁场的旋转方向。

由于电枢磁场的转向决定于电枢三相电流的相序，而后者又决定于转子磁极的转向，不难看出，电枢磁场的转向必定与转子的转向一致。由此可见，电枢磁场与励磁磁场是同转速、同转向，彼此在空间上始终保持相对静止的关系，可以用矢量加法将其合成为一个合成磁场。正是由于这种相对静止，才使它们之间的相互关系保持不变，从而共同建立数值稳定的气隙磁场和产生平均电磁转矩，实现机—电能量转换。

可见发电机带上对称负载以后，电机内部的磁场发生显著变化，这一变化主要由电枢磁场的出现所致。

3.3.2　电枢反应

把对称负载时电枢磁场对主极磁场的影响叫电枢反应。电枢反应对电机性能有重大的影响，电枢反应的情况决定于空间向量 F_f 和 F_a 之间的夹角。定子绕组的空载电势 $\dot{E}_0$ 的相位与转子磁势的空间位置有关，电枢磁势的空间位置是由电枢电流 $\dot{I}_a$ 决定的。$\dot{E}_0$ 与 $\dot{I}_a$ 之间的相位差 ψ 又与负载的性质有关，ψ 称为内功率因数角。因此，分析负载性质对电枢反应的影响，也就是根据 ψ 讨论电枢磁场对转子磁场的影响。为了分析方便，将转子磁极的轴线定义为直轴，并用 d 表示；将与直轴正交的方向定义为交轴，并用 q 表示。以下从发电机的时空相量图入手对各种情况下的电枢反应进行分析。

3.3.2.1　发电机的时空相量图

在前面的分析中，已经多次使用时间相量和空间相量的概念。时间相量代表随时间按正弦规律交变的物理量。时间相量主要有 $\dot{\Phi}$、$\dot{E}_0$、$\dot{U}$、$\dot{I}$ 等。一般取纵轴为时间参考轴，简称为时轴。空间相量代表在空间按正弦规律分布的物理量如磁势 F。空间参考轴通常选在相绕组的轴线上，简称相轴。为了分析方便，常将时间相量 $\dot{\Phi}_f$、$\dot{\Phi}_a$、$\dot{E}_0$、$\dot{I}_a$ 和空间相量 F_f、F_a 及 F 画在一起构成时空相量图（图 3.7）。

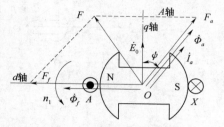

图 3.7　发电机时空相量图

在图 3.7 所示的瞬间，A 相绕组中感应电势 $\dot{E}_0$ 达到最大值，此时如果 $\psi=0°$，即 A 相电流 $\dot{I}_a$ 和 $\dot{E}_0$ 同相位，则 $\dot{I}_a$ 亦达到最大值。则电枢磁势（三相合成磁势）F_a 的轴线将和 A 相线圈的轴线重合。若把相电流的时轴取得与空间相量的相轴重合，则时间相量 $\dot{I}_a$ 与合成磁势的空间相量 F_a 重合。由于合成磁势基波的旋转角速度与电流变化的角频率相等，故二者始终重合。因此，当把时轴与相轴重合在一起时，时间相量与空间相量画在一个图上，则有 $\dot{I}_a$ 与 F_a 重合的关系。此外，一般情况下，$\dot{I}_a$（时间相量）滞后或超前于 $\dot{E}_0$（时间相量）ψ 电角度时，F_a（空间相量）的轴线位置也滞后或超前于 A 相绕组的轴线 ψ 电角度。即在时间上的相位差等于 F_a 的轴线和 A 相绕组轴线的空间角度差。以上结论虽然是在一个特殊的瞬间（磁极轴线和 A 相绕组轴线正交时）得出的，由于 F_a 和 F_f 同步旋转，故在负载一定的情况下，F_a 和 F_f 的空间相位差等于 $\psi+90°$ 电角度。

在时空相量图中 $\dot{\Phi}_f$ 和 F_f（处于磁极轴线方向，即 d 方向）重合，$\dot{E}_0$ 滞后于 $\dot{\Phi}_f$ 90° 电角度（处于相邻一对磁极的中性线位置，即 q 方向），$\dot{I}_a$ 和 $\dot{E}_0$ 之间的相位差 ψ 由负载性质决定，F_a 和 $\dot{I}_a$ 重合。

利用时空相量图，可以方便地分析不同负载情况时发电机电枢反应的情况。

3.3.2.2　$\dot{I}_a$ 和 $\dot{E}_0$ 同相位或者反相位时的电枢反应

此时，$\psi=0°$ 或者 180°，F_a 与 F_f 之间的夹角为 90° 或者 270°，如图 3.8（a）所示，即二者正交，转子磁势作用在直轴上，而电枢磁势作用在交轴上，电枢反应的结果使得合成磁势的轴线位置产生一定的偏移，幅值发生一定的变化。这种作用在交轴上的电枢反应称为交轴电枢反应。此时气隙中的等效磁场情况如图 3.9（a）所示。

3.3.2.3　$\dot{I}_a$ 滞后于 $\dot{E}_0$ 90° 时的电枢反应

此时 $\psi=90°$，F_a 与 F_f 之间的夹角为 180°，如图 3.8（b）所示，即二者反相，转子磁势和电枢磁势一同作用在直轴上，方向相反，电枢反应为纯去磁作用，合成磁势的幅值减小，这一电枢反应称为直轴去磁电枢反应。气隙中的等效磁场情况如图 3.9（b）所示。

3.3.2.4　$\dot{I}_a$ 超前于 $\dot{E}_0$ 90° 时的电枢反应

此时 $\psi=-90°$，如图 3.8（c）所示，F_a 与 F_f 之间的夹角为 0°，即二者同相，转子磁势和电枢磁势一同作用在直轴上，方向相同，电枢反应为纯助磁作用，合成磁势的幅值加

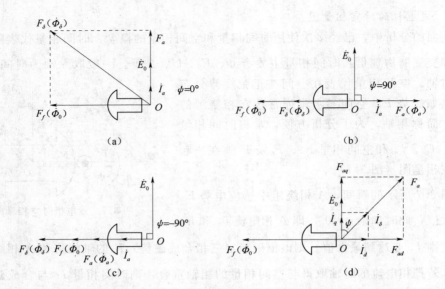

图 3.8　用时空相量图分析发电机的电枢反应

(a) $\psi = 0°$；(b) $\psi = 90°$；(c) $\psi = -90°$；(d) $0° < \psi < 90°$

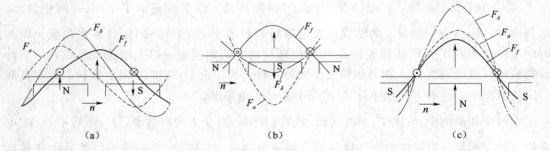

图 3.9　不同电枢反应时的磁场

(a) $\psi = 0°$；(b) $\psi = 90°$；(c) $\psi = -90°$

大，这一电枢反应称为直轴助磁电枢反应。气隙中的等效磁场情况如图 3.9（c）所示。

3.3.2.5　一般情况下的电枢反应

一般情况下（ψ 为任意角度时），如图 3.8（d）所示，可将 $\dot{I}_a$ 分解为直轴分量 $\dot{I}_d$ 和交轴分量 $\dot{I}_q$，$\dot{I}_d$ 产生直轴电枢磁势 F_{ad}，F_{ad} 与 F_f 同相或反相，起助磁或者去磁作用；$\dot{I}_q$ 产生交轴电枢磁势 F_{aq}，F_{aq} 与 F_f 正交，起交磁作用。根据正交分解原理有

$$\left.\begin{aligned} \dot{I}_a &= \dot{I}_d + \dot{I}_q \\ I_d &= I_a \sin\psi \\ I_q &= I_a \cos\psi \end{aligned}\right\} \tag{3.6}$$

$$\left.\begin{aligned} \dot{F}_a &= \dot{F}_{ad} + \dot{F}_{aq} \\ F_{ad} &= F_a \sin\psi \\ F_{aq} &= F_a \cos\psi \end{aligned}\right\} \tag{3.7}$$

3.3.3　电枢反应与机电能量转换

由上述的电枢反应情况可以看出，电枢反应的存在是实现能量传递的关键。水轮发电机正是通过电枢磁势和转子磁势的相互作用，实现了机械能到电能的转换。发电机带上负载后，电枢电流建立了磁场。它和转子之间不仅有电与磁的作用，而且有力的作用。当所带的负载性质不同时，电枢磁场对转子电流产生的电磁力的情况也不同。转子就是在不断克服来自定子方面的反作用的过程中做了功，才把能量传递到定子上去的。下面分析发电机带不同性质负载时的能量传递过程。

3.3.3.1　发电机带阻性负载

阻性负载所引起的有功电流，产生横轴的电枢反应磁通。图 3.10（a）为交轴电枢磁场对转子电流产生电磁转矩的示意图。可见电磁转矩是阻碍转子旋转的，因为 $\dot{I}_q$ 产生交轴电枢磁场，$\dot{I}_q$ 可认为是定子电流 $\dot{I}$ 的有功分量（对应有功电磁功率的有功电流分量），因此发电机要输出有功功率，水轮机就必须克服由于 $\dot{I}_q$ 引起的交轴电枢反应产生的转子制动转矩。输出的有功功率越大即所带负载越大，$\dot{I}_q$ 越大，交轴电枢磁场就越强，所产生的制动转矩也就越大。这就要求水轮机输入更大的驱动转矩，才能保持发电机的转速不变。

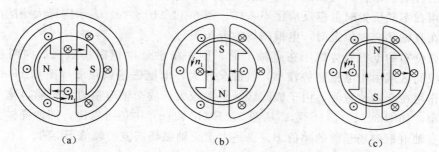

图 3.10　电枢反应与能量转换示意图

(a) $\psi=0°$；(b) $\psi=90°$；(c) $\psi=-90°$

3.3.3.2　发电机带感性负载

感性负载所引起的无功电流，产生纵轴的电枢反应磁通。图 3.10（b）表明电枢电流的无功分量（对应无功电磁功率的无功电流分量）$\dot{I}_d$ 所产生的直轴电枢磁场对转子电流相互作用所产生的电磁力不形成制动转矩，不妨碍转子的旋转。这表明发电机供给纯感性（$\psi=90°$）无功功率负载时，并不需要水轮机输入功率，但直轴电枢磁场对转子磁场起去磁作用。由于气隙磁场被削弱，发电机端电压就要降低。这是电力系统中感性负载大时电压下降的原因。因此，要维持发电机端电压不变，则需相应地增加励磁电流。

3.3.3.3　发电机带容性负载

发电机带容性负载时，也是产生纵轴的电枢反应磁通，如图 3.10（c）所示。电枢磁场的助磁作用使气隙磁场增强，因而使发电机的端电压升高。要维持发电机端电压不变，则需相应地减小励磁电流。电力系统中，当发电机带上容性负载后，常发生端电压不断升高的现象，这种现象叫做发电机的自励，或负载励磁。有的水电站在接通高压空载长线路时，常遇到这种情况。

在一般情况下，发电机既带有功负载，也带无功负载。有功电流会影响发电机的转速（频率），无功电流会影响发电机的端电压。为了保持发电机转速与频率不变，必须随着有功负载的变化调节水轮机的输入功率；为了保持发电机端电压恒定，必须随着无功负载的变化，调节励磁电流。

3.4　电枢反应电抗和同步电抗

当三相对称的电枢电流流过电枢绕组时，将产生旋转的电枢磁势 F_a，F_a 将在电机内部产生跨过气隙的电枢反应磁通 $\dot{\Phi}_a$ 和不通过气隙的漏磁通 $\dot{\Phi}_\sigma$，$\dot{\Phi}_a$ 和 $\dot{\Phi}_\sigma$ 将分别在电枢各相绕组中感应出电枢反应电势 $\dot{E}_a$ 和漏磁电势 $\dot{E}_\sigma$。$\dot{E}_a$ 与电枢电流 $\dot{I}_a$ 的大小成正比（不计饱和），比例常数称为电枢反应电抗 x_a，考虑到相位关系后，每相电枢反应电势为

$$\dot{E}_a = -\mathrm{j}x_a\dot{I}_a \tag{3.8}$$

电枢反应电抗 x_a 的大小和电枢反应磁通 $\dot{\Phi}_a$ 所经过磁路的磁阻成反比，$\dot{\Phi}_a$ 所经过的磁路与电枢磁势 F_a 轴线的位置有关。

对于凸极电机而言，气隙是不均匀的，极弧下气隙较小，极间部分较大，因此同一电枢磁势作用在不同位置时电枢反应将不一样。图 3.11（b）、(c) 表示同样大小的电枢磁势分别作用在直轴和交轴位置时，电枢磁场的分布图。

当正弦分布的电枢磁势作用在直轴上时，则在极轴处电枢磁场最强，向两边逐渐减弱，而在极间区域由于电枢磁势较小，气隙又较大，电枢磁场就很弱 [图 3.11（b）]。当电枢磁势作用在交轴位置时，由于极间区域气隙较大，故交轴电枢磁场较弱，整个磁场呈马鞍形分布，如图 3.11（c）所示。从图 3.11（b）、(c) 中还可看出，即使同样大小的电枢磁势，直轴电枢磁场基波的幅值 B_{ad1} 也是大于交轴磁场基波的幅值 B_{aq1} 的。

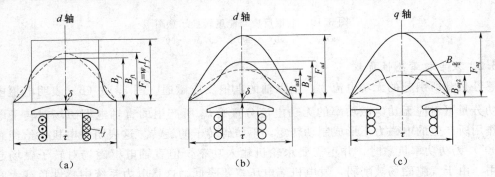

图 3.11　凸极电机中的磁场
(a) 励磁磁场；(b) 直轴电枢磁场；(c) 交轴电枢磁场

F_a 和 F_f 重合时，即 F_a 和磁极的轴线重合时，$\dot{\Phi}_a$ 经过直轴气隙和铁芯而闭合（这条磁路称为直轴磁路），如图 3.12（a）所示。此时由于直轴磁路中的气隙较短，磁阻较小，所以直轴磁路的电枢反应电抗就较大。当 F_a 和 F_f 正交时，即 F_a 和磁极的轴线垂直时，$\dot{\Phi}_a$ 经过交轴气隙和铁芯而闭合（这条磁路称为交轴磁路），如图 3.12（b）所示。此时由于交

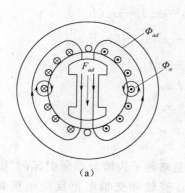 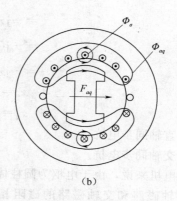

图 3.12　凸极电机中电枢磁通的流通路径

(a) 直轴磁路；(b) 交轴磁路

轴磁路中的气隙较长，磁阻较大，所以交轴
的电枢反应电抗就较小。一般情况下，F_a 和
F_f 之间的夹角由负载的性质决定，为 $90°+\psi$，
$\dot{\Phi}_a$ 的流通路径介于直轴磁路和交轴磁路之
间，由于 F_a 和 F_f 之间的夹角受制于内功率因
数角 ψ（即负载的性质），不同负载时，F_a 和
F_f 之间的夹角不同，对应的磁路不同，电枢反
应电抗也就不同，这给分析问题带来了诸多不
便。为了解决这一问题，勃朗德（Blondel）提
出了双反应理论，其基本想法是：当电枢磁

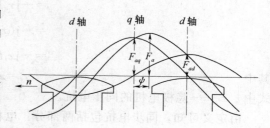

图 3.13　把凸极同步电机的电枢磁势
分解为直轴分量和交轴分量

势 F_a 的轴线既不和直轴也不和交轴重合时，可以把电枢磁势 F_a 分解成直轴分量 F_{ad} 和交轴
分量 F_{aq}（图 3.13），然后分别求出直轴和交轴磁势的电枢反应，最后再把它们的效果叠加
起来。

　　实践证明，不计饱和时，采用此法来分析凸极电机，结果相当令人满意。因此双反应
法已成为分析各类凸极电机（凸极同步电机、直流电机等）的基本方法之一。

　　应用双反应原理，将 F_a 看成是其直轴分量 F_{ad} 和交轴分量 F_{aq} 的叠加，并认为 F_{ad} 单独
激励直轴电枢反应磁通 $\dot{\Phi}_{ad}$，其流通路径为直轴磁路，对应有一个固定的直轴电枢反应电
抗 x_{ad}，并在电枢每相绕组中产生直轴电枢反应电势 $\dot{E}_{ad}$；F_{aq} 单独激励交轴电枢反应磁通
$\dot{\Phi}_{aq}$，其流通路径为交轴磁路，对应有一个固定的交轴电枢反应电抗 x_{aq}，并在电枢每相绕
组中产生交轴电枢反应电势 $\dot{E}_{ad}$。电枢绕组总的电枢反应电势 $\dot{E}_a$ 可以写为

$$\dot{E}_a=\dot{E}_{ad}+\dot{E}_{aq}=-\mathrm{j}x_{ad}\dot{I}_d-\mathrm{j}x_{aq}\dot{I}_q \tag{3.9}$$

　　考虑到漏磁通 $\dot{\Phi}_\sigma$ 引起的漏抗电势 $\dot{E}_\sigma=-\mathrm{j}x_\sigma\dot{I}_a$（$x_\sigma$ 为电枢绕组的漏电抗）后，电枢绕组
中由电枢电流引起的总的感应电势为

$$\dot{E}_a+\dot{E}_\sigma=-\mathrm{j}x_{ad}\dot{I}_d-\mathrm{j}x_{aq}\dot{I}_q-\mathrm{j}x_\sigma\dot{I}_a$$

$$\begin{aligned}
&= -jx_{ad}\dot{I}_d - jx_{aq}\dot{I}_q - jx_\sigma(\dot{I}_d + \dot{I}_q) \\
&= -j(x_{ad} + x_\sigma)\dot{I}_d - j(x_{aq} + x_\sigma)\dot{I}_q \\
&= -jx_d\dot{I}_d - jx_q\dot{I}_q
\end{aligned}$$

其中

$$\left.\begin{aligned} x_d = x_{ad} + x_\sigma \\ x_q = x_{aq} + x_\sigma \end{aligned}\right\} \tag{3.10}$$

式中　x_d——直轴同步电抗；

　　　x_q——交轴同步电抗。

对于隐极电机来说，由于电枢为圆柱体，忽略转子齿槽分布所引起的气隙不均匀，认为隐极电机直轴磁路和交轴磁路的磁阻相等，直轴和交轴电枢反应电抗相等，即 $x_a = x_{ad} = x_{aq}$，代入式（3.9）可得

$$\begin{aligned}
\dot{E}_a + \dot{E}_\sigma &= -jx_{ad}\dot{I}_d - jx_{aq}\dot{I}_q - jx_\sigma\dot{I}_a \\
&= -jx_a\dot{I}_a - jx_\sigma\dot{I}_a \\
&= -j(x_a + x_\sigma)\dot{I}_a \\
&= -jx_t\dot{I}_a
\end{aligned}$$

其中

$$x_t = x_a + x_\sigma \tag{3.11}$$

式中　x_t——隐极电机的同步电抗。

由定义可知，同步电抗包括两部分：电枢绕组的漏电抗和电枢反应电抗。在实用上，常将二者作为一个整体参数来处理，这样便于分析和测量。

同步电抗是发电机的特征参数，对于不同型式的发电机，其数值不同，该数值影响发电机端电压随负荷波动的程度。

3.5　水轮发电机（凸极机）的电势方程式和相量图

前面分析了电枢反应的情况，下面进一步导出对称负载下水轮发电机的电势方程式和相量图，用以说明水轮发电机中各物理量之间的关系。由于隐极式发电机的分析比较简单，为了便于分析和理解，在介绍凸极式发电机的电势方程式和相量图前先介绍隐极式发电机的电势方程式和相量图。

3.5.1　隐极式发电机的电势方程式和相量图

负载运行时，发电机的电枢绕组中存在两个磁势：励磁磁势和电枢磁势。不考虑饱和时，则磁势和磁通之间为线性关系，可应用叠加原理分别求出 F_f 和 F_a 单独作用时产生于定子每一相的磁通和电势，再考虑到电枢漏磁场产生于每一相的漏磁通 ϕ_σ 和漏电势 E_σ，其关系如下：

I_f(励磁电流) ⟶ F_{f1}(励磁磁势基波) ⟶ $\dot{\Phi}_0$(励磁磁通) ⟶ $\dot{E}_0$(励磁电势)

$\dot{I}_a$(定子三相电流) ⟶ F_a(电枢磁势基波) ⟶ $\dot{\Phi}_a$(电枢反应磁通) ⟶ $\dot{E}_a$(电枢反应电势)

⟶ $\dot{\Phi}_\sigma$(定子漏磁通) ⟶ $\dot{E}_\sigma$(定子漏电势)

参照图 3.14 规定的正方向，根据基尔霍夫第二定律，对电枢绕组一相回路的电势方程式为

$$\sum\dot{E}=\dot{E}_0+\dot{E}_a+\dot{E}_\sigma=\dot{U}+\dot{I}r_a \tag{3.12}$$

式中　$\dot{U}$——一相绕组的端电压；

　　　$\dot{I}r_a$——一相绕组的电阻压降。

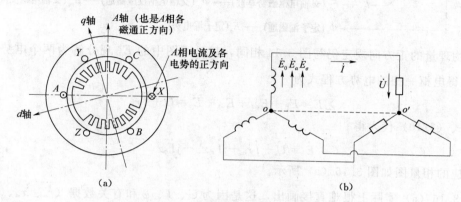

图 3.14　发电机各物理量正方向的规定

根据式（3.11）、式（3.12）可改写成

$$\dot{E}_0=\dot{U}+\dot{I}r_a+j\dot{I}x_t \tag{3.13}$$

根据式（3.13）可画出磁路不饱和时隐极发电机的相量图和等效电路，如图 3.15 所示。由等效电路图可见，隐极发电机相当于励磁电势 $\dot{E}_0$ 和同步阻抗 $Z_t=r_a+jx_t$ 的串联电路。

在发电机理论中，用电势相量图来分析问题是十分重要和方便的方法。在作相量图时，认为发电机的端电压 $\dot{U}$，电枢电流 $\dot{I}$，负载功率因数角 φ（即 $\dot{I}$ 与 $\dot{U}$ 之间的相位差）以及同步电抗为已知量，因此，根据电势平衡方程式可求得励磁电势 $\dot{E}_0$。隐极电机相量图可按以下步骤作出：

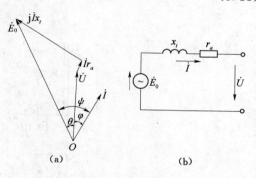

图 3.15　隐极式发电机的相量图和等效电路
(a) 相量图；(b) 等效电路图

（1）作出相量 $\dot{U}$。

（2）根据 φ 角找出 $\dot{I}$ 的方向并作出相量 $\dot{I}$。

（3）在 $\dot{U}$ 的尾端加上相量 $\dot{I}r_a$，它平行于相量 $\dot{I}$。

（4）在 $\dot{I}r_a$ 的尾端加上相量 $j\dot{I}x_t$，它超前于 $\dot{I}$ 90°。

（5）作出由 $\dot{U}$ 的首端指向 $j\dot{I}x_t$ 尾端的相量，该相量便是 $\dot{E}_0$。

3.5.2　凸极式发电机的电势方程式和相量图

凸极式发电机在对称负载下运行时，采用和隐极式发电机类似的分析方法，但首先要

将 $\dot{I}$ 分解为 $\dot{I}_d$ 和 $\dot{I}_q$，然后再分别计算相应的磁通和感应电势，叠加后得总电势。分析过程如下：

I_f (励磁电流) ⟶ F_{f1} (励磁磁势基波) ⟶ $\dot{\Phi}_0$ (励磁磁通) ⟶ $\dot{E}_0$ (励磁电势)

$\dot{I}$ (定子三相电流)
- ⟶ $\dot{I}_d$ ⟶ $\overline{F}_{ad}$ (直轴电枢磁势基波) ⟶ $\dot{\Phi}_{ad}$ (直轴电枢反应磁通) ⟶ $\dot{E}_{ad}$ (直轴电枢反应电势)
- ⟶ $\dot{I}_q$ ⟶ $\overline{F}_{aq}$ (交轴电枢磁势基波) ⟶ $\dot{\Phi}_{aq}$ (交轴电枢反应磁通) ⟶ $\dot{E}_{aq}$ (交轴电枢反应电势)
- ⟶ $\dot{\Phi}_\sigma$ (定子漏磁通) ⟶ $\dot{E}_\sigma$ (定子漏电势)

各物理量的正方向规定仍与图 3.14 相同，只是原图中的 $\dot{E}_a$ 现分解为两个电势 $\dot{E}_{ad}$ 和 $\dot{E}_{aq}$，故得电枢一相的电势方程式为

$$\sum \dot{E} = \dot{E}_0 + \dot{E}_{ad} + \dot{E}_{aq} + \dot{E}_\sigma = \dot{U} + \dot{I} r_a \tag{3.14}$$

将式（3.10）代入得

$$\dot{E}_0 = \dot{U} + \dot{I} r_a + \mathrm{j}\dot{I}_d x_d + \mathrm{j}\dot{I}_q x_q \tag{3.15}$$

相应的相量图如图 3.16（a）所示。

图 3.16（a）实际上很难直接画出，这是因为 $\dot{U}$、$\dot{I}$、φ 和有关数据（r_a、x_d、x_q）虽然已知，但 $\dot{E}_0$ 和 $\dot{I}$ 之间的夹角 ψ 很难测出，这样就无法把 $\dot{I}$ 分解成 $\dot{I}_d$ 和 $\dot{I}_q$，整个相量图就无法绘出。为了解决这个问题（找 ψ 角），对图 3.16（a）进行分析，找出确定 ψ 角的图如图 3.16（b）所示。

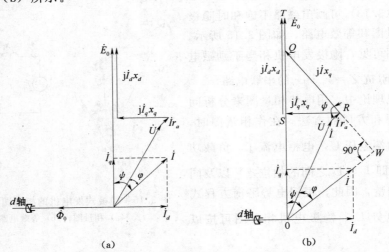

图 3.16　凸极式发电机电势相量图
(a) 电势相量图；(b) 带辅助相量的电势相量图

由图 3.16（b）可知，从 R 点作 $\dot{I}$ 的垂直线与 $\dot{E}_0$ 交于 Q 点，可见 $\overline{RQ}$ 和 $\mathrm{j}\dot{I}_q x_q$ 的夹角即为 ψ 角。于是 $\overline{RQ}$ 的长度为

$$\overline{RQ} = \frac{I_q x_q}{\cos\psi} = I x_q$$

而且

$$\psi = \arctan \frac{I x_q + U\sin\varphi}{I r_a + U\cos\varphi} \tag{3.16}$$

由此可得相量图的实际作法如下：

（1）根据已知条件绘出 $\dot{U}$ 和 $\dot{I}$。

（2）画出相量 $\dot{E}_Q=\dot{U}+\dot{I}r_a+j\dot{I}x_q$，$\dot{E}_Q$ 必然与未知的 $\dot{E}_0$ 同相位故 $\dot{E}_Q$ 与 $\dot{I}$ 的夹角即为 ψ 角。

（3）根据求出的 ψ 将 $\dot{I}$ 分解为 $\dot{I}_d$ 和 $\dot{I}_q$。

（4）从 R 点起依次作出 $j\dot{I}_q x_q$ 和 $j\dot{I}_d x_d$ 得到末端 T，连接 $\overline{OT}$ 线段即得 $\dot{E}_0$。

【例 3.1】 一台水轮发电机，$x_d^*=1.0$，$x_q^*=0.6$，电枢电阻忽略不计。试计算发电机发出额定电压、额定电流且 $\cos\varphi_N=0.8$（滞后）时的励磁电势 $\dot{E}_0^*$ 并画出相量图。

解： 取发电机端电压 $\dot{U}$ 为参考相量，即 $\dot{U}^*=1.0\angle0°$，则 $\dot{I}^*=1.0\angle-36.8°$（因为 $\cos36.8°=0.8$）

电势 $\dot{E}_Q$ 为

$$\dot{E}_Q^* =\dot{U}^*+j\dot{I}x_q^*$$
$$=1.0\angle0°+j1.0\times0.6\angle-36.8°=1.44\angle19.4°$$

由于 $\dot{E}_Q$ 与 $\dot{E}_0$ 同相，故

$$\psi=19.4°+36.8°=56.2°$$

于是可得出电流的直轴和交轴分量为

$$I_d^*=I^*\sin\psi=1\times\sin56.2°=0.832$$
$$\dot{I}_d^*=0.832\angle-(90°-19.4°)=0.832\angle-70.6°$$
$$I_q^*=I^*\cos\psi=1\times\cos56.2°=0.555$$
$$\dot{I}_q^*=0.555\angle19.4°$$

故励磁电势为

$$\dot{E}_0^* =\dot{U}^*+j\dot{I}_d^*x_d^*+j\dot{I}_q^*x_q^*$$
$$=1.0\angle0°+j0.832\times1\angle-70.6°+j0.555\times0.6\angle19.4°=1.77\angle19.4°$$

相量图如图 3.17 所示。

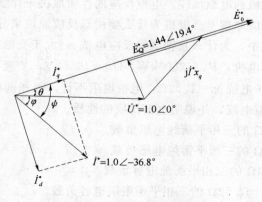

图 3.17　[例 3.1] 的相量图

本 章 小 结

本章是水轮发电机原理的核心内容，也是分析和研究电机问题的基础理论，要求重点学习和掌握。

首先描述了水轮发电机的建压过程及空载特性，空载特性是同步发电机很重要的一个特性。重点分析了同步发电机对称负载运行时的电磁过程，并对空载运行和负载运行时气隙中的磁场进行了比较分析。

在负载运行时，一个重要的物理现象就是电枢反应，其性质取决于负载的性质和电机的内部参数，即 $\dot{E}_0$ 与 $\dot{I}$ 的夹角 ψ。电枢反应在电机中占有重要地位，是电机实现能量转换的关键。

由于隐极式电机和凸极式电机结构的不同，因此电枢反应电抗的性质也不同。对于隐极电机，由于气隙是均匀的，所以可用一个单一的参数即同步电抗来表征电枢反应和漏磁所产生的效果。凸极同步电机的气隙是不均匀的，同样大小的电枢磁势作用在交轴或直轴上时，所建立的磁通大小不一样。由于只有直轴和交轴磁势才能产生具有对称性的便于理论分析和计算的磁场，所以对于一般运行情况，都采用双反应理论把 F_a 分解为 F_{aq} 和 F_{ad} 两个分量，分别研究它们产生的磁场的感应电势。由双反应理论对凸极电机推导出 x_d 和 x_q 两个同步电抗，分别表征直轴和交轴电流所产生的电枢总磁场的效果。

基本方程式与相量图对分析同步发电机各物理量之间的关系及电磁过程具有特别重要的意义，用于不同情况时对发电机进行定性和定量的分析。

思 考 题 与 习 题

3.1　发电机在对称负载下稳定运行时，电枢电流产生的磁场是否与励磁绕组匝链？它会在励磁绕组中产生感应电势吗？

3.2　发电机在对称负载下运行时，气隙磁场由哪些磁势建立？它们各有什么特点？

3.3　发电机的内功率因数角 ψ 是由什么因素决定的？

3.4　什么是发电机的电枢反应？电枢反应的性质取决于什么？

3.5　什么叫双反应原理？凸极机为什么要用双反应原理来分析电枢反应电抗？

3.6　凸极发电机中，为什么直轴电枢反应电抗 x_{ad} 大于交轴电枢反应电抗 x_{aq}？

3.7　一台三相发电机，$P_N = 2500\text{kW}$，$U_N = 10.5\text{kV}$，Y 接法，$\cos\varphi_N = 0.8$（滞后），作单机运行。已知同步电抗 $x_t = 7.52\Omega$，电枢电阻不计。每相的励磁电势 $E_0 = 7520\text{V}$。求下列几种负载下的电枢电流，并说明电枢反应的性质。

（1）相值为 7.52Ω 的三相平衡纯电阻负载。

（2）相值为 7.52Ω 的三相平衡纯电感负载。

（3）相值为 15.04Ω 的三相平衡纯电容负载。

（4）相值为 $7.52-\text{j}7.52\Omega$ 的三相平衡电阻电容负载。

3.8　有一台三相凸极发电机，电枢绕组 Y 接法，每相额定电压 $U = 230\text{V}$，额定相电

流 $I = 9.06\text{A}$，额定功率因数 $\cos\varphi_N = 0.8$（滞后）。已知该机运行于额定状态，每相励磁电势 $E_0 = 410\text{V}$，内功率因数角 $\psi = 60°$，不计电阻压降，试求：I_d、I_q、x_d、x_q 各为多少？

3.9　有一台三相隐极发电机，电枢绕组 Y 接法，额定电压 $U_N = 6300\text{V}$，额定电流 $I_N = 572\text{A}$，额定功率因数 $\cos\varphi_N = 0.8$（滞后）。该机在额定速度下运转，励磁绕组开路，电枢绕组端点外施三相对称线电压 $U = 2300\text{V}$，测得定子电流为 572A。如果不计电阻压降，求此发电机在额定运行条件下的励磁电势 E_0。

3.10　一台凸极发电机，电枢绕组 Y 接法，额定相电压 $U_N = 230\text{V}$，额定电流 $I_N = 6.45\text{A}$，额定功率因数 $\cos\varphi_N = 0.9$（滞后），并知其同步电抗 $x_d = 18.6\Omega$，$x_q = 12.8\Omega$，不计电阻压降，试求：在额定状态下运行时的 I_d、I_q 和 E_0。

3.11　有一台三相隐极发电机，电枢绕组 Y 接法，额定功率 $P_N = 25000\text{kW}$，额定电压 $U_N = 10500\text{V}$，额定转速 $n_N = 3000\text{r/min}$，额定电流 $I_N = 1720\text{A}$，并知同步电抗 $x_t = 2.3\Omega$，如不计电阻，求：

（1）$I = I_N$，$\cos\varphi_N = 0.8$（滞后）时的 E_0。

（2）$I = I_N$，$\cos\varphi_N = 0.8$（超前）时的 E_0。

3.12　一台凸极同步发电机，额定功率 $P_N = 50000\text{kW}$，额定功率因数 $\cos\varphi_N = 0.85$（滞后），直轴同步电抗 $x_d^* = 0.8$，交轴同步电抗 $x_q^* = 0.55$，忽略电枢电阻，试计算额定运行时，电枢电流的直轴分量 I_d^*，交轴分量 I_q^*，空载电势 E_0^*。

第4章 水轮发电机运行特性

水轮发电机的特性大体可分为两类：第一类包括空载特性、短路特性和零功率因数特性，它们主要用来确定发电机的稳态参数和表征磁路的饱和情况；第二类是稳态运行特性，包括外特性、调整特性和效率特性，主要用来描述发电机稳态运行时的。这些对发电机的运行具有重要意义。从运行特性中可以确定发电机的电压变化率和额定励磁电流。

4.1 水轮发电机基本特性的定义

水轮发电机在转速（频率）保持恒定状况下，有三个互相影响的主要变量，即端电压 U、电枢负载电流 I 和励磁电流 I_f。此外负载的功率因数 $\cos\varphi$ 也对它们之间的关系有影响。为便于分析，通常假定功率因数 $\cos\varphi$ 不变，在端电压、电枢电流和励磁电流三者中令其一为常数而求其他二者之间的函数关系就称为发电机的基本特性。这样，通常有下列5种基本特性：

(1) 空载特性，即 $I=0$ 时，U（或 E_0）$=f(I_f)$。

(2) 短路特性，即 $U=0$ 时，$I_K=f(I_f)$。

(3) 负载特性，即 $I=$常数，$\cos\varphi=$常数时，$U=f(I_f)$。

(4) 外特性，即 $I_f=$常数，$\cos\varphi=$常数时，$U=f(I)$。

(5) 调整特性，即 $U=$常数，$\cos\varphi=$常数时，$I_f=f(I)$。

以上5种特性各有其不同的用途。此外还有效率特性，即 $U=U_N$，$\cos\varphi=\cos\varphi_N$ 时，$\eta=f(P_2)$。

4.2 水轮发电机的短路特性

4.2.1 短路特性

水轮发电机运行于同步转速时，先将电枢绕组三相的端点持续短路然后加上励磁电流，这种运行方式称为稳态短路运行。这时端电压 $U=0$，如果改变励磁电流 I_f，则电枢短路电流的有效值 I_K 也随着改变。短路特性就是指二者之间的关系：$I_K=f(I_f)$。短路特性试验线路如图 4.1 (a) 所示。在短路时，如忽略电枢电阻不计，则不论是隐极机还是凸极机都具有相同的等效电路和相量图，如图 4.1 (b)、(c) 所示。

短路运行时 $U=0$，限制短路电流的仅是发电机的内部阻抗。在忽略绕组电阻时，$\dot{I}_K$ 将滞后于 $\dot{E}_0$ 90°电角度，交轴分量 $\dot{I}_q=0$，从图 4.1 (c) 可见，其电枢反应表现为纯去磁作用。去磁作用减少了电机中的磁通，磁路处于不饱和状态，励磁电势 $\dot{E}_0$ 和励磁电流 I_f 之间在数量上呈线性关系。由于短路电流 $\dot{I}_K=-\mathrm{j}\dot{E}_0/x_t$，所以短路电流和励磁电流在数量

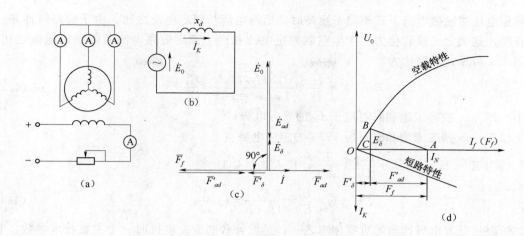

图 4.1　水轮发电机的短路特性

(a) 试验线路图；(b) 等效电路；(c) 时-空相量图；(d) 短路特性

也呈线性关系，短路特性就是一条通过原点的直线，如图 4.1（d）所示。可见，稳态短路时，电机中的电枢反应为纯去磁作用，电机的磁通和感应电势较小，短路电流也不会过大，所以三相稳态短路运行没有危险。

4.2.2　利用空载特性和短路特性确定 x_d（不饱和值）

利用空载特性和短路特性可以确定发电机的直轴同步电抗 x_d，如图 4.2 所示。

设励磁电流为 I_f，每相空载电势为 E_0，如果把电枢端点短路，测得每相短路电流为 I_K，显然在忽略电枢电阻时，同步电抗上的压降 $x_d I_K$ 即等于 E_0 ［图 4.1（b）］。由于三相对称短路时电枢反应的去磁作用，气隙合成磁场较小，磁路不饱和，此时可以利用气隙线和短路特性来求同步电抗。但由于这两条特性曲线均处于不饱和状态，故所得到的同步电抗为不饱和值。同步电抗的不饱和值等于在某一确定的 I_f 下，气隙线与短路特性线纵坐标之比。即

$$x_{d(不饱和)} = \frac{E_0'}{I_K} \qquad (4.1)$$

不论励磁电流的大小，x_d 的不饱和值均为恒值。如用标么值表示，则

$$x_d^* = \frac{x_d}{Z_N} = \frac{I_N}{U_N} \frac{E_0'}{I_K} = \frac{E_0'/U_N}{I_K/I_N} = \frac{E_0'^*}{I_K^*} \qquad (4.2)$$

图 4.2　利用空载特性和短路特性确定 x_d（不饱和值）

这说明，如果空载特性和短路特性用标么值表示时，所求得的直轴同步电抗也是标么值。

用标么值来表达特性曲线还有一个简便的地方，就是避免了线电压和相电压的换算问题，因为它们的标么值是相同的。

4.2.3　短路比

在发电机的设计和试验中，常用到短路比这个数据。短路比的原来意义是在对应于空

载额定电压的励磁电流下三相稳态短路时的短路电流与额定电流之比。由于短路特性是一条直线，这个定义就转化为：产生空载额定电压和产生额定短路电流所需励磁电流之比。从图 4.2 可见，短路比为

$$k_c = \frac{I_{K0}}{I_N} = \frac{I_{f0}(U=U_N)}{I_{fK}(I_K=I_N)} = \frac{E'_\delta}{E'_0} \tag{4.3}$$

式中　E'_δ——铁芯未饱和时对应于 I_{f0} 的感应电势；

　　　E'_0——铁芯未饱和时对应于 I_{fK} 的感应电势。

因为 $E'_0 = I_N x_d$，$x_d^* = \dfrac{I_N x_d}{U_N} = \dfrac{E'_0}{U_N}$，代入式（4.3）得

$$k_c = \frac{E'_\delta}{E'_0} = \frac{E'_\delta}{U_N x_d^*} = k_\mu \frac{1}{x_d^*} \tag{4.4}$$

短路比是发电机性能的重要标志之一，是设计和制造发电机时一个主要技术参数。它对电机的影响可从以下几方面看出：

（1）短路比的大小影响电机尺寸和造价。短路比大，即气隙大，励磁安匝要多，用铜量增加，故增加电机尺寸、成本。

（2）短路比的大小影响电机运行时励磁电流随负载（包括定子电流和功率因数）变化的程度。短路比大，励磁电流随负载变化的程度就小。反之亦然。

（3）短路比的大小影响电机静态稳定度及电压随负载波动的幅度。短路比大，x_d 越小，稳定极限越高，电压随负载波动的幅度越小。

所以短路比的选择要合理地统筹兼顾运行性能和电机造价这两方面的要求。尽管如此，随着单机容量的增长，为了提高材料利用率，短路比的要求值还是随着机组容量的增大而有所降低的。此外，短路比还需要根据输电距离、负荷变化情况及以机组运行的要求综合考虑确定。水轮发电机为凸极式，散热较好，水电站输电距离又较长，运行稳定性是其重要因素，所以对水轮发电机要求选择较大的短路比，一般取为 $k_c=0.8\sim1.3$，对汽轮发电机要求 k_c 在 $0.5\sim0.7$ 以上，对双水内冷电机可取下限。现在一般水轮发电机都采用快速的自动调节励磁装置，大大提高了运行的稳定性，故短路比的要求值可进一步降低，以提高电机的经济指标。

4.3　水轮发电机的零功率因数负载特性

发电机的负载特性是指当负载电流 I_a ＝常数，功率因数 $\cos\varphi$ 等于常数的条件下，端电压与励磁电流的关系 $U=f(I_f)$。其中 $I_a=I_N$，$\cos\varphi=0$ 时的一条负载特性称为零功率因数特性。零功率因数负载特性具有实用意义，由于它可用来确定发电机的定子漏抗 x_σ 和特定负载电流时的电枢反应磁势，因此对分析电机的运行性能很有用处。

4.3.1　零功率因数负载特性

$\cos\varphi=0$ 的负载为纯电感负载，即 $\varphi=90°$，$I_d=I_a$，$I_q=0$，从时—空相量图（图 4.3）可以看出，忽略电枢电阻，电枢反应为去磁的。$\dot{U}$、$\dot{E}_0$、

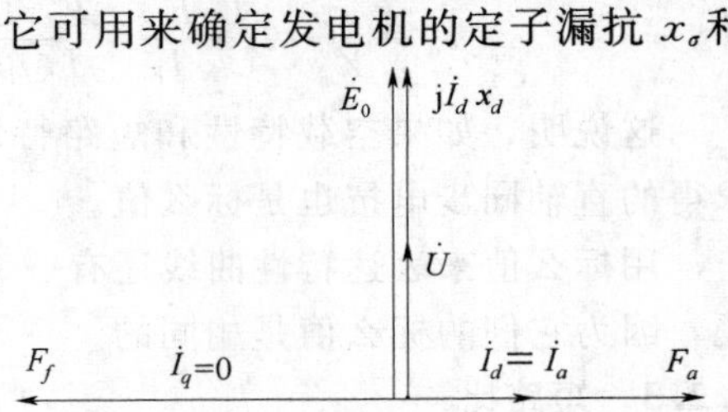

图 4.3　$\cos\varphi=0$ 时同步电机相量图

$j\dot{I}_d x_d$ 处于同一方位，其相量加减可简化为代数加减，即

$$U = E_0 - x_d I_d = E_0(I_f) - x_d I_d \tag{4.5}$$

零功率因数特性试验接线图如图 4.4 所示，将水轮发电机拖动到同步转速，电机带三相纯感性负载（如三相可变电抗器），使 $\cos\varphi \approx 0$，然后同时调节励磁电流和负载电抗的大小，保持 $I = I_N$ 不变，测量不同励磁电流下发电机端电压，即可得到零功率因数负载特性，如图 4.5 所示。

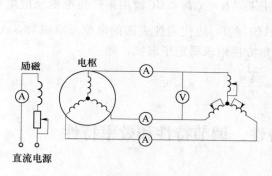

图 4.4　零功率因数特性试验接线图　　　图 4.5　零功率因数特性与空载特性

在图 4.5 中，$\overline{OE}$ 为额定电压，$\overline{EF}$ 为空载时产生额定电压所需的励磁电流。水轮发电机带零功率因数负载时如要保持端电压为额定值，则还需克服电枢漏抗压降和去磁的电枢反应，此时励磁电流应该比 $\overline{EF}$ 大，应为 $\overline{EC'}$。其中 $\overline{FB'}$ 为克服定子漏抗压降所需要增加的励磁电流，$\overline{B'C'}$ 为克服去磁的电枢磁势所需增加的励磁电流，C' 点为零功率因数曲线上对应于 $U = U_N$ 的一个点。

由以上分析可知，零功率因数曲线和空载特性曲线之间相差一个特性三角形，其各边大小均正比于电枢电流。当负载电流为额定值且不变时（这正是测零功率因数曲线的一个条件），则三角形的大小亦保持不变。这样，把特性三角形的上顶点 A' 放在空载特性曲线上，将特性三角形上、下平行移动，则顶点 C' 的轨迹即为零功率因数曲线。当特性三角形移到其水平边与横坐标重合时，可得 C 点，该点的端电压 $U = 0$。故该点即为 $I_K = I_N$ 时的短路点。由此可见，C 点和 C' 点为零功率因数曲线上的两个特殊点。

只要知道零功率因数曲线上的 C 点和 C' 两点，就可以和空载特性一起来确定特性三角。在图 4.5 上，通过 C' 点作平行于横坐标的直线 $O'C'$，使 $O'C' = OC$，过 O' 点作与气隙平行的线 $O'A'$ 可并和空载特性曲线交于 A' 点。过 A' 点作 $A'B'$ 垂直 $O'C'$ 于 B'，则三角形 $A'B'C'$ 即为特性三角形。

4.3.2　利用功率因数特性和空载特性求取 x_d 饱和值和定子漏抗

当电机在额定电压下运行时，磁路已处于饱和状态，利用零功率因数特性和空载特性可求得同步电抗的饱和值和定子漏抗。

4.3.2.1　x_d 饱和值的求取

在 $I_d = I_a = I_N$ 时的零功率因数特性曲线上取对应于 U_N 的励磁电流 I_{fN}，再在空载特性

曲线上取对应于 I_{fN} 的空载电势 E_{0N}（图 4.5），由式（4.5）就可求得同步电抗的饱和值，即

$$x_{d(饱和)}=\frac{E_{0N}-U_N}{I_N} \tag{4.6}$$

4.3.2.2　定子漏抗

由上述分析可知，在空载特性和零功率因数特性之间夹着一个不变的特性三角形（图 4.5）。在 $U=0$ 时，对应于零功率因数特性上的励磁电流 $I_f=\overline{OC}$，将该电流分为两部分，$\overline{OB}$ 段用来产生漏抗电势 $\dot{E}_\sigma$ 以平衡定子漏抗压降 $\overline{AB}=x_\sigma I_d$，$\overline{BC}$ 段用来产生电枢反应电势 $\dot{E}_{ad}$ 以平衡电枢反应电抗压降 $x_{ad}I_d$，可见 $\triangle ABC$ 的 $\overline{BC}$ 边代表纯去磁的电枢反应磁势，$\overline{AB}$ 边代表定子漏抗。由这个特性三角形，可以很方便地求得定子漏抗，即

$$x_\sigma=\frac{\overline{AB}}{I_d} \tag{4.7}$$

4.4　水轮发电机的外特性、调节特性和效率特性

4.4.1　外特性

外特性表示发电机 $n=n_N$，$I_f=$ 常数，$\cos\varphi=$ 常数的条件下，端电压 U 和负载电流 I 的关系曲线。外特性既可用直接负载法测定，也可用作图法间接求出。

图 4.6 表示不同功率因数时水轮发电机的外特性。在感性负载和纯电阻负载时外特性都是下降的，因为这时电枢反应均有去磁作用。此外，定子电阻压降和漏抗压降也引起一定的电压下降。在容性负载时，外特性也可能是上升的。由该图可见为了使不同功率因数下 $I=I_N$ 时均能得到 $U=U_N$，在感性负载下要供给较大的励磁电流，在容性负载时应减小励磁电流。

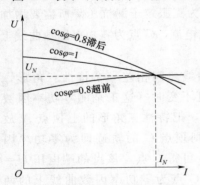

图 4.6　不同功率因数时发电机的外特性

发电机的额定功率因数一般规定为 0.8（滞后），在较大的电机中则常规定为 0.85 甚至 0.9。额定功率因数是按电力系统的需要情况而定的。由电力用户中异步电动机占很大的比例，它从电网吸收一定的滞后无功电流来建立磁场，所以整个电力系统的功率因数是不可能高到 1.0 的。电机就是按照所要求的额定功率因数进行设计的，制成后在额定电流下运行时其实际功率因数也不宜低于额定值，否则转子电流将会增加，使它过热。

发电机的端电压随着负载电流的改变而变，从外特性可以求出发电机的电压变化率（图 4.7）。调节发电机的励磁，使额定负载时（$I=I_N$、$\cos\varphi=\cos\varphi_N$）发电机的端电压为额定值，此励磁电流称为额定励磁电流。然后保持励磁电流和转速不变，将发电机完全卸载，发电机的端电压将由 U_N 变化为空载电势 E_0，电压变化的幅度可用电压变化率（电压调整率）来表示：

$$\Delta U = \frac{E_0 - U_N}{U_N} \times 100\% \qquad (4.8)$$

电压变化率是表征水轮发电机运行性能的重要数据之一。近代凸极发电机的电压变化率一般在 $18\% \sim 30\%$。汽轮发电机由于电枢反应较大，故电压变化率也较大，一般在 $30\% \sim 48\%$。

4.4.2　调整特性

当发电机的负载发生变化时，为了保持端电压不变，必须同时适度地调节发电机的励磁电流。当 $n = n_N$，$U = $ 常数，$\cos\varphi = $ 常数时，负载电流 I 与励磁电流 I_f 之间的关系曲线 $I = f(I_f)$ 就称为同步发电机的调整特性。

显然，调整特性的变化趋势与外特性正好相反，对于感性和纯电阻性负载，它是上升的，而容性负载下，它可能是下降的，如图 4.8 所示。

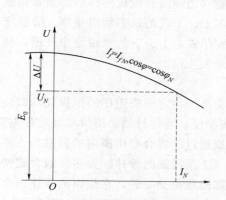

图 4.7　从外特性求电压变化率 $\Delta U\%$

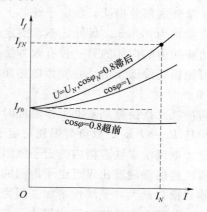

图 4.8　水轮发电机的调整特性图

4.4.3　效率特性

发电机效率的计算值是由电机的总损耗确定的，因此要求出效率就必须得知道发电机的总损耗。

4.4.3.1　发电机的总损耗

发电机的总损耗可分为空载铁损、负荷损耗、励磁损耗、机械损耗和杂散损耗等几部分。

1. 空载铁损

发电机空载铁损主要包括：定子铁芯齿部和轭部的交变磁化铁损和涡流损耗以及在极靴表面和定子边缘铁芯段及压指（非磁性材料）中的附加损耗。它的数值取决于各部分磁通密度的大小和变化频率，以及硅钢片的性能和重量，此外，它还受加工工艺等因素的影响。

发电机铁芯在交变磁化时必然产生涡流损耗与磁滞损耗。其中涡流损耗 $P_1 \propto f^2 B^2$，磁滞损耗 $P_2 \propto f B^2$（当磁通密度 $B \geq 1.5\text{T}$ 时，铁芯总损耗 $P_{\text{Fe}} \propto f^{1.3} B^2$，$f$ 为电源频率），这些损耗会引起铁芯发热。为了减少涡流损耗，定子铁芯冲片通常由彼此绝缘的硅钢片（冲片）叠装成。同时，硅钢片平面垂直于电机轴线。

极靴表面附加损耗是由于电机铁芯齿和槽的存在，处于极靴外表面磁通（磁密），在齿中心下时为最大值而在槽中心时为最小值，就此产生一个频率 $f_z = \dfrac{zn}{60}$（Hz）的脉冲。这一脉振在极靴表面将产生电势，形成在极靴表面闭合的涡流，并产生附加损耗。为了降低此损耗，通常磁极铁芯冲片都采用 $1\sim 2$mm 的薄钢板冲制成的冲片叠成。对于一些高转速的水轮发电机，为了降低极靴表面的附加损耗，常在磁极压板极靴表面开槽，使其和叠片冲片极靴起到同样作用。

在空载时部分磁通经电机的端面进入定子。这部分磁通是由单位面积上磁阻的比值所确定的。这部分磁通在经过磁极压板后，基本上是经过定子铁芯边缘上、下段齿部和定子齿压板后闭合。

在定子铁芯上、下边缘段齿中，端部磁通方向不与叠片平行，而是垂直。这样，叠片的作用就没有了，齿中将产生附加损耗。此外，在齿压板中也会产生附加损耗。

为了降低这部分损耗，在定子铁芯上、下端（边缘段）做成阶梯形。通常做成三个阶梯，每个阶梯为 0.6cm。另外，不希望定子铁芯上、下段的铁芯做得很厚。降低定子铁芯上、下边缘端齿的损耗的另一种有效方法是在定子铁芯上、下边缘段齿中开槽，使齿宽减小。它可把损耗降低 4 倍，并使齿散热面积约增大 1 倍。

2. 负荷损耗

负荷损耗是指换算到基准工作温度时，负荷电流在定子绕组中的铜损耗，即绕组的直流电阻损耗 $P_{cu} = I^2 R_1$，故负荷损耗与定子电流密度、导体材质、质量和温度有关。

当定子电流沿着铁芯槽内的定子绕组的导线通过时将会产生横向的漏磁场。靠近槽底的导体所匝链的漏磁通比靠近定子内圆的导体（上层线圈的导体）要多。通常磁密从定子槽底为零到槽口最大，呈线性增加。因为横向漏磁场是交变的，在绕组的导体内会感应出电势，该电势就会在导体内形成涡流，产生了集肤效应。由于涡流使电流产生集肤效应，等于增加了绕组的电阻。因此，定子绕组的铜耗会增加。在进行定子绕组附加损耗计算时，实际上是将它归结为确定的计算系数。这个计算系数是考虑了由于漏磁通造成的有效电阻的增加，称之为附加损耗系数（或称费立得系数）。

为了降低导体内电流的集肤效应在绕组内产生的附加损耗，一般在设计时采用截面不大的扁股线并绝缘后制成，而这些股线在定子铁芯长度内进行换位，以减少绕组的附加损耗。通常在计算定子绕组附加损耗系数时，仅考虑定子铁芯长度有效部分，这不是十分完全的，因为定子绕组端部同样会产生附加损耗，特别当定子线负荷（AS 值）大于 700A/cm 时，这部分损耗是相当大的，应予以考虑。

对于圈式叠绕组还有一种附加损耗，这是由于各线匝有不同的电感，并且圈式叠绕组不换位，由此产生的环流而引起的。

3. 励磁损耗

励磁损耗是指发电机转子励磁电路的损耗。包括励磁绕组的基本铜耗 $I_{fN}^2 R_2$、变阻器内的损耗、电刷与滑环的接触损耗以及励磁设备的全部损耗。

电刷与滑环的接触损耗主要与转子电流和接触电压降有关，而接触电压降与电刷的种类有关，一般考虑接触电压降约为 1V。它与电刷的电流密度关系很小。在老式的水轮发电机中励磁机与水轮发电机同轴，则计算总损耗时应该包括励磁机的损耗（目前已不采用励磁机）。

4. 机械损耗

水轮发电机的机械损耗主要包括轴承（推力轴承和导轴承）摩擦损耗、发电机的通风损耗和电刷的摩擦损耗等。

推力和导轴承的损耗，在详细的结构设计完成后按照轴承的尺寸，可由专门的计算程序进行计算。一般制造公司（厂）在技术文件内提供此项损耗值。

发电机的通风损耗是指转子两端轴上的风扇所消耗的功率，主要由发电机空气自循环时自身的损耗和空气与各段风路及风沟的摩擦损耗，也由专门的计算程序进行计算。通风摩擦损耗乃转子与气体发生摩擦所消耗的功率。

5. 杂散损耗

由于水轮发电机的容量大，电磁负荷大，所以各种杂散损耗也相对较大。且因各种附加杂散损耗都集中在较小的部位，常常导致发电机局部过热，影响安全运行。水轮发电机的杂散损耗主要包括以下部分：

（1）当电枢绕组流过电流时，除产生基本铜损耗外，电枢电流的漏磁通还将引起杂散损耗。首先，由于槽内的漏磁通对导体内电流的集肤作用，引起导体截面上的电流分布不均匀，使得绕组的铜损耗大于电流均匀分布时的数值（即基本铜损耗），其增加的部分就称为附加铜损耗。槽内导体采用多股并联并加以换位，就是为了减小这部分杂散损耗。其次，定子绕组的端接部分的漏磁通，在附近的铁磁部件，如铁芯二侧的压板、端盖、端接的支撑以及加固部件中将引起铁损耗。由于同步电机容量大，电枢电流大，漏磁通较强，这部分的杂散损耗也就较大，如不采取适当措施，就会造成相应部分的过热故障，为此，大型同步电机定子绕组端接附近的部件常采用非磁性材料，如青铜、非磁性钢等来制造。其三，定子电流流过电枢绕组时所产生的磁场，除基波外尚有一系列空间高次谐波，它们对转子有不同的相对速度和转向，将在转子表面产生高频涡流损耗，导致转子表面过热。

（2）磁场三次谐波在齿中引起的损耗：定子绕组内除了负载时的损耗外，在短路和额定电流时主磁场的三次谐波在定子齿中会产生附加损耗。由于凸极水轮发电机气隙不均匀，转子的主（励磁）磁势及电枢反应磁势的基波分量均会在气隙里产生 3 次谐波磁场而在齿内引起损耗，在大型水轮发电机中这种损耗可能会达到很大值，甚至会超过齿中的空载损耗。

（3）定子绕组磁势谐波在转子磁极表面引起的表面损耗：当三相交流绕组中通以三相对称电流时，电机气隙中产生基波和谐波磁势。这些谐波磁势与转子之间有相对运动，因此除了会在磁极表面感生涡流，产生表面损耗外；还会在阻尼绕组中产生附加损耗。

为了计算时方便起见，常把气隙中的绕组磁势分成两部分：即所谓相带谐波磁势和齿谐波磁势，各自进行计算。

磁势（高次）谐波在转子表面引起的附加损耗，对发电机是否有阻尼绕组是有一定的影响，但是如果考虑阻尼绕组影响，将会带来计算的复杂化。实际上，此种损耗占总损耗的比例不十分大，所以在计算时为了简化，可采用没有阻尼绕组时计算的方法来计算有阻尼绕组时，不会在计算中导致明显的误差。

（4）短路漏磁场在定子绕组端部附近的金属部件中产生的附加损耗：当定子电流通过绕组时，在定子绕组端部周围会产生漏磁通磁密，在靠定子铁芯的端部内侧其值最大。因为该处对经过定子铁芯端部的漏磁通，其磁阻最小。

通过齿压板和其他实心金属部件的漏磁通，会在该部件内产生涡流损耗。这里，金属部件上的尖角是最危险的。因尖角处的磁密可达到很大值，而涡流损耗与磁密平方成正比。因此在绕组端部范围内的金属部件应避免有尖角。

采用非磁性的压板虽然能降低压板中的附加损耗，但是会使漏磁通进入定子铁芯两端的有效段。引起铁芯两端段的涡流增大，导致铁损增加，从而加大了铁芯发热，所以定子压指采用非磁性后定子压板并不需要采用非磁性材料。

总损耗 $\sum p$ 求出后，效率即可确定

$$\eta=\left(1-\frac{\sum p}{P_2+\sum p}\right)\times100\%　\tag{4.9}$$

4.4.3.2 发电机的效率特性

效率是水轮发电机的重要性能参数，也是重要的技术经济指标。用它可以评定发电机的设计是否先进，并可对不同的发电机进行比较。但比较时，即使用额定工况下的额定效率作比较也是不充分的，因为发电机并不经常运行在额定工况下。为了充分评定和比较发电机的效率，必须利用效率特性，即效率与负载、功率因数和电压的关系，用它可以确定在任何工况下的效率。通常是绘制一定电压下的效率与功率和功率因数的关系曲线。因此，效率特性是指转速为同步转速、端电压为额定电压、功率因数为额定功率因数时，发电机的效率与输出功率的关系。即 $n=n_e$，$U=U_N$，$\cos\varphi=\cos\varphi_N$ 时，$\eta=f(P_2)$。

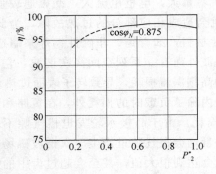

图 4.9 双水内冷水轮发电机的效率特性

通常，在水轮发电机中与负载无关的损耗占总损耗的最大部分。所以，仅仅在电机高于额定负载运行时，才出现最大效率；额定效率时对应的工作点仅位于效率与负载关系曲线的上升段，这就是一般水轮发电机的效率特性。

中小型水轮发电机的效率大致在 $94\%\sim97.5\%$ 范围内。现代空气冷却的大型水轮发电机，额定效率大致在 $96\%\sim98.5\%$ 范围内；空冷汽轮发电机的额定效率大致在 $94\%\sim97.8\%$；采用氢冷时，额定效率约可增高 0.8%。图 4.9 是国产双水内冷水轮发电机的效率特性。

本 章 小 结

发电机在正常运行时，有三个相互影响的主要变量：端电压 U、电枢负载电流 I 和励磁电流 I_f，这三个变量形成了发电机的主要特性。本章研究了水轮发电机的运行特性和利用这些特性确定发电机参数的方法。

外特性和调整特性是指导水轮发电机运行的两个主要特性。外特性说明负载变化而不调节发电机励磁时机端电压随负载变化的情况；调整特性则说明负载变化时，为保持机端电压恒定，励磁电流随负载变化的情况。这两条特性是发电机运行中，为保证频率和电压恒定，对机组进行负荷调节和励磁调节时的理论依据。其他如空载特性、短路特性、零功率因数负载特性是用于确定电机参数的。

表征水轮发电机稳定运行性能的主要数据和参数有：短路比、直轴和交轴同步电抗及漏电抗。短路比是表征发电机静态稳定度的一个重要数据，而各个电抗参数则是定量分析电机稳定运行状态的有用工具。

思 考 题 与 习 题

4.1　试述直轴和交轴同步电抗的意义？如何用试验方法来确定？

4.2　表征同步发电机单机对称稳定运行性能的特性曲线有哪些？其变化规律如何？

4.3　什么叫短路比？它和同步电抗有什么关系？它的大小与电机性能关系如何？

4.4　负载的功率因数性质和大小，对发电机的外特性及调整特性有何影响？为什么？

4.5　发电机带上负载后，端电压为什么会降低？试从磁路和电路两方面分别加以解释。

4.6　水轮发电机带纯感性负载时所需的励磁电流比空载时要大，为什么？

4.7　零功率因数曲线上的 C 点和 C' 点分别代表什么意义？

第3篇　水轮发电机正常运行

第5章　水轮发电机并网运行

　　单机供电的缺点是明显的：既不能保证供电质量（电压和频率的稳定性）和可靠性，又无法实现供电的灵活性和经济性。这些缺点可以通过多机并联来改善。通过并联可将几台发电机或几个电站并成一个电网。现代发电厂中都是把几台同步发电机并联起来运行，而一个地区又将许多发电厂连接起来组成一个强大的电力系统（电网）。电网供电比单机供电有许多优点：①提高了供电的可靠性，一台发电机发生故障或定期检修不会引起系统停电事故；②提高了供电的经济性和灵活性，例如水电厂与火电厂并联时，在枯水期和丰水期，两种电厂可以调配发电，使得水资源得到合理利用，在用电高峰期和低谷期，可以灵活地决定投入电网的发电机数量，提高了发电效率和供电灵活性；③提高了供电质量，随着电力系统总容量的日益扩大，可以认为电力系统中单个发电机的容量比起系统总容量来要小得多。因此，单台发电机的投入与停机，以及个别负载的变化，对电网的影响甚微，衡量供电质量的电压和频率可视为恒定不变的常数。对这样的电力系统，可称之为"大电网"，简称"电网"。

5.1　并网运行的条件和方法

5.1.1　并网条件

　　把发电机并联至电网的过程称为并网，或称为并列、并车、整步。在将发电机并入电网瞬间，为避免产生很大的冲击电流，转轴突然受到扭矩的冲击，电网受到扰动，因此，在发电机并入电网之前应首先保证其相序和电网相序相同，否则其后果是发电机永远不能拉入同步，在并列时还将产生很大的相当于相间短路的环流。强大的电动力可能使发电机遭受严重的损坏。在此基础上，待并发电机还必须满足以下三个条件，即：

　　（1）待并发电机和电网电压幅值相等。

　　（2）待并发电机的频率和电网频率相等。

　　（3）待并发电机的相位和电网相位相同。

　　如果不满足上述条件进行并列操作，将会产生不良后果。下面研究在这些条件之一得不到满足时会发生的情况。

5.1.1.1　电压幅值不等或相位不同

　　只要待并发电机的电压 $\dot{U}_f$ 与电网电压 $\dot{U}_w$ 幅值不等或相位不同，就会在发电机和电网之间形成电压差 $\Delta \dot{U} = \dot{U}_f - \dot{U}_w$。投入并联初瞬时刻，在发电机和电网构成的回路中，其阻抗是属于暂态过程的阻抗，数值很小。所以，即使 ΔU 很小，回路中也会产生较大的冲击电流。在电压幅值相等而相位不同时，ΔU 的大小与相位差有密切关系，相位差越大，ΔU 也越大，当二者反相即相位差为 180°时，ΔU 达到最大，为相电压的两倍。如果此时合闸，其冲击电流极大，有可能使发电机组受到严重损坏。若相位差在 0°～180°之间，冲击电流中将包含有功成分，该有功分量电流会在发电机轴上产生冲击力矩。当相位差为 0 时，ΔU 也为零，这是合闸并网的最佳时刻。

5.1.1.2　频率不等

　　当待并发电机的频率与电网的频率不等时，从电压相量图上看，就是 $\dot U_f$ 和 $\dot U_w$ 的旋转速度不一样，其间有相对运动，如图 5.1（a）所示。$\dot U_f$ 以 ω_f 角速度旋转，$\dot U_w$ 以 ω_w 角速度旋转。可以看成 $\dot U_w$ 对 $\dot U_f$ 以 $\Delta\omega=\omega_w-\omega_f$ 的角速度旋转。此时的电压差 $\Delta \dot U=\dot U_f-\dot U_w$ 是变化的。ΔU 时大时小，成了拍振电压。u_f 和 u_w 的波形及拍振电压 $\Delta u=u_f-u_w$ 的波形如图 5.1（b）所示。由此拍振电压产生的拍振电流也时大时小，并出现有功分量。该有功分量电流在机轴上产生变换着方向的力矩，使发电机振动。此外，当频差大时，由于转子磁极和电枢磁场间相对速度过大，也很难拉入同步。

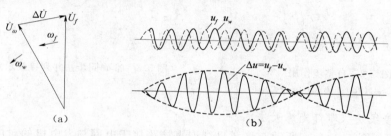

图 5.1　频率不等时的情况
（a）相量图；（b）波形图

　　如果并列时频率相差不大，则有功分量电流所产生的力矩会起到将发电机拉入同步的作用。这种作用称为自整步作用，其原理如下：

　　当发电机频率高于电网频率时，相应的，角速度 $\omega_f>\omega_w$，如图 5.2（a）所示，合闸后发电机电压相量逐渐超前电网电压相量。在 $\Delta \dot U$ 的作用下，出现环流 $\dot I$。有功分量电流 $\dot I_y$ 将对发电机转子产生制动力矩，使转子减速。这样，易使发电机与电网同步。反之，当发电机频率低于电网频率时，角速度 $\omega_f<\omega_w$，如图 5.2（b）所示，合闸后，发电机电压相量逐渐滞后电网电压相量，其环流 $\dot I$ 的有功分量电流 $\dot I_y$ 和发电机电压相差 180°，于是，发电机轴上受到一个帮助转动的力矩，使转子转速上升，这样也就易使发电机与电网同步。上述过程就是自整步作用。

　　绝对满足上述条件是不可能的，实际并列操作时总存在一定的误差，但误差应在允许范围内，其中电压差在 5%～10%范围，频率差在 0.2～0.5 范围内，相位差不超过 10°。

5.1.2　并列方法

　　同步发电机与电网并列有两种方法：准同步法和自同步法。大型发电机一般采用准确同步法。

5.1.2.1　准同步法

　　将待并的同步发电机，由原动机拖动到接近同步转速，将励磁电流调节到使发电机的电势（即空载电压）与电网电压相等。在确认相序一致的情况下，调节原动机的转速，使发电机的频率和电网频率接近相等，待到相应相电压同相的瞬间，将待并的同步发电机合闸并网，完成并网操作。这种将发电机调整到符合并列条件后才进行合闸并网的操作叫准确同步法，其接线示意图如图 5.3 所示。常采用同步指示器来判断这些条件是否满足，最简单的同步指示器由三组相灯组成。其相灯接法有直接接法和交叉接法两种。

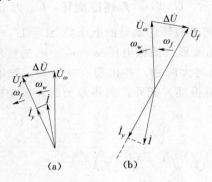

图 5.2　自整步作用

(a) $\omega_f(f_f) > \omega_w(f_w)$；(b) $\omega_f(f_f) < \omega_w(f_w)$

图 5.3　准确同步法并列接线示意图

　　1. 直接接线法（即灯光熄灭法）

　　其接线图如图 5.4（a）所示，将 3 只灯泡直接跨接于电网与发电机的对应相之间，灯泡两端的电压即为发电机端电压 U 与电网电压 U_1 的差值 $\Delta U = U_1 - U$，在图 5.4（b）中，用相量 A_1、B_1、C_1 表示电网的电压相量，A、B、C 代表发电机的电压相量，如果已经将发电机的电压调节到和电网电压相等，但它们的频率还有差别时，即两相量分别以角速度 ω_1 和 ω 旋转，则 ΔU 的大小在 $0 \sim 2U_1$ 之间变化，三组相灯同时忽亮忽暗，灯光呈现出明暗交替的变化。调整发电机的转速使得 ω 十分接近 ω_1，等待两组相量完全重合时，$\Delta U = 0$，

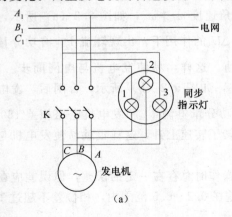

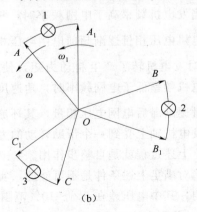

图 5.4　灯光熄灭法整步

(a) 接线图；(b) 相量图

灯泡熄灭，此时刻是合闸并网的最佳时刻。

　　2. 采用交叉接线法（即灯光旋转法）

　　参看图 5.5，灯 1 跨接于 AB_1，灯 2 跨接于 A_1B，灯 3 跨接于 C_1C。如果两组相量大小相等、相序一致、频率接近，则加于 3 只指示灯的电压 ΔU_1、ΔU_2、ΔU_3 的大小将交替变化。假设 ω 快于 ω_1，并认为 $A_1B_1C_1$，ABC 以角速度 $\omega-\omega_1$ 旋转，在转到 C 和 C_1 重合时，3 熄灭，1 和 2 亮度一样；再转到 C 和 B_1 重合时，B 将和 A_1 重合，2 熄灭，3 和 1 同亮；到 C 和 A_1 重合时，A 与 B_1 重合，1 熄灭，2 和 3 同亮。这样，在圆形的指示器上，相当于灯光顺时针旋转。同理，如果 ω_1 快于 ω 则灯光逆时针旋转。调整发电机转速，直到灯光旋转十分缓慢，等待灯 3 完全熄灭时，合闸并网。

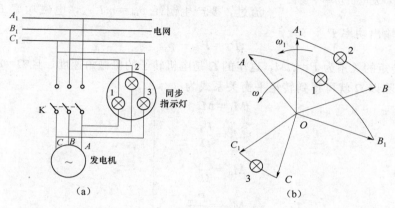

图 5.5　灯光旋转法整步
(a) 接线图；(b) 相量图

5.1.2.2　自同步法

　　用准同步法并列的优点是合闸时没有冲击电流，新投入的发电机和电网不受或仅受极轻微的冲击。缺点是操作复杂，而且较费时间。尤其当电网出现故障而要求把备用发电机迅速投入并列运行时，由于这时电网极不稳定，频率和电压都在不断变化，用准同步法并列是很困难的。这时往往用自同步法并网，其过程如下：先将发电机励磁绕组经过限流电阻短接，当发电机转速升到接近同步转速时（电机和电网的频率差在 $\pm5\%$ 以内），先合上发电机出口开关，再立即加上励磁，即可利用电机的"自整步作用"自动牵入同步。

　　这种方法的优点是操作简单而且合闸迅速，不需要增加复杂设备。缺点是合闸及投入励磁时有电流冲击，它普遍用于事故状态下的并列。

5.2　水轮发电机的功角特性

5.2.1　功率和转矩

　　同步发电机并入电网后，由于电能的发送、使用都是同时进行的，功率必须时时保持平衡，因此，要根据电力系统的需要随时调节发电机的输出功率。同步发电机的功率平衡关系可用图 5.6 来说明。P_1 为水轮机输入到发电机的机械功率，p_{mec} 为机械损耗，p_{Fe} 为铁耗，p_{ad} 为附加损耗。$p_{mec}+p_{Fe}+p_{ad}=P_0$，$P_0$ 为空载损耗。由图可看出，发电机输入功率减去空载损耗以后，其余部分转化为电磁功率 P_{em}，即

$$P_1-(p_{mec}+p_{Fe}+p_{ad})=P_1-P_0=P_{em} \tag{5.1}$$

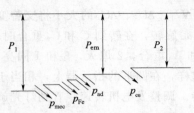

图 5.6　同步发电机功率平衡图

励磁损耗与励磁系统有关，如果是同轴励磁机，P_1 中还应扣除输入励磁机的全部功率后才是电磁功率 P_{em}。对于单独拖动的电动机—励磁机组，发电机励磁损耗由励磁机组供给而与 P_1 无关。

电磁功率是通过电磁感应作用由气隙磁场传递到定子的电功率。发电机带负载运行时，电枢绕组中有电流流过，要产生铜耗 $p_{cu}=mI^2r_a$，电磁功率 P_{em} 减去电枢铜耗 p_{cu} 才为输出功率 P_2，即

$$P_2=P_{em}-p_{cu} \tag{5.2}$$

功率和转矩的关系为 $P=\Omega M$，这里的 Ω 是电机转子的机械角速度，且 $\Omega=2\pi n/60(\mathrm{r/s})$。将式（5.1）除以 Ω 就可得到转矩平衡关系式为

$$\left.\begin{array}{l} M_1=M_{em}+M_0 \\ M_1=\dfrac{P_1}{\Omega} \\ M_0=\dfrac{P_0}{\Omega} \\ M_{em}=\dfrac{P_{em}}{\Omega} \end{array}\right\} \tag{5.3}$$

式中　M_1——同步发电机转轴上输入的机械转矩；

　　　M_0——空载转矩；

　　　M_{em}——电磁转矩。

5.2.2　功角特性

下面分别推导凸极电机和隐机电机的功角特性。

5.2.2.1　凸极电机功角特性

由于定子绕组的电阻一般较小，其铜耗可以忽略不计，凸极式同步发电机的简化相量图如图 5.7（b）所示。根据式（5.2）和相量图则有

$$\begin{aligned} P_{em}=P_2 &= mUI_a\cos\varphi=mUI_a\cos(\psi-\theta) \\ &=mUI_a\cos\psi\cos\theta+mUI_a\sin\psi\sin\theta \\ &=mUI_q\cos\theta+mUI_d\sin\theta \end{aligned} \tag{5.4}$$
$$\theta=\psi-\varphi$$

式中　m——相数；

　　　ψ——内功率因数角；

　　　θ——功角，表示发电机的励磁电势 $\dot{E}_0$ 和端电压 $\dot{U}$ 之间的相位差。

$$\left.\begin{array}{l} I_qx_q=U\sin\theta\Rightarrow I_q=\dfrac{U\sin\theta}{x_q} \\ I_dx_d=E_0-U\cos\theta\Rightarrow I_d=\dfrac{E_0-U\cos\theta}{x_d} \end{array}\right\} \tag{5.5}$$

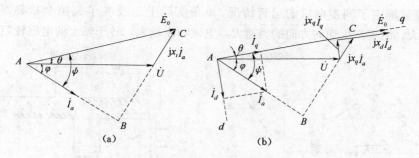

图 5.7　同步发电机的电势相量图
(a) 隐极电机；(b) 凸极电机

所以有

$$P_{em} = mU\frac{U\sin\theta}{x_q}\cos\theta + mU\frac{E_0 - U\cos\theta}{x_d}\sin\theta$$

$$= m\frac{UE_0}{x_d}\sin\theta + m\frac{U^2}{2}\left(\frac{1}{x_q} - \frac{1}{x_d}\right)\sin2\theta$$

$$= P'_{em} + P''_{em} \qquad\qquad (5.6)$$

$$P'_{em} = m\frac{UE_0}{x_d}\sin\theta$$

$$P''_{em} = m\frac{U^2}{2}\left(\frac{1}{x_q} - \frac{1}{x_d}\right)\sin2\theta$$

式中　P'_{em}——基本电磁功率；

　　　P''_{em}——附加电磁功率。

由此可见，凸极式的电磁功率包括两个分量，一是基本电磁功率，一是附加电磁功率。附加电磁功率具有两个特点：①它是由于纵、横轴磁阻不等而引起的电磁功率，因此也称为磁阻功率或凸极功率，其数值随 x_d 与 x_q 的差值增大而增加，与 P''_{em} 对应的转矩称为磁阻转矩或凸极转矩；②附加电磁功率只和电网电压有关，与励磁电势无关，去掉励磁后，它依然存在。这也就是说只要定子绕组上加有电压，即使转子绕组不加励磁电流，只要一出现功角，就会有附加电磁功率。

式（5.6）说明，在恒定励磁和恒定电网电压时，电磁功率的大小只取决于 θ，因此把 θ 称为功率角，简称功角。$P_{em} = f(\theta)$ 称为同步电机的功角特性，即同步发电机投入电网后对称稳定运行时，电磁功率 P_{em} 与功角 θ 之间的关系。功角 θ 对于研究同步电机的功率变化和运行的稳定性有重要意义。

图 5.8 画出了同步电机的简化时空相量图。图中忽略了定子绕组的漏磁电势，认为 $\dot{U} \approx \dot{E}_0 + \dot{E}_a$，$\dot{E}_0$ 对应于转子磁势 F_f，$\dot{E}_a$ 对应于电枢磁势 F_a，所以可近似认为端电压 $\dot{U}$ 由合成磁势 $F = F_f + F_a$ 所感应。F 和 F_f 之间的空间相角差即为 $\dot{E}_0$ 和 $\dot{U}$ 之间的时间相角差 θ，可见功角 θ 在时间上表示端电压和励磁电势之间的相位差，即在时间相位上感应电势 $\dot{E}_0$ 超前 $\dot{U}$ 的角度。其值随发电机所带负荷的大小和性质的变化而变化。另外，在空间上表现为转子磁场轴线与合成磁场轴线之间的夹角，即转子磁极轴线沿转子旋转方向超前于气隙合成磁场磁极轴线的空间角度，即转子为拖动者，如图 5.9 所示，它们之

间的相对位置确定了同步电机的运行情况。θ 角实际上也反映了气隙合成磁场扭歪的程度，θ 角越大，磁场产生切向方向的力越大，电磁功率越大，转子轴上的电磁转矩也越大。

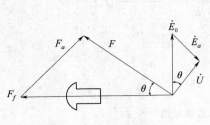

图 5.8　功角概念

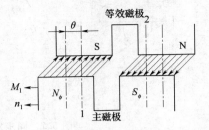

图 5.9　功角的空间角示意图（发电机状态）

并网运行时，$\dot{U}$ 为电网电压，其大小和频率不变，合成磁势 F 总是以同步速度 $\omega_1 = 2\pi f$ 旋转。因此功角 θ 的大小只能由转子磁势的角速度 ω 决定。稳定运行时，$\omega = \omega_1$，因此 F 与 F_f 之间无相对运动，对应每一种稳定状态，θ 具有固定的值。

功角是反映发电机内部能量转换的一个重要参数，它的改变会引起发电机有功功率和无功功率的变化。

5.2.2.2　隐极电机功角特性

对于隐极电机来说，$x_d = x_q = x_t$，由式（5.6）可知，此时附加电磁功率为零，得

$$P_{em} = m \frac{E_0 U}{x_t} \sin\theta \tag{5.7}$$

显然，隐极同步发电机的功角特性为一正弦曲线，如图 5.10（a）所示。当 $\theta = 90°$ 时，功率达到极限值 $P_{em\,max} = m \dfrac{E_0 U}{x_t}$；当 $\theta = 180°$ 时，电磁功率开始由正变负，此时，电机转入电动机运行状态。

凸极同步发电机由于 $x_d \neq x_q$，附加电磁功率不为零，且在 $\theta = 45°$ 时，附加电磁功率达到最大，如图 5.10（b）中的曲线 1 所示。曲线 2 为基本电磁功率，这两条曲线相加，即得电磁功率，如曲线 3 所示。由于附加电磁功率的存在，凸极的最大电磁功率将比具有同样 E_0、U 和 x_d（即 x_t）的隐极电机稍大一些，并且在 $\theta < 90°$ 时出现。

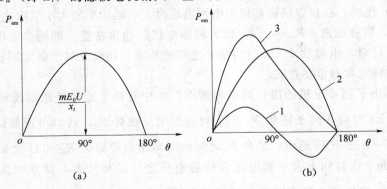

图 5.10　同步电机的功角特性

（a）隐极电机；（b）凸极电机

实际运行时，同步发电机不仅向电网输送有功功率，而且向电网输送无功功率。类似于推导有功功率的功角特性的方法，可以得出凸极同步发电机的无功功角特性表达式

$$Q = \frac{mE_0U}{x_d}\cos\theta - \frac{mU^2}{2}\frac{x_d + x_q}{x_dx_q}$$
$$+ \frac{mU^2}{2}\frac{x_d - x_q}{x_dx_q}\cos2\theta \qquad (5.8)$$

对于隐极电机的无功功角特性为

$$Q = \frac{mE_0U}{x_d}\cos\theta - \frac{mU^2}{x_d} \qquad (5.9)$$

可见，当 E_0、U 和 x_d 都为常数时，无功功率 Q 也是功率角 θ 的函数，如图 5.11 所示。

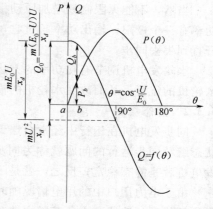

图 5.11　隐极电机无功功率的功角特性

5.3　并网运行时同步发电机有功功率的调节

5.3.1　有功功率的调节

当发电机不输出有功功率时，由原动机输入的功率恰好补偿各种损耗，没有多余的部分可以转化为电磁功率（忽略定子铜耗时），因此 $\theta = 0$，$P_{em} = 0$，如图 5.12（a）所示，此时虽有 $E_0 > U$ 且有电流输出，但它是无功电流。当增加原动机的输入功率 P_1，也就是增大了输入转矩 M_1，使 $M_1 > M_0$，这时便出现了剩余转矩作用在机组转轴上，使转子得到加速，而气隙合成磁场的转速却受到电网频率的牵制保持不变，即主磁极轴线超前于气隙合成磁场轴线，形成 θ 角，如图 5.12（b）所示。这样，就有电磁功率 P_{em} 和与之相对应的制动性质的电磁转矩 M 产生，达到新的转矩平衡时，发电机的转子不再加速，最后平衡在 θ_a 角处，如图 5.12（c）所示。此时，发电机仍有一定的感性无功功率输出，同时还向电网输送了一定的有功功率。可见，要增加同步发电机输出的有功功率，就得增大发电机的功率角，即必须增加来自原动机的输入功率。在功率增减过程中，转子的瞬时转速虽然稍有变化，但当进入一个新的稳定运行以后，电机仍保持同步运行。

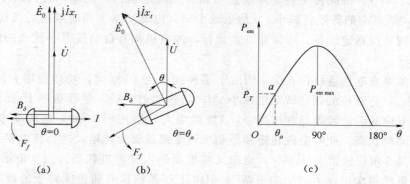

图 5.12　与大电网并联时同步发电机有功功率的调节

（a）$P_{em} = 0$ 时相量图；（b）$P_{em} > 0$ 时相量图；（c）$P_{em} > 0$ 时稳定运行时的功角特性

当然，不能无限制地增加原动机的输入功率以增大发电机的输出功率。发电机的输出功率有一个极限，输出功率超过它，转矩就无法建立新的平衡，这使得电机的转速连续上升直到失去同步。

水轮发电机调节有功功率的方法，就是改变水轮机导水机构的开度，增加或减少进入水轮机的流量，从而改变水轮机的输出功率，达到调节水轮发电机有功功率的目的。

5.3.2　静态稳定

同步发电机在运行中经常会遇到微小的扰动。当扰动消失以后，发电机能否回到原来状态继续同步运行的问题就称为同步发电机的静态稳定问题。如果能恢复到原来的状态，发电机就是静态稳定；反之，就是不稳定的。

由于电力用户中的用电情况随时在变化，负荷中有些转动机械在运行中本身也会有些微小的扰动，造成电力负荷随之波动。发电机多数情况下能够立即适应负荷的变化，但对原动机来说，由于受调速机构灵敏度的限制和时滞等因素的影响，不能快速适应这种变化。另一方面，原动机的功率也会由于水头、流量等的波动而变化。这些都会破坏发电机和原动机之间的功率平衡，造成正常运行的发电机受到很小的扰动。此时发电机应能承受这种扰动，迅速恢复同步稳定运行，这是电力系统维持正常生产的基本条件。

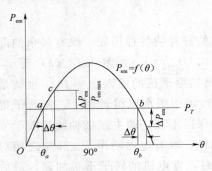

图 5.13　同步发电机的静态稳定

同步发电机在一定条件下是具有静态稳定能力的。下面用功角特性分析发电机的静稳定，说明由功率不平衡引起的功角移动过程，其实质是分析发电机运行稳定性变化的过程及其结果。在电力系统中运行的水轮发电机的输出功率主要部分为基本电磁功率，因此可利用隐极式电机的功角特性进行分析。参看图 5.13，假设原动机输入功率为 P_1，$P_T = P_1 - P_0$ 为净输入功率。与此对应，在功角特性上有两个功率平衡点，a 点和 b 点，它们都能满足 $P_T = P_{em}$。

先分析 a 点的运行。当由于某种微小扰动导致同步发电机净输入功率 P_T 增大了 ΔP_T，使转子向前冲了一个角 $\Delta \theta$，这时发电机的电磁功率也增加了 ΔP_{em}，运行于 c 点。当扰动消失后，净输入功率仍保持 P_T，这时，由于电磁功率 $P_{em} + \Delta P_{em} > P_T$，因此转子会立即减速回到 a 点稳定运行。同理，若因微小扰动使 P_T 减小 ΔP_T 时，则对应的转矩将减小，θ 角也减小 $\Delta \theta$，电磁功率也相应减小。当扰动消失后，转子加速回到 a 点稳定运行。所以在 a 点运行，发电机具有自动抗微小扰动的能力，即能保持静态稳定。

反之，如果发电机运行在 b 点，当由于某种扰动使 P_T 增大，功角也增大 $\Delta \theta$ 电磁功率反而减小 ΔP_{em}，它对应的制动转矩也减小 ΔM。当扰动消失后，尽管功率 P_T 回到原值，但电磁功率及对应的制动转矩却继续减小，θ 继续增大，当 $\theta > 180°$ 时，电磁功率变为负值，电机处于电动机状态，此时电磁转矩和原动机转矩都是驱动转矩，这会使电机产生更大的加速度，于是 θ 角很快增大到 $360°$，电机又将重新进入发电机状态。当 θ 角第二次来到 a 点位置时，虽然再次出现了"功率平衡"，但由于前面积累的加速使转子的瞬时速度已显著高于同步转速，所以 θ 角将继续增大，这样，电机的转速会越来越高，而使电机失去同步。此时只能由过速保护动作把原动机关掉。所以在 b 点发电机无法稳定运行。

由上述分析可知，发电机能否保持同步运行的能力，决定于发电机离开同步速度时，由于 θ 角变化所引起的电磁功率增量 ΔP_{em} 对转子的作用。当外界扰动造成发电机的功角增大时，电磁功率增量 $\Delta P_{em} > 0$；功角减小时，电磁功率增量 $\Delta P_{em} < 0$。这样一旦扰动消失，发电机就能恢复同步运行。因此，为了使发电机能够稳定运行，应有

$$\lim_{\Delta\theta \to 0} \frac{\Delta P_{em}}{\Delta\theta} > 0 \text{ 或 } \frac{dP_{em}}{d\theta} > 0 \tag{5.10}$$

发电机静态稳定极限是在 $\frac{dP_{em}}{d\theta} = 0$ 处。超过此点，电机便失去了保持同步运行的能力。由此可见，$\frac{dP_{em}}{d\theta}$ 是判断稳定的依据，通常把它称为比整步功率 P_{syn}。对于隐极电机：

$$P_{syn} = \frac{dP_{em}}{d\theta} = m \frac{E_0 U}{x_t} \cos\theta \tag{5.11}$$

对于凸极电机为

$$P_{syn} = m \frac{E_0 U}{x_d} \cos\theta + m U^2 \left(\frac{1}{x_q} - \frac{1}{x_d} \right) \cos 2\theta \tag{5.12}$$

图 5.14 为同步发电机的比整步功率曲线 $P_{syn} = f(\theta)$。在稳定运行区内，θ 值越小，则 P_{syn} 的数值越大，发电机的稳定性就越好。

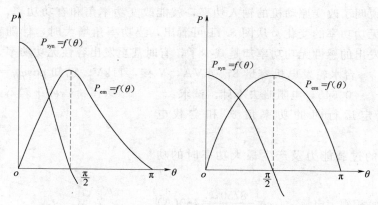

图 5.14　比整步功率曲线

设计发电机时，一般使同步电抗 x_d 值小一些，这样可使电磁功率的最大值 $P_{em\,max}$ 大一些。极限功率和额定功率之比，称为过载能力，用 k_M 表示。对于隐极电机：

$$k_M = \frac{P_{em\,max}}{P_{emN}} = \frac{m \frac{E_0 U}{x_t}}{m \frac{E_0 U}{x_t} \sin\theta_N} = \frac{1}{\sin\theta_N} \tag{5.13}$$

一般要求 $k_M > 1.7$，因此最大允许功率角约为 35°。实际上，隐极同步电机一般运行在 $\theta_N = 25° \sim 35°$。

应当指出，过载能力不能理解为发电机长期允许过载的倍数。发电机长期的允许负载，受到发电机发热条件的限制，一般不宜超过额定值。而发电机运行中的过载只能按照制造厂的规定。过载能力只是说明运行于额定工作状态的发电机，如果某一瞬间其输入功率突然增大，但仍小于过载能力规定的倍数，则输入功率尚不致超过发电机可能产生的最

大功率，不会破坏发电机并列在电网上运行。因此，过载能力只能说明工作在额定状态下的发电机并列运行的稳定性，即抗电网干扰的能力。

5.3.3　外部电抗对发电机稳定性的影响

在讨论上述各节问题时，都是以发电机直接与无限大容量电网并联运行为前提。但实

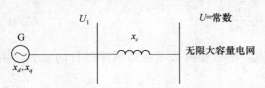

图 5.15　发电机与电网接线示意图

际电网中发电机多是经过变压器和高压输电线并入电网。如图 5.15 所示，发电机是经外部阻抗 x_c 并入无限大容量电网的，x_c 为变压器与线路的阻抗之和。

由式（5.6）可知，发电机输出的有功功率为

$$P = m\frac{UE_0}{x_d + x_c}\sin\theta + m\frac{U^2}{2}\left(\frac{1}{x_q + x_c} - \frac{1}{x_d + x_c}\right)\sin2\theta \tag{5.14}$$

由式（5.14）看出，对于一个给定的励磁电势 E_0，当存在外部电抗时，发电机的功率极限值降低，并且由于 θ 是发电机电势与电网电压相量之间的夹角，它将随 x_c 的增加而增大，故 x_c 增加会降低发电机的静稳定储备。因此，电厂运行人员应随时注意外部阻抗对发电机正常运行的影响。

本节重点说明了改变原动机的输入功率，就能改变功率角和有功功率。但应该指出，该过程也引起无功功率的变化。从图 5.11 可看出，当功率角增大时，伴随着有功功率的增大，发电机发出的感性无功功率却是减少了，有时甚至发出容性无功功率。

【例 5.1】　一台水轮发电机容量 8750kVA，Y 接，11kV。已知 $\cos\varphi_N = 0.8$（滞后），$x_d^* = 1.232$，$x_q^* = 0.645$，电阻略去不计。试求：

（1）在额定运行时的功率角 θ_N 和空载电势 E_0^*。

（2）该机的过载能力及产生最大功率时的功率角。

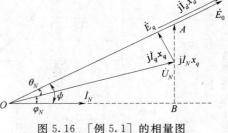

图 5.16　［例 5.1］的相量图

解：（1）每相额定电流　$I_{N\phi} = \dfrac{8750}{\sqrt{3}\times11} = 460(\text{A})$

每相额定电压　$U_{N\phi} = \dfrac{11000}{\sqrt{3}} = 6350(\text{V})$

做出相量图，如图 5.16 所示，则

$$\overline{OA} = E_q = \sqrt{\overline{AB}^2 + \overline{OB}^2} = \sqrt{(I_{N\phi}x_q + U_{N\phi}\sin\varphi_N)^2 + (U_{N\phi}\cos\varphi_N)^2}$$

将数值代入得

$$E_q^* = \sqrt{(x_q^* + \sin\varphi_N)^2 + \cos^2\varphi_N}$$

$$= \sqrt{(0.645 + 0.6)^2 + (0.8)^2} = 1.48$$

$$\psi = \tan^{-1}\frac{x_q^* + \sin\varphi_N}{\cos\varphi_N} = 57.2°$$

$$I_d^* = I_{N\phi}^*\sin\psi = 1\times\sin57.2 = 0.842$$

$$I_q^* = I_{N\phi}^*\cos\psi = 0.54$$

$$\theta = \psi - \varphi_N = 57.2° - 36.8° = 20.4°$$

$$E_0^* = E_q^* + I_d^* (x_d^* - x_q^*)$$

$$= 1.48 + 0.845 \times (1.232 - 0.645) = 1.976$$

（2）功率的基值取为 $S_N = mU_{N\phi}I_{N\phi}$，则电磁功率为

$$P_{em}^* = \frac{E_0^* U^*}{x_d^*} \sin\theta + \frac{U^{*2}}{2x_d^* x_q^*}(x_d^* - x_q^*)\sin 2\theta$$

$$= 1.605\sin\theta + 0.369\sin 2\theta$$

为求得 $P_{em\,max}$ 令 $\dfrac{\mathrm{d}P_{em}}{\mathrm{d}\theta} = 0$，以求得 $P_{em} = P_{em\,max}$ 时的 θ 角：

$$\frac{\mathrm{d}P_{em}}{\mathrm{d}\theta} = \frac{E_0^* U^*}{x_d^*}\cos\theta + \frac{U^{*2}}{x_d^* x_q^*}(x_d^* - x_q^*)\cos 2\theta$$

以数值代入得

$$1.605\cos\theta + 0.738(2\cos^2\theta - 1) = 1.476\cos^2\theta + 1.605\cos\theta - 0.738 = 0$$

$$\cos\theta = \frac{-1.605 \pm \sqrt{(1.605)^2 + 4 \times 1.476 \times 0.738}}{2 \times 1.476} = \frac{-1.605 \pm 2.63}{2.95}$$

由于 $\cos\theta < 1$，故分子上应取正号，即

$$\cos\theta = \frac{1.025}{0.95} = 0.347$$

故　　　　　　　　$\theta = 69.7°$　　　$\sin\theta = 0.94$　　　$\sin 2\theta = 0.65$

最大电磁功率

$$P_{em\,max}^* = 1.605 \times 0.94 + 0.369 \times 0.65 = 1.74$$

$$P_{emN}^* = 1.605\sin 20.4° + 0.369 \times \sin(2 \times 20.4°) = 0.8$$

过载能力　　　　　　$k_M = \dfrac{P_{em\,max}^*}{P_{emN}^*} = \dfrac{1.74}{0.8} = 2.18$

5.4　无功功率调节及 V 形曲线

5.4.1　无功功率的物理概念

在电网中，由电源供给负载的电功率有两种：一种是有功功率，另一种是无功功率。有功功率是保持用电设备正常运行所需的电功率，也就是将电能转换为其他形式能量（机械能、光能、热能）的电功率。比如：5.5kW 的电动机就是把 5.5kW 的电力转换为机械能，带动水泵抽水或脱粒机脱粒；各种照明设备将电能转换为光能，供人们生活和工作照明。无功功率比较抽象，它是电路中感性元件（或容性元件）中的电磁场能（或电场能）与电路中的电能相互转化所需的功率，它并不转化为机械能、热能与光能等其他能量形式，而是在电路内进行电场与磁场的能量交换，并用来在电气设备中建立和维持磁场的电功率。凡是有电磁线圈的电气设备，要建立磁场，就要消耗无功功率。比如 40W 的日光灯，除需 40W 有功功率（镇流器也需消耗一部分有功功率）来发光外，还需 80var 左右的无功功率供镇流器的线圈建立交变磁场用。由于它对外不做功，才被称之为"无功"。

电力系统中许多用电设备均是根据电磁感应原理工作的，如配电变压器、电动机等，它们都是依靠建立交变磁场才能进行能量的转换和传递。电动机需要建立和维持旋转磁

场，使转子转动，从而带动机械运动，电动机的转子磁场就是靠从电源取得无功功率建立的。变压器也同样需要无功功率，才能使变压器的一次线圈产生磁场，在二次线圈感应出电压。因此，没有无功功率，电动机就不会转动，变压器也不能变压，交流接触器不会吸合。可见在供用电系统中除了需要有功电源外，还需要无功电源，两者缺一不可。

在正常情况下，用电设备不但要从电源取得有功功率，同时还需要从电源取得无功功率。如果电网中的无功功率供不应求，用电设备就没有足够的无功功率来建立正常的电磁场，那么这些用电设备就不能维持在额定情况下工作，用电设备的端电压就要下降，从而影响用电设备的正常运行。

无功功率对供电、用电也产生一定的不良影响，主要表现在：

（1）降低发电机有功功率的输出。

（2）视在功率一定时，增加无功功率就要降低输、变电设备的供电能力。

（3）电网内无功功率的流动会造成线路电压损失增大和电能损耗的增加。

（4）系统缺乏无功功率时就会造成低功率因数运行和电压下降，使电气设备容量得不到充分发挥。

无功功率主要反应在电感电路和电容电路中，造成电流和电压的变化周期不同步，有相位角差，才有无功功率，在电热电路中没有无功功率。因此，在实际工作中，习惯上将感性负载看作是无功的"消耗"者，将能与其交换功率的容性负载看成是无功电源。因此，可以说，无功是建立交变磁场的能量，利用它给有功功率的转换创造条件。

5.4.2 发电机不带有功负载时无功功率的调节

调节发电机的无功功率，只需调节励磁电流。下面先以发电机不带有功负载时无功功率的调节过程为例，说明励磁电流与无功功率的变化关系。

假定一台未饱和的隐极式电机并在无穷大电网上，忽略电枢电阻，并把同步电抗表示出来，如图 5.17（a）所示。

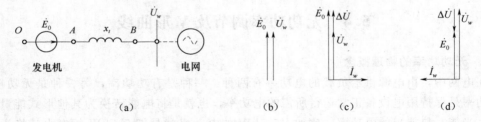

图 5.17 不带有功负载时无功功率的调节

(a) 发电机并网运行原理图；(b) 正常励磁相量图；(c) 过励相量图；(d) 欠励相量图

当感应电势 E_0 等于电网电压 U_w 时，如图 5.17（b）所示，电枢没有电流流过，A、B 两点间电压差为零。与这种情况相应的励磁电流称为正常励磁。

当增大励磁电流时，电势 E_0 增大。由于电网电压不变，所以在 A、B 两点间电压差 $\Delta \dot{U} = \dot{E}_0 - \dot{U}_w$。在此电压差作用下，发电机和电网间流过电流 $\dot{I}_w$。该电流是感性无功电流，滞后 $\Delta \dot{U}$ 也即滞后 $\dot{E}_0$ 90°，如图 5.17（c）所示。此时发电机向系统输出感性无功。这种状态叫做过励状态（过激）。在过励状态下，励磁电流大于正常励磁时的值，发电机的电枢反应性质是去磁的。

当减小励磁时，电势 E_0 减小。在 A、B 两点间电压差 $\Delta \dot{U}$，它的方向与过励时的电压差方向相反。在此电压差作用下，发电机和电网间流过的电流 $\dot{I}_w$，如图 5.17（d）所示。该电流滞后 $\Delta \dot{U} 90°$，但超前 $\dot{E}_0 90°$，是容性无功电流，或者说发电机吸收电网的感性无功电流。这种状态叫做欠励状态。在欠励状态下，励磁电流小于正常励磁电流值，发电机的电枢反应性质是助磁的。

由上述分析可知，发电机励磁电流的变化将引起无功功率的变化。

5.4.3 发电机带有功负载时无功功率的调节

发电机并列在无穷大容量电网中运行时，其运行状态完全由它的原动机输入功率和励磁电流所决定。在调节励磁电流时虽然只能改变发电机的无功功率，但对发电机的功角特性也有一定的影响。这一点可由图 5.18 说明。

在图 5.18 上，同步发电机原运行于 a 点，现维持电机的输入功率不变，增大发电机励磁电流，主磁通增强，使 E_0 增大，功角特性的幅值也增大，功角特性由 $P_{(1)}$ 变为 $P_{(2)}$，运行点由 a 变到 b。相应地，无功功率的功角特性由 $Q_{(1)}$ 变为 $Q_{(2)}$，这时功率角由 θ_a 减小到 θ_b，无功功率由 Q_a 增大到 Q_b。可见，增大励磁电流会增加无功功率的输出，减少励磁电流会降低无功功率的输出。同时，从功角特性上还可以看出，增大励磁电流，功率极限随之增大，发电机静态稳定也相应提高。所以，发电机一般在过励状态下运行。

下面分析当输出功率 P_2 保持不变，调节励磁电流引起各量的变化。根据给定条件，考虑到电压 U 恒定和发电机电阻 r_a 不计，故有

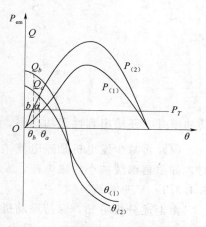

图 5.18 调节励磁电流对发电机
运行情况的影响

$$P_2 = mUI\cos\varphi = 常数 \qquad 即 \ I\cos\varphi = 常数$$

$$P_{em} = \frac{mE_0 U}{x_t}\sin\theta = 常数 \qquad 即 \ E\sin\theta = 常数$$

由图 5.19（a）可知，当调节励磁电流使 E_0 发生变化时，由于 $I\cos\varphi = 常数$，定子电流 $\dot{I}$ 相量末端的变化轨迹是一条与 $\dot{U}$ 垂直的水平线 AB，又由于 $E_0\sin\theta = 常数$，故相量 $\dot{E}_0$ 末端的变化轨迹是一条与电压相量 U 相平等的直线 CD。图 5.19（b）中画出了 4 种不同励磁情况下的相量图。

（1）$\cos\varphi = 1$，$\dot{I} = \dot{I}_2$ 全为有功电流，相应的励磁电势为 $\dot{E}_{02}$，此时励磁称为"正常励磁"，发电机只输出有功功率。

（2）增加发电机励磁电流，使它过励（超过"正常励磁"的励磁电流）。此时，励磁电势增到 $\dot{E}_{01}$，相应地电枢电流变为 $\dot{I}_1$。此时，电枢电流滞后于电网电压，发电机除输出有功功率外，还输出感性无功功率。

（3）减少发电机励磁电流，使它欠励（小于"正常励磁"时的励磁电流）。此时，励磁电势减为 $\dot{E}_{03}$，电枢电流也变为 $\dot{I}_3$，于是，电枢电流超前于电网电压，发电机除输出有

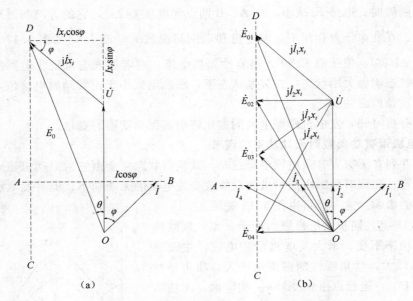

图 5.19　不同励磁电流时的同步发电机相量图

功功率外，还输出容性无功功率。

（4）再减少发电机励磁电流，当励磁电势为 $\dot{E}_{04}$ 时，发电机到了稳定运行的极限。此时，如果再继续减小励磁电流，发电机就不能稳定运行了。

5.4.3.1　V 形曲线

由上述分析可知，保持原动机功率不变时，改变励磁电流将引起同步发电机定子电流大小和相位的改变。当励磁电流处于"正常励磁"时，定子电流 I 最小，$\cos\varphi=1$。当励磁电流增大时，发电机向外送无功，定子电流因多包含感性无功分量而增大；当励磁电流减小时，发电机从电网吸取无功功率，定子电流因多包含容性无功分量也要增大。将定子电流与励磁电流的变化规律绘成曲线如图 5.20 所示。这些曲线与字母"V"相像，故称为 V 形曲线。

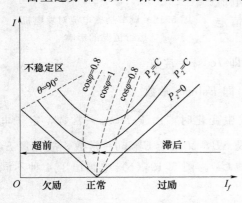

图 5.20　同步发电机的 V 形曲线

对于每一个有功功率值都可以做出一条 V 形曲线，功率值越大，曲线越往上移。每条曲线的最低点，表示 $\cos\varphi=1$，这点的定子电流最小，全部为有功分量，这点的励磁电流就是"正常励磁"。将各条曲线的最低点连接起来得到一条 $\cos\varphi=1$ 的曲线（图 5.20 中间的一条虚线），这条线微向右倾斜，说明输出有功功率增大时，要保持 $\cos\varphi=1$，必须相应地增加励磁电流。在这条曲线的右侧，发电机处于过励状态，功率因数是滞后的，发电机向电网输出感性的无功功率；而在其左侧，发电机处于欠励状态，功率因数是超前的，发电机从电网吸取感性的无功功率。另外，在曲线左侧有一个不稳定区（对应于 $\theta>90°$ 的情况）。该不稳定区是发电机带不同的有功负荷达到稳定临界状态时的运行点连线。它表明有功负荷越重，保持稳定运行所需的最低励磁电流值越高。因此，为了防止运行机组在降低励磁电流的过程中，出现运行不稳定等现象，有低励磁限制的规定并配备相应的保护装置。另外由于欠励区域更靠近不稳定区，因此，发电机一般不宜在欠励状态下运行。

5.4.3.2　V 形曲线的应用

在发电机运行中，定子电流和励磁电流是运行人员主要监视的两个量。因为这两个量关系着定子绕组和励磁绕组的温度，又牵涉到功率因数的超前和滞后以及稳定问题。所以，有必要讨论此二量的依赖关系。

为使发电机的定子绕组和励磁绕组的温度不超过允许值，应限制定子电流和励磁电流不超过额定值。可以在 V 形曲线上划出定子电流和励磁电流都不超过额定值的发电机正常运行区 $oabcd$，如图 5.21 所示。该区域的上边界 bc 相应于定子电流额定值 I_N。右边界 cd 相应于励磁电流额定值 I_{fN}。c 点是发电机的额定运行点。在该点运行，发电机的定子电流、励磁电流、功率因数、有功功率、端电压等都是额定值，发电机可得到充分的利用。

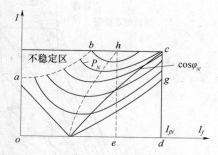

图 5.21　同步发电机的正常工作范围

如果发电机不是运行在额定功率因数下，就会出现当励磁电流达到额定值时，定子电流将超过额定值，或者相反的情况。当功率因数高于额定值时，定子电流中有功分量就要增大，若励磁电流仍要保持额定值，定子电流必定超过额定值。为使定子电流不致超过额定值，势必对励磁电流加以限制。例如，当 $\cos\varphi=1$ 时，为了保证定子绕组不过载，励磁电流只能限制在线段 oe 所代表的数值。显然这里输出的无功功率就要减小，但从定子电流看，仍达到额定值，故定子绕组的容量没有降低。当功率因数低于额定值时，定子电流中有功分量变小。若想充分利用定子绕组容量，相应的励磁电流就要达到很大值。要使励磁电流不超过额定值，势必定子电流要受到限制。例如，当 $\cos\varphi=0$ 时，为使励磁电流不超过额定值，定子电流只能限制在线段 dg 所代表的数值。这里，定子绕组的容量是不能充分利用的。总之，当功率因数高于额定值时，定子绕组的容量可以被充分利用来发有功功率，当功率因数低于额定值时，定子绕组的容量不能被充分利用来发无功功率。

同步发电机的额定功率因数一般为 0.8～0.85（滞后）。但是，对于个别机组，为了调节其所在地区的电压，也有采用超前功率因数运行的，即进相运行，在第 6 章中将详细叙述。

5.5　水轮发电机安全运行极限

水电厂中，如何确保机组安全运行是非常重要的。因此，需了解同步发电机的安全运行极限。对每台发电机，按照制造公司（厂）给出一个不同的发电机安全运行极限图（功率圆圈或称电流圆图）。图 5.22 为一个典型凸极同步水轮发电机的安全运行的实际极限图现对此图进行分析。

在进行分析时，假定电抗 x_d 为常数（即忽略饱和的影响）的情况下，把电压相量图中

各电压相量除以 x_d，并顺时针方向旋转 $90°$，可得到电流相量三角形 OCM。图 5.22 中：

$\dfrac{U}{x_d}=I_{sco}$，空载电压为额定电压时的稳态短路定子电流，它与空载励磁电流 i_{f0} 成正比。

$\dfrac{E_0}{x_d}=I_{sc}$，为额定运行方式时空载电势作用下的稳态短路定子电流，它正比于励磁电流 i_f，

当定子电流为额定值 I_N 时，相应的励磁电流为 i_{fN}，如图 5.22 中线段 $\overline{MC}$。$\dfrac{Ix_d}{x_d}=I$，为定子电流，线段 $\overline{OC}$ 是定子电流的额定值 I_N。

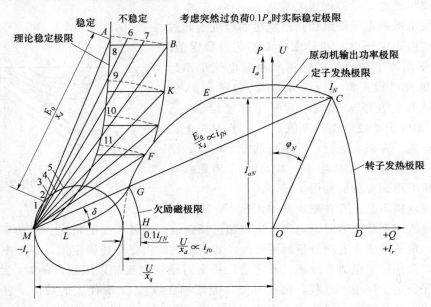

图 5.22　凸极同步水轮发电机安全运行极限图

下面分析运行极限图的绘制。

过坐标 O 点绘制一条垂直于横坐标的线段 $\overline{OU}$（称 $\overline{OU}$ 线段为图中的纵坐标），它表示发电机端电压的方向，电流 I 和线段 $\overline{OU}$ 的夹角中就是功率因数角。电流相量在第一象限时表示负荷是滞后的，处在第二象限时，为超前的。电流的垂直分量 I_a 是电流的有功分量，水平分量 I_r 是电流的无功分量。如用不变的电压 U 乘以电流各分量，所得值分别表示有功功率 $P=I_aU$；无功功率 $Q=I_rU$。因此，图中相量不仅表示了定子电流和励磁电流的关系，还可以用 $\overline{OC}$ 在以 O 为原点的横坐标轴上的投影来求得 P 和 Q。根据相量图做出 $P-Q$ 容量曲线图，以进一步讨论 $\cos\varphi$ 的变化对出力的影响和限制。

5.5.1　定子发热运行极限

定子绕组的发热将与定子电流 I 在定子绕组中产生的铜损成正比，而定子铜损又与定子电流 I 的平方成正比。因而，为防止定子过热，大型发电机不允许连续过负荷运行。所以 $I=I_N$ 时的电流轨迹就是避免定子过热的安全运行极限。在图 5.22 中，以 O 为圆心，以 $I=I_N=\overline{OC}$ 为半径的圆弧 $\overset{\frown}{CEG}$ 就是定子发热极限。

5.5.2　转子发热运行极限

转子的发热也是正比于转子铜损，而铜损又与励磁电流平方成正比。在额定运行情况

下，励磁电流为 i_{fN}。在电压和定子电流不变时，电感性负荷功率因数角大于额定功率因数角意味着 $i_f > i_{fN}$，转子将出现过热。从这点出发，$\cos\varphi < \cos\varphi_N$ 时，其运行极限由最大允许的励磁电流所决定。通常，允许的最大励磁电流 $i_{f\max} = i_{fN}$。因而，在图 5.22 中，以 M 为圆心，以 $\overline{MC} = i_{fN}$ 为半径所画出的圆弧 $\overset{\frown}{CD}$，就是转子过热的极限。

5.5.3　原动机输出功率极限

电厂为了保证机组的安全运行，对原动机（水轮机）也规定了额定功率 P_{mN} 由制造厂提供）。原动机额定功率，一般稍大于或等于发电机额定功率（忽略损耗），在图 5.22 中 $\overline{CE} = P_{mN} = P_N$，它是按原动机与发电机额定功率相等的条件，划出防止原动机过载的安全极限。

5.5.4　静态稳定运行极限

当发电机的运行点 C 由第一象限转入第二象限，功率因数 $\cos\varphi < 0$，而作进相运行时，$\dot{E}_0$ 与 $\dot{U}$ 之间的夹角 θ 不断增大，此时发电机有功功率的输出受静态稳定条件的限制。凸极同步电机理论上的静态稳定极限可由式（5.15）决定

$$P_{e\max} = U^2 \frac{x_d - x_q}{x_d x_q} \frac{\sin^3\theta_{\max}}{\cos\theta} \tag{5.15}$$

式中　$P_{e\max}$——$\dot{E}_0$ 与 $\dot{U}$ 为恒定值时最大电磁功率；

　　　　$\theta_{\max}$——保持稳定运行时的最大功角。

当 $\theta_{\max} = 45°$ 时　　　　$$P_{e\max} = \frac{U^2}{2} \frac{x_d - x_q}{x_d x_q} \tag{5.16}$$

但是，在实际使用中不能给电机加载到理论稳定极限，因为发电机会有突然过负荷的可能性，必须留出余量，以便在不改变励磁的情况下能承受突然性的负荷。为此，必须找出一条新的实际稳定极限，图 5.22 中实际稳定极限曲线 $\overset{\frown}{LFB}$ 曲线，是考虑了能承受 $10\% P_N$ 的突然过负荷仍能保持稳定运行而绘制的。其方法是在理论稳定极限曲线上先取一些点，如 A、8、9、10 等；然后保持励磁（E_0/x_d）不变，如 $\overline{2A} = \overline{36} = \overline{47} = \overline{5B}$；取 $\overline{A8} = 0.1P_N$，通过点 8 作水平线交 $A67B$ 曲线于 B 点，B 点就是实际功率比理论功率低 $0.1P_N$ 的稳定运行点。用同样的方法可以得到 K、F 等一组新的点，把这些新的点连接起来就形成实际稳定运行极限。

5.5.5　最小允许励磁

虽然凸极同步电机可能在无励磁或甚至在较小的反向励磁下运行，但必须指出，在这些情况下运行，机组是极不稳定的，当受到小的干扰就会引起失步，为了使发电机始终保持正向励磁，通常最小励磁电流是以 $i_{f\min} = 0.1i_{fN}$ 值为极限，在图 5.22 中 $\overset{\frown}{GH}$ 曲线就是最小励磁极限，在这一极限范围内发电机可以继续安全、稳定地运行。

综上所述，图 5.22 表示了一台凸极同步发电机安全运行极限，如果电厂技术人员对其使用的发电机也能绘制出这样一张安全稳定运行极限图，那将会有很大的用途。从图中不但可以找出发电机的运行范围，还可以清晰地看出发电机的各种运行方式。

本　章　小　结

本章主要讲述了以下 3 个问题：

第一个问题是投入并列的条件和方法。已经励磁的发电机，必须按电压的大小、相位相同，频率相等的准同期方法并列。未励磁的发电机，可按冲击电流不超过允许值的自同期方法并列。

第二个问题是并列后的调节，介绍了功角特性。功角特性反映了同步发电机的电磁功率 P_{em} 与功角 θ 之间的关系。功角具有双重物理意义，既表明了励磁电势与端电压之间的相位关系，又表明了转子磁极轴线与气隙合成等效磁极轴线间的空间位置关系。

对于有功功率和无功功率的调节，要掌握以下几个问题：①调节有功功率时，作用在发电机转子上的力矩平衡关系发生了变化，表现在功角的变化上；②调节励磁电流时，发电机内部的磁场起变化，反映在电路里，电势发生变化，引起无功功率的变化；③改变励磁电流（即调节无功功率）时，有功功率不变；调节有功功率时，会引起无功功率的变化。功率调节过程可通过电势相量图或功角特性来说明，有功调节表现为 θ 角变化，无功调节为 E_0 大小和 θ 角同时变化。必须掌握 θ 角和静态稳定极限的物理意义。

第三个问题是简略分析了发电机的安全运行极限。介绍了受定子、转子发热限制的运行极限、原动机输出极限、静态稳定运行极限及运行时的最小允许励磁。水轮发电机的安全运行极限图对运行具有指导意义。

思 考 题 与 习 题

5.1　试比较这 φ、ψ、θ 3 个角所代表的意义的不同之处。下列各种电机运行状态分别与哪个角有关？角的正负号如何？

(1) 功率因数滞后、功率因数超前。

(2) 过励、欠励。

(3) 去磁、助磁、交磁。

5.2　功角在时间上及空间上各表示什么含义？功角改变时，有功功率如何变化？无功功率会不会变化？为什么？

5.3　并联于无穷大容量电网的同步发电机，当保持输入功率不变，仅改变励磁电流时，功角是否变？输出有功功率变不变？为什么？此时定子电流和输出无功功率按什么规律变化？

5.4　什么是有功功率？什么是无功功率？电网上为什么需要无功功率？

5.5　什么是发电机的过励状态和欠励状态？为什么发电机一般都运行在过励状态？

5.6　一台同步发电机单独供给一个对称负载（R 及 L 一定）且发电机转速保持不变时，定子电流的功率因数 $\cos\varphi$ 由什么决定？当此发电机并联于无穷大电网时，定子电流的 $\cos\varphi$ 又由什么决定？还与负载性质有关吗？为什么？

5.7　一台三相四极隐极式同步发电机与 50Hz 电网整步时，同步指示灯每 5s 亮一次，求此发电机的转速？若采用直接接线法整步却看到"灯光旋转"，是什么原因造成的？如何处理？

5.8　一台隐极电机，$P_N=12000kW$，$U_N=6300V$，定子绕组 Y 接法，$m=3$，$\cos\varphi_N=0.8$（滞后），$x_t=4.5\Omega$，发电机并网运行，输出额定频率 $f_N=50Hz$ 时，试求：

(1) 每相空载电势。

（2）额定运行时的功角。

（3）最大电磁功率。

（4）过载能力。

5.9　一台凸极三相同步发电机，$U_N = 400\text{V}$，每相空载电势 $E_0 = 370\text{V}$，定子绕组 Y 接法，每相直轴同步电抗 $x_d = 3.5\Omega$，交轴同步电抗 $x_q = 2.4\Omega$。该电机并网运行，试求：

（1）额定功角 $\theta_N = 24°$ 时，输向电网的有功功率是多少？

（2）能向电网输送的最大电磁功率是多少？

（3）过载能力为多大？

5.10　一台三相隐极同步发电机并网运行，电网电压 $U = 400\text{V}$，发电机每相同步电抗 $x_t = 1.2\Omega$，定子绕组 Y 接法，当发电机输出有功功率为 80kW 时，$\cos\varphi = 1$，若保持励磁电流不变，减少有功功率至 20kW，不计电阻压降，求此时的

（1）功角。

（2）功率因数。

（3）电枢电流。

（4）输出的无功功率，超前还是滞后？

5.11　有一台三相隐极同步发电机并网运行，额定数据为：$S_N = 7500\text{kVA}$，$U_N = 3150\text{V}$，定子绕组 Y 接法，$\cos\varphi_N = 0.8$（滞后），同步电抗 $x_t = 1.6\Omega$，电阻压降不计，试求：

（1）额定运行状态时，发电机的电磁功率和功角。

（2）在不调节励磁的情况下，将发电机的输出功率减到额定值的一半时的功角和功率因数。

5.12　一台与无穷大电网并联运行的隐极式同步发电机，$k_M = 2$，额定运行时，$E_0 = 1.25U_N$，如果继续增大有功功率输出，并保持励磁电流不变，则有功功率增大到多少时无功功率输出为零？

5.13　隐极式同步发电机并联运行于电网，定子绕组 Y 接法。$U_N = 380\text{V}$，$I_N = 84\text{A}$，$\cos\varphi_N = 0.8$（滞后），定子绕组每相励磁电势 $E_0 = 270\text{V}$，$x_t = 1.5\Omega$。若调节励磁电流，并减少原动机的输入，使 $E_0' = 300\text{V}$，$\theta' = 8°$，不计电枢电阻。试求：

（1）调节励磁电流后，发电机向电网输出的电枢电流及 $\cos\varphi$。

（2）调节励磁电流及减少原动机的输入后，发电机向电网输出的有功功率和无功功率。

5.14　两台相同的三相 Y 接线的发电机并联运行，电枢电阻为 2.18Ω，同步电抗为 62Ω，共同供给 1830kW 负载，$\cos\varphi = 0.83$（滞后），负载端电压为 13800V，现调节两机的励磁，使一机供给无功电流 40A，两机供给的有功电流相同，试求：

（1）两机的电流。

（2）两机的励磁电势以及它们的相角差。

第6章 水轮发电机其他运行方式

发电机常见的运行方式是并网发电运行，在前面章节已有叙述。但是，根据电力系统实际运行的需要，水轮发电机还可以有进相运行、调相运行和电动机运行等3种特殊运行方式。因此，研究水轮发电机的特殊运行方式也是很有必要的。

6.1 水轮发电机的4种运行方式简介

6.1.1 水轮发电机的4种运行方式

并在电网上的同步电机可以有4种运行方式：①发电运行；②进相运行；③调相运行；④电动机运行。由同步电机的相量图可见，当同步电机在过励状态时，输出电流的无功分量是感性的，即过励同步电机在此状态下发出感性无功功率。当同步电机在欠励状态时，输出电流的无功分量是容性的，即欠励同步电机此时发出容性无功功率，或将吸收感性无功功率。如令 P 代表有功功率，Q 代表感性无功功率，且令发出的功率为正值，吸取的功率为负值，则同步电机的4种运行方式为：

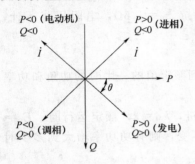

图 6.1 同步电机的 4 种运行方式

(1) 发电运行（过励发电机）$P>0$，$Q>0$。
(2) 进相运行（欠励发电机）$P>0$，$Q<0$。
(3) 调相运行（过励电动机）$P<0$，$Q>0$。
(4) 电动机运行（欠励电动机）$P<0$，$Q<0$。

上述4种运行方式，可由图6.1表示。

6.1.2 同步电机运行的状态转换

当同步发电机并列于电网时，既向电网输送有功功率，又向电网输送无功功率。此时转子磁极轴线超前气隙等效磁极轴线一定角度，使磁通斜着通过气隙，转子磁极与气隙等效磁极之间产生磁拉力，形成电磁转矩，转矩的方向与转子转向相反，是一个制动性质的转矩。水轮机的拖动转矩必须克服这个电磁转矩的制动作用以后，转子才能不断地旋转。通过水轮机的拖动转矩与制动性质的电磁转矩的平衡关系，发电机将水轮机输入的机械功率转换为电功率输送到电网。所以发电机运行时是转子磁极拖着气隙等效磁极以同步转速旋转，两者在空间的相对位置及相量图如图6.2（a）所示。

逐步减少水轮机输入的机械功率，转子将减速，发电机的功角和电磁功率都将随之减小，输送到电网的有功功率也将随之减小。当水轮机输入的机械功率减小到仅能补偿发电机空载损耗时，发电机的电磁功率和功角都将等于零，此时转子磁极轴线与气隙等效磁极轴线重合，磁通垂直通过气隙，转子磁极与气隙等效磁极之间不能产生切向磁拉力，电磁转矩为零，发电机处于不输出有功功率的空载运行状态。此时的转子磁极与气隙等效磁极

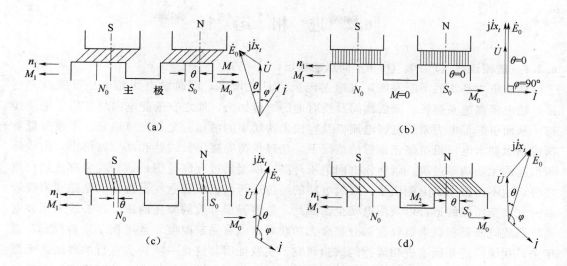

图 6.2　同步电机状态转换电磁关系
(a) 发电机；(b) 空载；(c) 调相；(d) 电动机

的相对位置及相量图如图 6.2（b）所示。

将水轮机从发电机转轴上脱离，由于电机本身轴承摩擦等阻力转矩的作用，转子开始减速，使得转子磁极轴线滞后于气隙等效磁极轴线 θ 角度（θ 角为负值，$|\theta|$ 很小），磁通又重新斜着通过气隙，由于磁拉力作用，又产生了电磁转矩，转矩的方向与转子转向一致，是一个拖动转矩，气隙等效磁极吸引（拖着）转子磁极以同步转速旋转，电机从电网吸收少量有功功率用于抵消空载转动损耗。此时若调节励磁电流就可以调节电机向电网输出的无功功率。同步电机的这种运行状态称为调相运行，转子磁极与气隙等效磁极的相对位置及相量图如图 6.2（c）所示。

如果在电机的转轴上加上机械负载，则机械负载产生的制动转矩使转子磁极更加落后，则负值功角的绝对值将增大，从电网吸收的电功率及作为拖动转矩的电磁转矩也相应增大，以平衡电动机输出的机械功率。这时的同步电机就处于电动机运行状态，两个磁场的空间位置如图 6.2（d）所示。

综上所述，并列于电网的同步电机有如下 4 种运行状态：

（1）$0° < \theta < 90°$，$P > 0$，$Q > 0$，同步电机处于发电迟相运行状态，向电网输送有功功率和感性无功功率。

（2）$0° < \theta < 90°$，$P > 0$，$Q < 0$，同步电机处于发电进相运行状态，向电网输送有功功率，吸收感性无功功率（发出容性无功功率）。

（3）$\theta < 0°$（$|\theta| \approx 0°$），$P < 0$（$|P| \approx 0$），$Q > 0$，同步电机处于调相运行状态，从电网吸收少量有功功率，用以补偿发电机组空载运转的机械、电气损耗等，主要向电网送出感性无功功率。

（4）$-90° < \theta < 0°$，$P < 0$，$Q < 0$，同步电机处于电动机的负载运行状态。电机从电网吸收有功功率的同时，还要吸收感性无功功率。

6.2　进　相　运　行

6.2.1　进相运行（$P>0$，$Q<0$）问题的提出

随着电力系统的不断发展，大型发电机组日益增多，同时输电线路电压等级越来越高，输电距离越来越长，因而线间及线对地的电容加大，加之有的配电网络使用了电缆线路，从而引起了电力系统电容电流以及容性无功功率的增加。尤其在节假日、午夜等低负荷或枯水期水电厂机组停止运行的情况下，在轻负荷的高压长线路和部分网络中，由线路所引起的无功功率过剩，就会使电网电压升高，以至超过允许范围，这种现象有日趋严重之势，这不但破坏了电能质量、影响电网的经济运行，也威胁电气设备特别是磁通密度较高的大型变压器的运行以及用电安全。因此，急需寻求有效的降压措施。过去曾采用并联电抗器或同步调相机来吸收这部分剩余无功功率，但有一定限度，且增加了设备投资。近年来，我国广泛开展了进相运行的试验研究。实践证明，这是一项切实可行的方法，无需增加额外设备投资即可收到同样效果，可以有效地降低电压，抑制和改善网络运行电压过高的状况，而且电机运行操作方便、灵活且经济效益显著。

6.2.2　进相运行的必要性

下面从大电网的运行特点和电压调压方式说明进相运行的必要性。

6.2.2.1　当前大电网运行特点

1. 电网中充电功率增多

迅速发展的电力工业和不断提高的电机制造技术，促进了陆续投产的发电机日趋大型化；区域电力联网使电网不断扩大；为了满足远距离输送电能的需求，输电线路的电压等级不断提高；现代化的城市建设要求高电压供电网络电缆化等，形成了现代电力系统具有大机组、高电压、大电网的特点，相应的，电网充电功率增多。单就输电线路而言，充电电容电流和无功功率与线路参数的关系如式（6.1）所示。

$$\left.\begin{aligned} I_c &= U\omega C_0 L \\ Q_c &= S_c = 3UI_c \end{aligned}\right\} \tag{6.1}$$

式中　I_c——输电线路每相充电电容电流；

　　　S_c——三相无功功率；

　　　U——线路额定相电压；

　　　C_0——线路对地电容；

　　　L——线路总长度。

式（6.1）表明，输电线路的充电无功功率与其运行电压和线路长度成正比，其每公里的充电无功功率值，对于电压为 110kV 级别的线路约为 34kvar；220kV 的约为 130kvar；330kV 级的约为 400kvar；500kV 级的线路充电无功功率则高达 1000kvar。而电缆线路的充电电流和充电无功功率比同电压等级架空输电线路的大得多。当电力负荷处于低谷时，轻载长线路或部分网络的容性无功功率可能超过用户的感性无功负荷和网络无功损耗之和。以至会因电容效应引起运行电压升高，甚至造成某些枢纽变电站的母线电压超过规定的上限值，给用户和电网运行都会造成严重危害。

2. 电网电压偏高概率增多

电网中各点的电压数值不同，各用户对电压的要求也不一样。并且，电网电压是随负荷变化而波动的。为监视和控制全网的电压，选择几个有代表性的发电厂和变电站作为电压中枢点，控制其电压波动不超过规定值，则电网中的其他各点的电压质量也能满足要求。但是，当前我国的电源建设与电网建设未能同步发展，其有功和无功容量都不能满足负荷的需要，确保电能质量还是一个突出的问题。就电压而论，不仅在高峰负荷时运行电压常常低于规定的下限值，而且在低谷负荷时运行电压又常常超过规定的上限值。

3. 用户对电能质量要求不断提高

考核电网电能质量的传统指标是交流电的频率与各点电压值，近年来对电压的波形也做出规定和要求。因为随着电力机车、轧钢等广泛使用电子变频装置，冶金、化工部门直流电源中使用的硅整流设备剧增，以致电力系统的非线性负荷大量增加。电力系统内部也逐渐采用高压直流输电技术，这些都会导致电网电压的波形发生畸变，使供电质量下降，因此电压波形也成为一项考核电能质量的指标。

若电能质量差，对用户和电力系统本身都会造成严重危害，极大地影响社会效益和经济效益。如会造成冶金、化工、机械、纺织、造纸等各行业的产品质量不稳定；无线电广播、电影、电视的图像和音质变坏；数字传输、通信受到干扰；电子计算机不能正常工作。对电力系统的运行则会改变按经济分配原则确定的功率分配；高次谐波有时会造成继电保护和自动装置失灵、引起电器设备损耗增大、网络中的补偿电容器过载甚至爆炸等。此外，日益增多的电子设备，对电网电压的稳定性也提出了更高的要求。因此，电能质量对电力系统的安全和经济运行，对保证用户安全生产和产品质量以及电器设备的安全与运行寿命，都有着极大的影响。

用电设备工作电压的理想值是额定电压。允许的电压偏差是根据用电设备对电压波动的敏感性及电压偏差对用电设备造成后果的严重性而定的。国家电网《电能损耗 无功电压管理规定及技术原则》中关于用户受电端电压允许偏差的主要规定有：对于 35kV 及以上用户供电电压正、负电压偏差之和不超过额定电压的 10%；对于 380V 和 10kV 用户为系统额定电压的 ±7%；对于 220V 用户为系统额定电压的 +7%、−10% 等。据此，对电力系统发电厂和变电站的母线电压偏差允许值做出了若干相应的规定。调度部门制定技术措施，以实现对各级电压的有效控制，并规定电压曲线指导运行。目前我国考核电网电压合格率❶的指标是：年度电网电压合格率达到 99.0% 以上；年度供电电压合格率达到 98.0% 以上。

6.2.2.2　系统电压的调整

在电能质量指标中，电网的频率受有功功率平衡的影响，而电压主要受无功功率平衡的影响，随着电力负荷的波动及电网接线和运行方式的改变，电网的频率和各点的电压也是经常变化的。因此，调整网络有功功率和无功功率的平衡，以保证电网频率和各点电压值合格，电力系统运行的重要任务。

系统电压的调节与控制，是通过对中枢点电压的调节与控制而实现的。根据电网结构和负荷性质的不同，在不同的电压中枢点采用不同的调压方式。目前电网采用的调压措施有：

---

❶ 电压质量统计的时间单位为 min，电压质量合格率（%）$= \left(1 - \dfrac{电压超限时间}{电压监测总时间}\right) \times 100\%$。

（1）增减无功功率调压。例如调整发电机、调相机和静止补偿器的无功功率；投、切并联电容器或电抗器进行调压。

（2）改变有功和无功功率的分布调压。例如停电调节或带负荷自动调节变压器分接头，以改变电网功率分布调整电压。

（3）改变网络参数调压。例如串联（电容器）补偿，投、切并联运行的线路或变压器等实现调压。

（4）发电机进相运行改善电压质量。电力用户主要是感性负荷。电网中无功功率的平衡与补偿是保证电压质量的基本条件。当电网重负荷时，若无功电源容量不足，会造成运行电压偏低，严重时还可能发生电压崩溃。为弥补高峰负荷时所需的感性无功功率，系统中设置了一定容量的静电电容器等补偿设备。但在电网轻负荷时，若网络容性无功功率出现过剩，则会引起运行电压升高，造成一些发电厂、变电站的母线电压过高，甚至超过允许的电压上限值，严重影响电网的电压质量。

实践表明，发电机进相运行与同步调相机欠励磁运行技术，是大电网发展过程中改善电压质量的必要手段。其社会效益和经济效益，显示了它对电网运行的重要作用。

6.2.3　发电机进相运行状态分析

发电机经常的运行工况是迟相运行，进相运行是相对于发电机迟相运行而言的。发电机直接与无限大容量电网并联运行时，保持其有功功率恒定，调节励磁电流可以实现这两种运行状态的相互转换。

图 6.3 表示发电机直接接于无穷大电网上运行的情况。设其端电压 $\dot{U}$ 为定值，并设发电机励磁电势为 $\dot{E}_0$，负荷电流为 $\dot{I}$，功率因数角为 φ。调节励磁电流 $\dot{I}_f$，$\dot{E}_0$ 随之变化，功率因数也在变化。如增加励磁电流，$\dot{E}_0$ 变大，此时负荷电流产生去磁电枢反应，功率因数角 φ 是滞后的，发电机向系统输送有功功率和无功功率，这种运行状态称为迟相运行，如图 6.3（a）所示。反之，如图 6.3（b）所示，减少励磁电流 $\dot{I}_f$，使发电机电势 $\dot{E}_0$ 减小，功率因数角 φ 就变为超前的，发电机负荷电流 $\dot{I}$ 产生助磁电枢反应，发电机向系统输送有功功率，但吸收无功功率，这种运行状态称为进相运行。

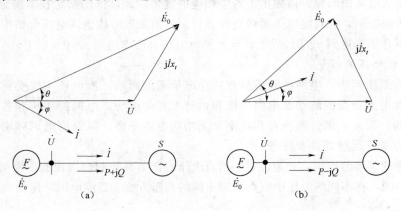

图 6.3　迟相运行与进相运行

（a）迟相运行；（b）进相运行

实际上，并入电网的发电机是通过变压器、线路与电网相连的。计及发电机与电网的联系电抗 $x_{\Sigma d}$ 时，发电机进相运行的相量关系如图 6.4 所示，此时发电机的功角为 θ，发电机电势与电网电压相量之间的夹角为 θ_0。

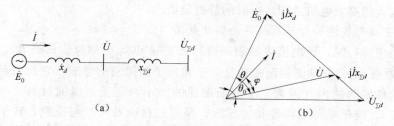

图 6.4　计及 $x_{\Sigma d}$ 时发电机进相运行相量图
(a) 等值电路；(b) 相量图

发电机迟相运行时，供给系统有功功率和感性无功功率，其有功功率表和无功功率表的指示均为正值；而进相运行时供给系统有功功率和容性无功功率，其有功功率表指示正值，而无功功率表则指示负值，故可以说此时从系统吸收感性无功功率。

发电机进相运行时各电磁参数仍然是对称的，并且发电机仍然保持同步转速，因而是属于发电机正常运行方式中功率因数变动时的一种运行情况，只是拓宽了发电机通常的运行范围。同样，在允许的进相运行限额范围内，只要电网需要，便可以长期运行。

6.2.4　发电机进相运行时要注意的问题

由于发电机的类型、结构、冷却方式及容量等不尽相同，在进相运行时允许供出多少有功功率和吸收多少无功功率，主要由电机本体的结构条件来确定。因此，发电机是否能进相运行应遵守制造厂的规定，制造厂无规定的应通过试验确定。进相运行的可能性决定于发电机端部结构件的发热和在电网中运行时的稳定性。这是由于在进相运行时，第一，发电机端部的漏磁比迟相运行时大，会造成定子端部铁芯和金属结构件的温度增高，甚至超过允许的温度限值；第二，进相运行的发电机与电网之间并列运行的稳定性较迟相运行时降低，可能在某一进相深度时达到稳定极限而失步。因此，发电机进相运行时允许承担的电网有功功率和相应允许吸收的无功功率值都是有限制的。在进相运行时有以下 4 个问题要特别注意。

6.2.4.1　静态稳定性的下降

当发电机带有某恒定有功功率进相运行时，由于励磁电流较低，因而使静稳定功率极限值减小，降低了静稳定储备系数，即降低了该机的静稳定能力。例如，一台隐极式发电机带有功功率 P_{em}（忽略电枢电阻）正常运行，此时由励磁电流感应的电势为 E_0，其功角特性如图 6.5 所示，若保持该机有功功率 P_{em} 恒定，逐渐减小励磁电流，则感应电势逐渐降低，对应的功角特性曲线也相应逐渐降低，直至该机转入进相运行，若要求该机吸收更多的无功功率，则需增加进相深度，即要继续减小励磁电流，图 6.5 中三条功率

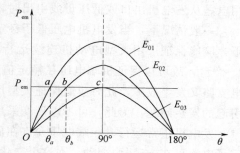

图 6.5　发电机功角随励磁电流减小而增大

特性曲线对应 $E_{01} > E_{02} > E_{03}$。由于发电机有功恒定，逐渐减小励磁电流时，其功角必然逐渐增大（$\theta_c > \theta_b > \theta_a$）。当功角 $\theta = 90°$ 时，若再减小励磁电流，则该机会失去静稳定而出现失步现象，可见发电机进相容量受到了静态稳定的限制。实践表明，投入自动励磁调节器后，便可大大提高发电机进相运行时的静稳定能力。

6.2.4.2　定子端部铁芯和金属结构件的温度升高

发电机稳定运行时，该电机中的磁通有励磁磁通 Φ_0、电枢反应磁通 Φ_a、定子漏磁通 $\Phi_{1\sigma}$ 和转子漏磁通 $\Phi_{2\sigma}$。其端部的漏磁通是定子和转子漏磁通的合成，它是引起定子端部铁芯和金属结构件发热的内在因素。端部漏磁通的大小与定子绕组的材料、结构型式（节距、连接规定）、定子端部结构件和齿压板、风扇的材质及尺寸与位置、转子绕组端部相对定子绕组端部轴向伸出的长度等有关，还与短路比、发电机的运行参数如定子电流大小、功率因数的高低等因素有关。

发电机运行时，定、转子绕组的端部漏磁力图通过磁阻最小的路径形成闭路。因此，定子端部铁芯、端部齿压板等部分便通过相当大的端部漏磁。由于端部漏磁通也是旋转磁场，它在空间与转子同速旋转，并切割定子端部铁芯、齿部、齿压板等各金属结构件，故在这些部件中感应出涡流和磁滞损耗，引起发热。在迟相运行时，这种发热是在允许范围内的。而在进相运行时，随着进相功率因数的降低，吸收的无功功率增多，其端部合成漏磁通将越来越大，致使定子端部发热越来越严重。特别是直接冷却式大型发电机的线负荷重，端部漏磁很强，当端部磁密集中于某部件或局部，而该处冷却强度又不足时，会出现局部高温区，则温升可能超过限额值。

6.2.4.3　发电机定子端部温度限值

发电机定子端部铁芯和金属结构件的温度限值，我国的规定见表 6.1。

表 6.1　　　　　　　　发电机定子端部铁芯和金属结构件的温度限值

部　位	温　度　限　值	部　位	温　度　限　值
定子端部铁芯及压指	（1）有制造厂预埋测温元件，以制造厂为准。 （2）后埋测温元件，最高允许温度 130℃。 （3）若发电机使用的绝缘漆允许温度低于 130℃，则以绝缘漆允许温度为准	压圈	200℃
		电屏蔽、磁屏蔽	（1）以制造厂规定温度为准。 （2）以不危及绝缘及结构件为准

6.2.4.4　厂用电电压的降低

发电机进相运行时，随着发电机励磁电流的减小，发电机端电压将逐渐降低，如果厂用电是从发电机出口或低压母线引出时，则厂用电电压也会降低。

一般情况下，当发电机电压低于额定值的 5%，厂用电电压低于额定值的 10% 的条件下，应能保证厂用大型电动机连续运行。一个发电厂，选作进相运行的发电机通常只是 1～2 台，故可以保证机端电压在额定值的 95% 以上。但要特别注意在进相运行时，厂用电支路又发生故障，此时应能保证大型厂用电动机的自启动和厂用低压电动机因过电流而引起的发热问题。为此，可考虑厂变采用带负荷调压的变压器。

发电机正常运行时，端电压允许在额定值的 ±5% 内变动，此时要保持额定出力不变，定子电流可在 ±5% 内变动。在这个变化范围内，电机的定子和转子温度不会超过允许值。

当进相运行且端电压低于额定值的 95% 以下时，定子电流仍不应超过 I_N 的 5%，因为增加电流引起铜耗的增加大于电压降低使铁耗的减少，其结果是定子总的温升升高。为使定子温升不超过允许值，当电压低于 95％时，发电机总出力应降低。

6.2.5　发电机进相运行限额

在发电机进相运行前，应做进相运行试验，以确定发电机进相运行的深度，从而确保发电机在允许的进相深度范围内运行。

发电机运行人员有必要了解发电机进相试验要点，以便紧密配合操作，保证试验的安全顺利进行。试验前需要做的准备工作如下：

（1）试验前需对被试发电机作必要的计算工作。例如，发电机在各恒定有功功率达到不同进相深度时可能吸收的无功功率、功角数值、静稳定极限等，均应在试验前进行估算。

（2）被试发电机定子端部无制造厂埋设的测温元件时，试验前须在定子端部铁芯和金属结构件（例如齿压板）部位埋设测温、测磁元件（如热电偶、测磁线圈）。

（3）接入试验所需的仪器、仪表，以测量发电机进相运行时的各电气和热工参数值。也可以接入自动记录仪记录各种参数，以资参考。

（4）静稳定极限试验可分别在自动励磁调节器投入和切除两种条件下进行。试验功率一般选取 $0.6P_N$、$0.7P_N$、$0.8P_N$、$0.9P_N$、$1.0P_N$ 值，在每一个试验点保持有功功率恒定，降低励磁电流，该机由迟相运行逐渐转入进相运行，直至各电气参数（如定子电压、电流、功率等）出现缓慢摇摆现象时，即达到静稳定临界状态。迅速测取各项试验数据后，立即增加励磁电流，使该机恢复迟相运行。

在此需说明，在有功功率接近额定值进相运行出现失步现象时，定子电流较大，水轮发电机尤为显著，会超过定子额定电流。但是，在发电机失步后的短暂时间内，这种过电流会因迅速增加励磁电流恢复同步运行而消失。若增加励磁电流尚不能使该机恢复同步时，应同时降低其有功功率，促使尽快恢复同步。

（5）进相运行热稳定试验，是根据静稳定试验的结果选择试验点，在适当进相深度作稳定发热试验，测量定子端部铁芯和金属结构件的温升，以此确定端部温升是否成为限制该机进相容量的因素。

（6）根据进相试验结果整理数据，做出静稳定能力限制线、端部发热限制线或定子过电流限制线，综合确定该机进相运行能力，获得进相运行容量图指导运行。

6.2.6　发电机进相运行实践总结

为适应电力系统调压的需要，我国各电网广泛进行了发电机进相运行、调相机欠励磁运行的实践，获得了大量的数据，并对这些数据进行了处理，以便加深对发电机进相运行技术的认识，推动该项新技术的发展，并广泛应用于电力生产。

通过对试验数据的整理与分析，得出如下进相运行实践结论：

（1）发电机进相运行容量受限制的因素各异。发电机进相运行的能力与电机型号、参数、定子铁芯端部结构及其材质、电机在电网中的位置、自动励磁调节器的性能与是否投入等诸因素有关。

（2）降压效果受电网容量和潮流分布影响。发电机进相运行、调相机欠励磁运行对该电厂（站）高压侧母线电压（110kV 或 220kV）的降压效果，受到电机所处电网的容量和潮流分布等的影响。一般每降低高压侧电压 1kV 需吸收无功功率为 0.432～15.6Mvar。

（3）调相机无励磁运行时，定子不过电流。调相机无励磁运行时不失步，定子绕组不过电流，仅约为额定电流值的 0.5 倍。限制调相机欠励磁或无励磁运行容量的因素是定子端部铁芯和金属结构件过热。

6.3　调　相　运　行

6.3.1　电力系统的负荷以及无功负荷的平衡

电力系统的负荷是指连接在电力系统上的一切设备所消耗的电功率，按性质不同可分为有功负荷和无功负荷。由于电能不能大量储存，因此发电机发出的有功功率和无功功率与电力系统的负荷必须始终保持平衡。若两者不平衡，发出的有功功率小于有功负荷，则系统的频率降低，反之系统频率升高；发出的无功功率小于无功负荷，则系统电压降低，反之系统电压升高。

电力系统中大量的负载是异步电动机（感应电动机），它们需要吸取感性无功功率。仅靠同步发电机在供有功功率的同时供一部分无功功率，通常不能满足整个系统对无功功率的需求。因此，除了由发电机作为主要的无功电源，供给一定的无功功率外，通常还需装设适当数量的专用无功电源设备如调相机或电容器等，以平衡电力系统中的无功功率。

6.3.2　调相原理 $(P<0,\ Q>0)$

不带机械负载，运行于过励电动机状态，专门用来改善电网功率因数的同步电机称为

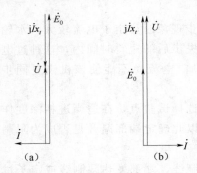

图 6.6　同步调相机的相量图
(a) 过励；(b) 欠励

同步调相机（或称同步补偿机）。除供应本身损耗外，它并不从电网吸收更多的有功功率，因此同步调相机总是在接近于零的电磁功率和零功率因数的情况下运行。

假如忽略调相机的全部损耗，则电枢电流全是无功分量，其电势方程为 $\dot{U}=\dot{E}_0+\mathrm{j}\dot{I}x_t$。图 6.6 画出过励和欠励时的相量图。从图可见，由于功率角 $\theta=0$，定子电流全部为无功电流。过励时，电流 $\dot{I}$ 超前 $\dot{U}$ 90°，电机从电网吸取纯容性无功（或发出纯感性无功）；而欠励时，电流 $\dot{I}$ 滞后 $\dot{U}$ 90°，电机从电网吸取纯感性无功（或发出纯容性无功）。由于电力系统大多数情况下带感性无功功率，调相机通常都是在过励状态下运行。只在电网基本空载，由于长输电线电容影响，使受电端电压偏高时，才让调相机在欠励下运行，以保持电网电压的稳定。

6.3.3　调相机补偿原理

由于电力负荷主要是大量的异步电机和变压器，电网在重负荷时负担着很大一部分感性无功功率，因而整个电网的功率因数较低。而电网的传输容量是一定的，$\cos\varphi$ 值低则能传输的有功功率就会减少。况且 $\cos\varphi$ 值低时，线路的损耗和压降增大，电压降低，输电质量变坏，整个电力的设备利用率和效率则降低。因此在电网中选择适当地点（一般在负荷枢纽点）安装调相机，运行于过励磁状态，其作用等效于电容器，其补偿原理如图 6.7 所示。补偿后的功率因数角 φ_1 减小至 φ_2，即 $\cos\varphi_2>\cos\varphi_1$，从而提高了网络输送电力的功率因数。即对负荷所需的感性无功功率实现就地供给，从而避免远程输送，既减少了线路

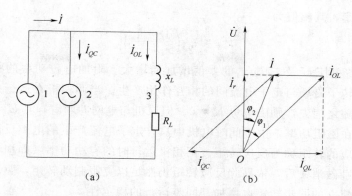

图 6.7 调相机补偿原理图

(a) 等值电路图；(b) 相量图

1—系统电源；2—调相机；3—感性负荷（x_L 和 R_L）

$\dot{I}_{QC}$—调相机电流；$\dot{I}_{OL}$—负荷电流；$\dot{I}_r$—负荷电流有功分量；$\dot{I}_{QL}$—负荷电流无功分量

损耗和电压降，也充分利用了发电设备的容量。这是电网对调相机运行的基本需要，或者说是调相机在电网的基本功能。

当电网在低谷负荷运行时，若电网或部分网络出现容性无功功率超过感性无功功率（感性无功负荷与网络无功损耗之和）时，即会引起电网电压升高，其中枢点电压可能超过规定的上限值。此时将调相机欠励磁运行，其作用又等效于电抗器，从而平衡容性无功功率，抑制和改善电压升高的状况。这是针对电网调压的新问题，扩大了调相机的运行功能。

由此可见，调相机运行时要随着电网调压的需要而改变运行状态，以充分利用它实现电压调整、提高电网电压的稳定性。

6.3.4 无功功率的调节和 V 形曲线

由同步调相机运行时的相量图 6.6 可见，只要调节励磁电流就能灵活地调节它的无功功率大小。调节励磁电流的大小，可以改变电机从电网所吸取的无功功率的大小和性质。由图可见，$j\dot{I}x_t$ 和 $\dot{E}_0$ 在相位上反相（过励）或者同相（欠励时）。现以过励为例说明，当 U 不变时，$I = \dfrac{\Delta U}{x_t} = \dfrac{E_0 - U}{x_t}$。$U$ 不变，如忽略饱和，I_f 增加时，E_0 成线性增加，I 也增加；E_0 减小，I 也减小。由此做出调相机的 V 形曲线 $I = f(I_f)$ 将是交于横轴右边的直线，如图 6.8 所示，交点左边为欠励状态，右边为过励状态。电压改变时，V 形曲线将左右平移，即电压上升，曲线右移；电压下降，曲线左移。

6.3.5 调相机无励磁运行问题

运行实践表明，调相机在切换励磁中出现失磁时，或在正常运行中突然失去励磁时能保持同步继续运行，此时其无功功率表指示负值，定子电压较失磁前降低。

由式（5.6）可知，凸极同步电机的基本电磁功率与励磁电流有关；附加电磁功率却与励磁电流无关，它是由于电机纵、横轴方向磁阻不等而出现的，故也称为磁

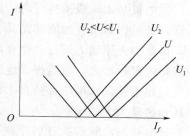

图 6.8 同步调相机的 V 形曲线

阻功率或凸极功率，其幅值为

$$P''_{em} = \frac{U^2}{2}\left(\frac{1}{x_q} - \frac{1}{x_d}\right)$$

即 P''_{em} 值随着电压 U 及 x_d 与 x_q 的差值增加而增大，附加电磁功率的存在，说明电磁功率并不单纯由转子磁场与定子电流间的相互作用产生。当调相机在运行中失去励磁电流时，其励磁磁场随之消失，励磁电势 $E_0 = 0$。但该机与电网并联着，其 $U \neq 0$、$\theta \neq 0$，并且 $x_d \neq x_q$，故还存在磁阻功率，由于此时电机中只有定子电流产生的电枢反应磁场，故也称为反应功率，对应的转矩称为反应转矩。调相机运行时的有功功率（即损耗）与其产生的制动转矩很小，励磁消失后，依靠此反应转矩仍然足以克服制动转矩，驱动调相机与电网同步运转，剩磁建立的同步转矩也增加其同步运行的稳定性。

调相机的无励磁运行实际是欠励磁运行的极限，其吸收无功功率的能力达到最大值。由于此时转子励磁绕组内无直流电流，调相机又保持同步运行，因此不会在转子部件感应电流，并不存在转子发热的问题。此时调相机各电气参数的仪表指示稳定，并无摇摆现象，其物理本质与同步发电机在稳定运行中因失去励磁而失步的情况是不同的。

凸极调相机无励磁运行时的电磁反应功率可达到额定容量的 20% 左右；用隐极发电机改成的调相机，其值可达到 7% 左右。而调相机制动功率却很小，对于水轮发电机改成的调相机，制动功率约为额定容量的 3%～4%；专用凸极调相机其值约为 2%～2.5%；隐极调相机其值更低，由此产生的制动转矩更小。

6.3.6　水轮发电机的调相运行

电力系统中除了装设调相机外，有时还将同步发电机改作调相机运行。例如丰水季节利用水电厂多发有功，接近负荷中心的火电厂便可将部分汽轮发电机改作调相机运行；在低水位或枯水季节也可将水轮发电机作调相运行，同时可兼做系统热备用机组；另外，为了满足电力系统有功负荷平衡的需要，在一天的某个时段，可将大型水轮发电机组短时变为调相运行状态，以等待有功负荷高峰的到来。此时的调相运行只是机组的一种过渡状态，以减少开关等设备的操作次数，减少人力、物力的消耗。

所谓发电机的调相运行，就是发电机只向系统输送无功，同时吸收少量的有功功率来维持发电机转动的运行方式。

调相运行的发电机采用过励磁运行，向系统输出感性无功功率，提高系统的运行电压及稳定储备。

水轮发电机短时作调相运行时，可以与水轮机不拆开，长期作调相运行时，可以与水轮机拆开，以减少有功消耗。

发电机与水轮机不拆开时，运行的灵活性较大，在不改动设备的情况下，既可作调相运行，又可作为系统的旋转备用。起动方法与正常时一样，由水轮机拖动，待并入系统后，再改为无原动力运行。但在调相运行时，必须带着水轮机旋转。因为水轮机转子在水中旋转时损耗很大，机组振动也增大。为此通常用压缩空气将水轮机室内的水压出并充以空气，尾水管的水面应保持在水轮机室下面一定距离，这样水轮机叶片就在空气中旋转，损耗和振动大大减小。

发电机与水轮机拆开后作调相运行时，可以减少有功损耗，但不可能再利用水轮机来起动。在这种情况下，它的起动可采用工频异步起动。异步起动时，转子绕组和阻尼绕组中要感应差额电流，产生温升，但因转子采用的是凸极式结构，转子的励磁绕组绕在磁极上，受此发热的影响较小。

6.3.7　发电机的调相容量

发电机的调相容量是指发电机作调相机运转，励磁电流为额定值时所能发出的无功容量。它是以保证发电机转子温升不超过允许值为依据所确定的容量。它的大小与发电机的额定功率和短路比有关。在一定的功率因数下，短路比越小，调相容量就越大；反之，短路比越大，则调相容量越小。在不同的额定功率因数时，功率因数越低，则调相容量越大。一般调相容量的范围为 $Q_p=(0.6\sim0.7)S_N$。

【例 6.1】　一个 1000kW，$\cos\varphi=0.5$（滞后）的阻感负载，原由一台同步发电机单独供电，现为改善功率因数在负载端并列一台同步调相机，试求：

（1）发电机单独供电给此负载，需要多大容量（kVA）？

（2）利用同步调相机完全补偿负载所需的无功功率，则调相机的容量和发电机的容量各需多少？

（3）如只将发电机的 $\cos\varphi$ 由 0.5 提高到 0.8（滞后），此时调相机和发电机的容量各为多少？

解：（1）发电机单独供电所需容量为

$$S=\frac{P}{\cos\varphi}=\frac{1000}{0.5}=2000(\text{kVA})$$

（2）调相机完全补偿负载所需要的无功功率，就是发电机单独供电给负载时的无功功率。即调相机的容量为

$$Q=S\sin\varphi=2000\times\sin60=1732(\text{kvar})$$

此时发电机的容量为

$$P=\sqrt{S^2-Q^2}=\sqrt{2000^2-1732^2}=1000(\text{kW})$$

（3）如将发电机的 $\cos\varphi$ 提高到 0.8（滞后），发电机的视在功率为

$$S'=\frac{P}{\cos\varphi}=\frac{1000}{0.8}=1250(\text{kVA})$$

此时发电机所承担的无功功率为

$$Q'=S'\sin\varphi'=1250\times0.6=750(\text{kvar})$$

故调相机应承担的无功功率，即调相机的容量为

$$Q''=Q-Q'=1732-750=982(\text{kvar})$$

6.4　电 动 机 运 行

6.4.1　同步电动机与异步电动机的比较

众所周知，无论是工农业生产设备还是家电设备，对于那些不需要调速的机械负载，广泛采用异步电动机作为原动机。这是因为它的结构简单，造价低廉，而且坚固耐用，维修方便。另外，异步电动机的效率比较高，工作性能也比较好。但异步电动机本身没有励磁，它要从系统吸取感性无功电流来建立磁场。在工业企业中，异步电动机的励磁无功占企业总无功需要量的很大比重，异步电动机的广泛应用使系统的功率因数降低，如果系统

无功不足，便要造成系统电压下降。

　　同步电机是可逆的，并入电网后，同步电机既可作发电机运行，也可作电动机运行，这取决于作用在转轴上的外加机械转矩是驱动性质的还是制动性质的。同步电动机最突出的优点是功率因数高，可以达到 $\cos\varphi = 1$，当系统中感性负荷较重而功率因数较低时，可让同步电动机在过激状态下运行，以提供感性无功，来提高整个系统的功率因数。这样使所有电气设备（如发电机、变压器和输电线）的容量得到充分的利用，并提高了运行效率。

　　其次，同步电动机因为在较高的功率因数下运行，在其他条件相同时，它的视在功率比异步电动机的视在功率小。电机的尺寸是由视在功率决定的，$S_N = mE_\delta I_N \approx mU_N I_N = \dfrac{P_N}{\eta_N \cos\varphi_N}$，因此大功率低转速同步电动机的体积和重量比同容量同转速的异步电机小，而低速的异步电动机由于功率因数较低，和功率因数高的同容量同步电动机相比，其体积要大很多。

　　另外，同步电动机的气隙较大，x_d 较小，过载能力高（$k_N = 2 \sim 3$），静态稳定好。因此可以用增大气隙来提高其过载能力。气隙较大，对电机的制造、安装和维护也带来方便。异步电动机不能用增大气隙的方法来提高它的过载能力，这是由于空载电流随气隙增大而增大，引起功率因数下降是不适当的。

　　同步电动机的电磁转矩与端电压成正比，而异步电动机的电磁转矩则与端电压的平方成正比，因此系统电压的波动对同步电动机的影响较小，并且同步电动机还可通过强行励磁来增大 E_0 值以补偿电压下降的影响，所以同步电动机的稳定性较异步电动机好。

　　因此在不需要调速而功率又较大的场合，如驱动大型的空气压缩机、球磨机、鼓风机和水泵以及电动发电机组等，较多采用同步电动机。

6.4.2　电动机的电势方程式和相量图

　　当水轮发电机从发电机状态过渡到电动机状态时，仅 θ 角改变符号，因此当从发电机观点来表达电动机的电势方程式和绘相量图时，与发电机类似，其相量图如图 6.2（d）所示。事实上，电动机从电网吸取正的有功功率，所以在电动机中，常把电流 $\dot{I}$ 的正方向规定得与发电机状态时相反，如图 6.9（b）所示，这时 $\dot{U}$ 理解为外施电压，$\dot{I}$ 为由外施电压所产生的输入电流，而 $\dot{E}_0$ 则为反电势。这样 φ 角即由滞后于 $\dot{U}$ 变为超前于 $\dot{U}$，且 $\varphi < 90°$，于是功率因数 $\cos\varphi$ 和输入电功率 $mUI\cos\varphi$ 均为正值，显然在扣除定子铜耗后的电磁功率也为正值。

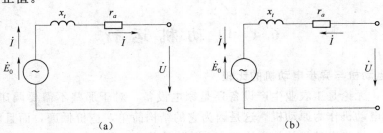

图 6.9　电机的等级电路图
(a) 发电机；(b) 电动机

因此，电动机的电势方程式为

对隐极机　$\dot{E}_0 = \dot{U} - j\dot{I}x_t - \dot{I}r_a$

或　　　　$\dot{U} = \dot{E}_0 + j\dot{I}x_t + \dot{I}r_a$ 　　　　(6.2)

对凸极机　$\dot{E}_0 = \dot{U} - j\dot{I}_d x_d - j\dot{I}_q x_q - \dot{I}r_a$

或　　　　$\dot{U} = \dot{E}_0 + j\dot{I}_d x_d + j\dot{I}_q x_q + \dot{I}r_a$ 　　(6.3)

相应的相量图如图 6.10 所示。

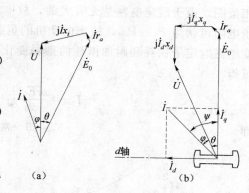

图 6.10　电动机相量图
（a）隐极式；（b）凸极式

6.4.3　功角特性和功率平衡关系

水轮发电机的功角特性表达式同样适用于电动机状态，只是这时功率角 θ 应为负值，随之电磁功率 P_{em} 也为负值，表示从电能转换为机械能。为了获得正值的 P_{em} 重新定义 θ 的正负，规定 $\dot{E}_0$ 滞后 $\dot{U}$ 时 θ 为正值。这时电动机的电磁功率（定义为从电功率转换的机械功率）的表达式则为

$$P_{em} = \frac{mE_0 U}{x_d}\sin\theta + \frac{mU^2}{2}\left(\frac{1}{x_q} - \frac{1}{x_d}\right)\sin 2\theta \tag{6.4}$$

上式除以转子角速度 Ω，便得电动机的电磁转矩为

$$M_{em} = \frac{mE_0 U}{\Omega x_d}\sin\theta + \frac{mU^2}{2\Omega}\left(\frac{1}{x_q} - \frac{1}{x_d}\right)\sin 2\theta \tag{6.5}$$

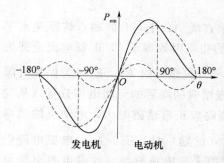

图 6.11　凸极同步电动机的功角特性

凸极同步电动机的功角特性如图 6.11 所示。电机中的能量转换过程是这样的：首先由电网输入电功率 P_1，其中除很小部分消耗于定子铜耗 p_{cu1} 外，主要部分都通过定、转子磁场的相互作用而转换为机械功率，即所谓电磁功率 P_{em}，即

$$P_1 = p_{cu1} + P_{em} \tag{6.6}$$

电动机输出的机械功率 P_2 应比 P_{em} 略小，因为补偿定子铁芯内的铁耗 p_{Fe}、机械损耗 p_{mec} 和附加损耗 p_{ad} 所需的功率都要依靠转子上获得的机械功率来提供，即

$$P_{em} = p_{Fe} + p_{mec} + p_{ad} + P_2 \tag{6.7}$$

6.4.4　无功功率的调节

电动机运行时，从电网吸取的有功功率 P_1 的大小基本上由负载的制动转矩 M_2 来决定，因为 P_1 就等于输出功率 P_2 加上电机内部的损耗。当励磁电流不变时，与发电机相似，在稳定运行区，有功功率的改变将引起功率角改变。由对应的相量图可知，此时也必将引起电机无功功率的变化。如图 6.12 所示的几条功率因数特性可以反映其变化规律。从相量图还可以看出，与发电机一样，当改变电动机的励磁电流时，可以调节无功电流和无功功率的大小和性质。

以隐极电机为例，图 6.13 表示当输出功率恒定，而改变励磁电流时隐极电机的电势

相量图。由于假定电网是无穷大的，故电压 U 和频率 f 均保持不变。由于忽略了电机定子电阻可认为 $P_1 = P_{em}$，故当电动机的负载转矩不变时亦即输出功率 P_2 不变时，如不计改变励磁时定子铁耗和附加损耗的微弱变化，则电机的电磁功率也保持不变。经上述简化，可得

$$P_{em} = \frac{mE_0U}{x_t}\sin\theta = mUI\cos\varphi = 常数$$

即

$$E_0\sin\theta = 常数;\quad I\cos\varphi = 常数$$

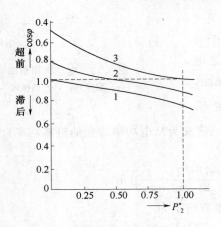

图 6.12　不同励磁时电动机的功率
因数特性 $\cos\varphi = f(P_2^*)$

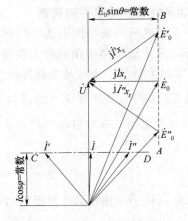

图 6.13　恒功率、变励磁时隐极
电动机的相量图

于是励磁变化时，$\dot{E}_0$ 的端点将落在与 $\dot{U}$ 平行的垂直线 AB 上，$\dot{I}$ 的端点将落在水平线 CD 上。从图 6.13 可见，"正常"励磁时，电动机的功率因数等于 1，电枢电流全部为有功电流，电流的数值最小。当励磁电流小于正常励磁（欠励）时 $\dot{E}_0'' < \dot{E}_0$，为保持气隙合成磁通近似不变，除有功电流外，电枢电流还将出现增磁的滞后的无功电流分量（从发电机惯例来看，它仍为无功超前电流），因此电枢电流将较正常励磁时大，电动机的功率因数则为滞后。反之，当励磁电流大于正常励磁电流（过励）时，$\dot{E}_0' > \dot{E}_0$，电枢电流中将出现一个超前的无功电流分量，此时电枢电流也应比正常励磁时大，功率因数则为超前。

以上分析可知，电动机在功率恒定而励磁电流变化时，曲线 $I = f(I_f)$ 仍旧状似 "V" 字，与发电机时相似，称为电动机的 V 形曲线。图 6.14 表示对应于 4 个不同电磁功率时的 V 形曲线，其中 $P_{em} = 0$ 的一条曲线对应于调相机的运行状态。

由于电动机最大电磁功率 $P_{em\,max}$ 与 E_0 成正比，当减小励磁电流时，它的过载能力也要降低，而对应的功率角 θ 则增大。这样一来，当励磁电流减到一定数值，θ 将增为 90°，隐极电动机就不能稳定运行而失去同步。图 6.14 中虚线表示出电动机不稳定区

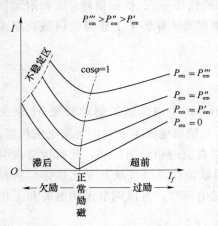

图 6.14　电动机的 V 形曲线

的界限。

　　改变励磁可以调节电动机的功率因数，这是同步电动机最可贵的特性。因为在电网上主要的负载是异步电动机和变压器，它们都要从电网中吸收电感性无功功率，如果将运行在电网上的同步电动机工作在过励状态，使它们从电网中吸收电容性无功功率，从而提高了电网的功率因数。因此为了改善电网的功率因数和提高电机的过载能力，现代同步电动机的额定功率因数一般均设计为 $1\sim0.8$（超前）。

本 章 小 结

　　本章详细讨论了同步电机进相、调相和电动机运行方式时的基本理论和实践问题。

　　同步电机可以有 4 种运行状态：发电机迟相运行、发电机进相运行、调相运行和电动机运行。同步发电机与同步电动机的区别在于有功功率的传递方向不同，同步发电机向电网输送有功功率（θ 为正）；同步电动机从电网吸收有功功率（θ 为负）。由于同步电动机与异步电动机相比，具有功率因数高、静态稳定性能好等优点，因此同步电动机广泛应用于不需要调速的大功率低速机械设备的驱动，这对改善电网功率因数，保证电网电压稳定方面，起着重要的作用。调相机作为无功功率电源装于用电端，为同步调相机运行状态。

思 考 题 与 习 题

　　6.1　简要叙述同步电机处于发电机运行状态和处与电动机运行状态时的区别。

　　6.2　电网中为什么需要发电机进相运行？

　　6.3　如何从迟相发电状态转为进相发电状态？发电机进相运行时对有功功率的输出是否有影响？

　　6.4　什么叫调相运行？水轮发电机调相运行时和发电状态时有什么不同？

　　6.5　决定同步电机运行于发电状态还是调相状态的条件是什么？

　　6.6　水电站供应一远距离用户，为改善功率因数添置一台调相机，此机应装在水电站内还是装在用户附近？为什么？

第7章 水轮发电机不对称运行

发电机三相电动势不对称或三相负荷电流不对称的运行工况称为发电机的不对称运行。发电机在结构上是对称的，其三相电动势也是对称的，因此同步发电机不对称运行主要是由三相负荷电流不对称引起的。

发电机是按在对称负荷下运行而设计的，电力系统的负荷基本上也是三相对称的，例如配电变压器、异步及同步电动机等。但是，在运行中无论是电力系统或发电机本身的三相对称状态，有时会因系统运行需要或不对称短路而被破坏。例如当发电机或系统接有较大的单相电炉、交流电气铁道干线或者由于雷击而发生不对称短路时，都会出现发电机的不对称运行。此时，发电机就会出现三相电流不对称的运行状态。这种不对称运行状态可以分为长期和短时两种。长期不对称运行主要有以下两种形式：不对称负荷（如电气机车等）；各相输电线路阻抗不相等。短时不对称运行主要是指电力系统中非全相运行或发生不对称短路时的运行。此外，单相重合闸过程也是一种短时的不对称运行。

7.1 发电机三相不对称运行状态

7.1.1 长期三相不对称状态

7.1.1.1 三相负荷不对称

铁路上采用电力机车及冶金工厂的电炉等均是容量较大的不对称负荷。下面以电力机车为例简要说明。

电力机车一般都采用直流电动机作牵引机，其供电接线原理如图7.1所示。

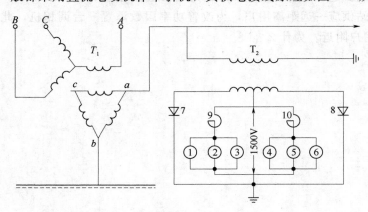

图7.1 电力机车供电接线原理图

图7.1中牵引变电站降压变压器 T_1 为 SFL - 10000/110 型，Y/△ - 11 连接，U_{AB} = $110\pm2\times2.5\%$，U_{ab} = 25～25.5kV，I_A = 52.5A，I_a = 210A；电力机车头降压变压器 T_2

为 JDFD–6300/25 型，25000V/2040V。图中 1～6 为直流电动机，每台容量为 700kW，工作电压为 1500V；7、8 为整流器；9、10 为平波电抗器。

沿铁路线电力机车牵引变电站的供电是分段、分相的，要三个牵引站都能构成三相对称的循环系统。因此，一台电力机车在不同区段运行时，三相负荷不能同时出现，即使在不同区段虽有电力机车同时运行，但因机车数量、载重量、行驶速度等的不同，亦会造成不同区段、机车所需的电流不等，这就给电力系统造成了不对称负荷。

冶金工厂的电炉，采用单相或三相供电的都有，即使是三相电炉，在矿石熔化过程中，三相电气触头往往是不同时与矿石接触，或者炉内矿石的熔化状态不同，电气触头间的电流负荷也就不等。此时，就会出现比较大的不对称负荷。因此，在电力系统与电力机车或电炉等电气距离比较近的发电机，就会出现比较大的甚至超过发电机允许的不对称电流。

7.1.1.2　输电线路三相阻抗不对称

电力系统的非全相运行，低压电网中的"两线一地"供电线路等，都会造成输电线路三相阻抗不对称。为了提高供电的可靠性，在一些重要的高压输电线上，有时分相停电检修线路，或在故障情况下，只断开输电线和变压器的故障相作非全相运行，也会造成输电线路三相阻抗不对称，给发电机造成不对称负荷。

7.1.2　短时三相不对称状态

短时间的三相不对称状态，主要是指电力系统或发电机发生非全相运行或不对称短路时的运行状态。上述情况在电力系统运行中时有发生，但在多数情况下，由于继电保护完善并能正确动作，或者故障处理得恰当，因此不至于造成转子烧毁。

7.2　发电机三相不对称运行状态分析

在发电机中最常见的短路故障多数属于不对称短路。如单相短路、两相短路、两相对中性点短路等。在短路故障的初始暂态过程中，会出现很大的短路冲击电流，但其数值衰减很快。暂态过程结束后就进入了稳态的不对称短路。下面仅分析稳态不对称短路的最简单情况，即认为短路发生在发电机的机端，并且是在无负荷的情况下发生的。如果短路发生在机端以外时，把由发电机到输电线路短路点的线路阻抗，加到发电机的阻抗上去即可。

发电机不对称运行时，定子绕组各相的对称性被破坏，即出现三相电流不对称。常用的不对称运行分析方法是对称分量法。所谓对称分量法就是将三相不对称系统，分解成与之等效的三个对称系统。因此，分析发电机三相不对称运行状态时，定子电流可分解为正序、负序和零序三组对称的电流分量。如图 7.2 所示。零序、正序和负序分量的特点如下。

7.2.1　零序分量

零序分量如图 7.2（b）所示，用脚注"0"表示。零序电流在发电机定子三相绕组内大小相等，方向相同，频率为 50Hz，因此，在定子绕组内产生三个大小相等、相位相同，在空间互差 120° 的脉动磁场。这三个基波磁场在气隙中的合成值为零，无旋转磁场。

零序电流所对应的阻抗为零序阻抗 Z_0（或对应的为零序电阻 r_0 和零序电抗 x_0）。

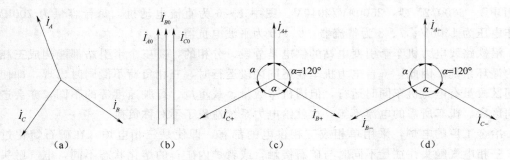

图 7.2　不对称的三相电流相量及其分量

(a) 不对称的电流相量；(b) 零序分量；(c) 正序分量；(d) 负序分量

零序电流在发电机内产生定子漏磁通和 3 及其倍数的谐波磁通，其中 3 及其倍数的谐波磁通在气隙内的数值很小，其电抗可以略去不计。

定子漏磁通分为槽漏磁通和端部漏磁通。对于单层和双层整距绕组，每槽内导体属于同一相，且电流方向相同，零序电流产生的槽漏磁通和正序电流的一样，相应的零槽漏电抗和正序槽漏抗相等。端部漏磁由于有互感的影响，零序电流的端部漏抗小于正序序电流的端部漏抗，因此整距绕组的零序电抗 x_0 略小于正序电流产生的漏抗 $x_{1\sigma}$。在双层短距绕组的每一槽中，上下层导体不属于同一相，上下层导体内正序电流之间有相位差，而零序电流在上下层导体之间同相，方向又相同，槽漏磁几乎完全抵消，当节距为 $\dfrac{2}{3}\tau$ 时，零序电抗接近于零。端部漏磁也很小。故零电抗在 $0 < x_0 < x_1$ 之间。

零序电流产生的气隙磁通，不和转子绕组相连，定子和转子之间无零序磁通的耦合，因此，零序电阻就是定子绕组的正序电阻 r_+。

7.2.2　正序分量

正序分量如图 7.2 (c) 所示。其相序为 $\dot{I}_{A+} - \dot{I}_{B+} - \dot{I}_{C+}$，即 $\dot{I}_{B+}$ 落后于 $\dot{I}_{A+}$ 120°，$\dot{I}_{C+}$ 落后于 $\dot{I}_{B+}$ 120°。发电机内的三相正序电流和电势 E_0 的相序相同。正序电流在发电机内的情况与发电机带三相对称负荷运行的情况一样，产生正序旋转磁场，与转子的旋转方向相同，并且与之同步旋转，即与转子是相对静止的，在转子里不感应任何电流，对电机没有什么特殊影响。

正序电流在发电机内产生正序阻抗 Z_+，与其相应的为正序电阻 r_+ 和正序电抗 x_+。x_+ 在隐极发电机内就是发电机在对称负荷下运行时的同步电抗 $x_t = x_{ad} + x_\sigma = x_1$。对于凸极式发电机而言，$x_+$ 的大小与负荷性质有关，由电枢反应磁势与转子纵轴磁势轴线间的相对位置而定。当三相对称稳定短路时，正序电流产生纵轴电枢反应，正序电抗 x_+ 就是纵轴同步电抗 x_d 的非饱和值。r_+ 就是定子绕组的有效电阻。

7.2.3　负序分量

负序分量如图 7.2 (d) 所示。其相序为 $\dot{I}_{A-} - \dot{I}_{B-} - \dot{I}_{C-}$，即 $\dot{I}_{C-}$ 落后于 $\dot{I}_{A-}$ 120°，$\dot{I}_{B-}$ 落后于 $\dot{I}_{C-}$ 120°。发电机内的三相负序电流，在定子绕组中也产生定子漏磁通和电枢反应磁通。但其电枢反应磁场为一个反同步旋转磁场，相对转子以两倍同步速度旋转。因此，它在转子各部件内会感应两倍频率的电势和电流，这些电流在转子上又会产生转子漏磁通和一个正转与一个反转的（都以同步转速旋转）旋转磁场。转子上反转的同步旋转磁场和定子上的反转旋转磁场在气隙中是同步的，这样使气隙中的两个反同步旋转磁场的合成值大大减小。如果转子上的阻尼作用相当强时，足以抵消定子上的反同步旋转磁场，则负序电流产生的磁场实为定子与转子的漏磁场。此时，负序电流所产生的负序电抗 x_- 就应为定子漏抗 x_σ 和折合到定子绕组的转子漏抗 $x'_{1\sigma}$ 之和。若转子漏抗很小，则可以近似地认为 $x_- \approx x_\sigma$。

零序、正序和负序电流分量值为

$$\left. \begin{aligned} \dot{I}_{A0} &= \frac{1}{3}(\dot{I}_A + \dot{I}_B + \dot{I}_C) \\ \dot{I}_{A+} &= \frac{1}{3}(\dot{I}_A + \alpha \dot{I}_B + \alpha^2 \dot{I}_C) \\ \dot{I}_{A-} &= \frac{1}{3}(\dot{I}_A + \alpha^2 \dot{I}_B + \alpha \dot{I}_C) \end{aligned} \right\} \tag{7.1}$$

在发电机中性点未接地，升压变压器中性点接地的电路中，若在发电机出线和变压器低压侧之间发生不对称短路时，由于发电机三相绕组通常为星形连接方式，零序电流不能流通，因此发电机内仅出现正序、负序电流，无零序电流；若在系统内出现不对称负荷或不对称短路时，发电机内也只有正序和负序电流，零序电流仅能在升压变压器高压侧和故障点之间构成有零序通路的回路中流过。不对称运行时，发电机三相绕组中的正序和负序电流相互叠加形成了定子的各相电流，其值可能超过额定电流，从而使绕组发热超过允许值。

7.3　负序电流对发电机和电力系统的危害

7.3.1　负序电流在转子中产生附加损耗与发热会烧坏转子

发电机处于三相不对称状态运行时，定子绕组内除正序电流外还有负序电流。正序电流是由发电机电势产生的，它所产生的正序磁场与转子保持同转速同方向旋转，对转子而言是相对静止的，在转子绕组中不产生感应电流。此时，转子的发热主要由励磁电流来确定。

负序电流出现后，它和正序电流叠加使定子绕组相电流可能超过额定值，导致绕组的发热有时会超过允许值。此外，负序电流的磁场以两倍同步转速切割转子绕组，因而在转子绕组及转子的其他部分如槽楔、齿部、阻尼绕组中，产生两倍频的附加电流。

水轮发电机的转子是凸极式的，励磁绕组经绝缘套装在极靴下的磁极铁芯上，即励磁绕组是绕在转子铁芯外围的，而不是放在槽内。负序电流在转子中所引起的损耗主要分布在磁极的极靴处，电流通路没有转子部件的接触面，金属部件的温度通常不超过降低其机械强度的温度值。励磁绕组的温升以靠近极靴的线圈为最大，但凸极式转子励磁绕组冷却条件较好，磁极之间有较大的空隙散热，转子的热容量也大。通过对各种不同类型水轮发电机的试验，结果表明水轮发电机励磁绕组的平均温升有相当大的余度，因此水轮发电机转子附加发热产生的温升都较汽轮发电机的小，故允许有较大的负序电流。

7.3.2　负序电流产生附加力矩增加机组振动

发电机三相电流不对称运行时，正序电流产生正向旋转磁势，负序电流产生反向旋转磁势，其合成磁势为椭圆形的旋转磁势，如图 2.50 所示。该磁势的大小周期性交替变化，变化频率为额定频率的 2 倍。因此，由合成磁势产生的转矩也是交替变化的，即产生 100Hz 的交变转矩。由于该转矩同时作用在转子轴和定子机座上，将使发电机产生 100Hz 的振动，并伴有噪声。故负序磁场会增加机组的振动，甚至导致金属疲劳和机械损伤。

交变转矩的大小还与转子不对称的程度有关。由于水轮发电机的转子直径较大，纵轴和横轴磁导的差值比汽轮发电机转子的大，因此在等效的不对称负荷下，水轮发电机的交变转矩较大，因而由负序电流引起的附加较为严重。

机组承受振动的能力与其结构有关，铸造机座承受振动的能力大，焊接机座承受振动的能力就小。因此，后者若在强烈的振动之下，焊缝容易开裂。

长期的运行实践和试验实测均证明，对于水轮发电机而言，因转子直径大，纵轴和横轴的电抗值相差较大，故附加的振动也大。在特殊情况下，若水轮发电机定子铁芯或机座的自振频率与 100Hz 很接近时，即使负序电流值不大，100Hz 的附加振动也较大。又由于水轮发电机的机座是焊接件，承受振动的能力较弱，所以附加振动成为限制水轮发电机不对称运行的主要条件。

从上面的分析可以看出，发电机的不对称运行，主要决定于下列 3 个条件：

(1) 负荷最重的一相的定子电流，不应超过发电机的额定电流。

(2) 转子任一点的温度，不应超过转子绝缘材料等级允许温度和金属材料的允许温度。

(3) 不对称运行时出现的机械振动，不应超过允许值。

条件 (1) 是考虑到定子绕组的发热不超过允许值，条件 (2)、(3) 是针对不对称运行的负序电流所造成的危害而提出来的。由于发电机的结构、材料和冷却方式等的不同，其允许范围也不同，不对称运行时，负序电流的允许值和允许持续时间都不应超出制造厂规定范围。

7.3.3　负序电流使异步电动机的效率降低，出力减小

当电力系统三相电压不对称时，会导致异步电动机的损耗增加，出力减小。通过对异步电动机此时的负序损耗和负序转矩的分析，结果表明，当电力系统加到异步电动机绕组端的电压，三相不对称时，在转子中会引起很大的附加损耗，使效率降低。同时，由于负序转矩的旋转方向与正序电磁转矩的旋转方向相反，会使异步电动机的合成转矩减小，导致出力降低。

因此，当加在异步电动机绕组端的三相电压不对称时，就会出现负序电压，其值会在异步电动机中引起负序电流，使转子损耗增加；同时，负序电压还会使异步电动机的合成转矩减小，导致转子转速下降，损耗更增加，效率降低，出力下降，使异步电动机的运行性能进一步恶化。当电力系统局部故障，造成三相电压严重不对称，负序电压值很高时，还会造成异步电动机烧坏事故。这在电力系统中是时有发生的。

7.3.4　对通信线路引起调频干扰

发电机在不对称状态下运行，其负序气隙旋转磁场，切割转子绕组，产生两倍频的附加电流。由于转子绕组为单相绕组，两倍频的脉动磁场可以分解为对转子以两倍同步速度正、负旋转，幅值为原幅值 1/2 的两个旋转磁场分量。以两倍同步速度正转的磁场分量会在定子绕组中感应出一系列 3、5、7、9、…奇次谐波的电流。这些奇次谐波的电流又会在

转子绕组中感应出一系列 2、4、6、8、…偶次谐波的电流。定、转子绕组中的这些高次谐波依次交错感应而生。虽然，这些高次谐波电流，次数越高，其幅值越小，但定子绕组中的高次谐波电流在输电线上，会产生高频磁场，它对邻近输电线路的弱电流通信线路，要感应高频电流并干扰通信线路的正常运行。

7.4　发电机的负序能力及其确定因素

发电机在不对称状态下运行时，定子绕组中就有负序电流存在。负序电流对发电机和电力系统均有一定的危害。但是，负序电流对发电机危害最大的是在转子中引起附加损耗与发热；其次是引起机组振动。因此，发电机转子的耐热性能，即承受负序电流的能力（以下简称负序能力），是发电机的重要性能指标之一，它涉及发电机的设计、制造和运行。

发电机的负序能力，主要是由转子表面各部件允许的最高温度所决定：由各部件长期允许最高温度所决定的负序能力，叫做稳态负序能力；由各部件瞬时允许最高温度所决定的负序能力，叫做暂态负序能力。

7.4.1　稳态负序能力及其确定因素

7.4.1.1　稳态负序能力

发电机稳态负序能力，是指发电机在三相负荷对称的额定工况下运行，各部温度稳定后，再承受（施加）负序电流。此时，在转子表面各部件上又会引起附加温升，当转子表面任一部件的温度，达到该材料长期允许的最高温度时所承受的负序电流值，就是该发电机能够长期承受的最大负序电流的能力，即稳态负序能力。

目前对运行中的发电机，还不能长期监测和控制转子表面的温度。但是，可以通过测量出正序和负序电流与转子部件表面温度的关系，再由转子部件长期允许的最高温度限额，确定发电机的稳态负序电流值。然后，在运行中以监测此稳态负序电流值来达到控制转子部件温度不超过限额值的目的。因此，目前国内外均用负序电流分量 I_2 与额定电流 I_N 之比的标么值来表征发电机的稳态负序能力，即 $I_2^* = \dfrac{I_2}{I_N} \times 100\%$。

7.4.1.2　确定稳态负序能力的因素

确定发电机稳态负序能力的因素如下。

1. 转子绕组绝缘等级及允许温度

发电机在三相不对称负荷下运行时，定子电流中的负序电流磁场，在转子本体上会引起附加损耗与发热。由于转子本体部件导热性好，并且紧接触绕组绝缘，故部件温度高低直接影响到绝缘的运行寿命。目前转子绕组多数采用 B 级绝缘材料，该材料长期允许的最高温度为 130℃。因此，发电机在不对称负荷下长期运行时，转子表面各部件长期允许的最高温度，应不影响转子绕组 B 级绝缘材料的运行寿命。

2. 转子部件材料的高温蠕变特性

转子部件材料的高温蠕变特性，是指在一定的温度和压强作用下，材料的变形量与时间的关系。通常材料的变形量与时间的关系为起始、稳定和加速 3 个发展阶段。材料的温度高低与压强大小，对 3 个发展阶段的时间长短影响很大：如果温度低、压强小，则每一阶段发展的时间就很长；反之，则要缩短。由于目前我国尚未做出转子部件材料130℃的蠕变特性，因此暂时无法定量考虑其影响。

综合上述两点得出：确定发电机稳态负序能力的主要因素，是由转子绕组绝缘材料的耐热等级所确定的。

7.4.2　暂态负序能力及其确定因素

7.4.2.1　暂态负序能力

发电机暂态负序能力，是指发电机在三相对称负荷额定工况下运行，各部温度稳定后，发电机或者电力系统发生不对称故障或者单相重合闸时，发电机承受短时间的负序电流的能力。此时，转子表面各部件因负序电流引起的附加温升，达到某一部件材料瞬时允许的最高温度。

目前对运行中的发电机，尚不能及时监测和控制转子表面的瞬时温度。但亦可采用试验的方法，求取发电机的暂态负序能力。然后，在运行中由此暂态负序能力来整定负序保护。这样，当电机发生不对称故障时，负序保护即可按反时限动作，确保转子部件的温度不超过其瞬时允许的最高限值，防止烧损转子。

7.4.2.2　确定暂态负序能力的因素

1. 转子部件材料高温时的机械强度

在电力系统中发电机的短时不对称故障，通常是由于不对称短路（事故）引起的。短路时，流经有关回路的暂态电流，有较大的直流分量和负序分量。负序电流分量的大小，与网络的接线、短路点的位置等有关。其最大值可达到 $1\sim 2$ 倍额定电流。两种电流在转子表层分别感应出 $50\mathrm{Hz}$ 和 $100\mathrm{Hz}$ 的强电流密度，产生涡流损耗，引起局部高温。其结果，严重时会烧损转子部件，或使转子部件材料的机械强度降低，致使转子部件因机械强度不够而甩出。因此，转子部件材料瞬时高温的机械强度，是限制发电机暂态负序能力的主要因素。

2. 转子部件材料瞬时允许的最高温度

发电机在运行中发生不对称突然短路时，由负序电流引起的转子表面的局部温度虽然很高，但是其他部位的温度则较低。当继电保护动作将机组解列突然甩负荷后，发电机转子的转速迅速升高，调速器动作，将转速维持在额定值运转。此时，虽然故障已经切除，但是转子表面部件的温度在极短的时间内还来不及下降很多。

考虑到上述实况之后，在转子部件材料瞬时高温下，确定其屈服极限 $\sigma_{0.2}$ 允许的最低值和相应的瞬时允许最高温度时，转子部件材料的机械应力应按 1.12 倍额定转速计算。$\sigma_{0.2}$ 的安全系数均取为不小于 1.4。

7.5　减轻负序电流影响措施

根据以上分析可知，不对称运行时对电机将来的不良影响，主要是由于负序电流所建立的反向旋转磁场。转子上如安装有阻尼绕组，当反向磁场切割转子时，阻尼绕组因为电阻和漏电抗很小又安装在极靴表面，将产生较大的感应电流而显著地削弱反向磁场。阻尼绕组的漏阻抗越小，阻尼作用就越强，削弱反磁场的效果就越显著。不对称运行时，因有阻尼绕组而可降低转子的损耗和发热，并缩小了转子纵横轴的差异，减小交变转矩，从而可以提高承受负序电流的能力。

　　水轮发电机的转子通常加装有阻尼绕组。汽轮发电机因为整块转子已能起到一定的阻尼作用，为避免转子结构的复杂件，一般不再另装阻尼绕组。大容量汽轮发电机的定子线负荷较高，需另加装阻尼绕组，以提高发电机承受不对称负荷的能力。

本 章 小 结

　　本章介绍了发电机不对称运行的基本概念及分析不对称运行时常用的方法，对称分量法。分析发电机三相不对称运行状态时，定子电流可分解为正序、负序和零序三组对称的电流分量。零序电流在发电机定子三相绕组内大小相等，方向相同。由于发电机三相绕组通常为星形连接方式，零序电流不能流通，因此发电机内无零序电流；正序电流在发电机内的情况与发电机带三相对称负荷运行的情况一样，产生正序旋转磁场，与转子同步旋转，即与转子是相对静止的，在转子绕组不感应任何电流，对发电机没有什么特殊影响。负序电流在定子绕组中产生的电枢反应磁场为一个反同步旋转磁场，相对转子以两倍同步速度旋转。因此，在转子各部件内感应出两倍频率的感应电势和电流。重点阐述了负序分量的特点，以及不对称运行对发电机的不良影响。不对称运行主要是引起转子发热与电机振动。如果转子采用较强的阻尼系统，就可以改善这种状况。

思 考 题 与 习 题

　　7.1　什么是发电机的三相不对称运行？

　　7.2　发电机为什么会出现三相不对称现象？

　　7.3　三相电流不对称时对发电机有什么影响？

　　7.4　负序磁场的特点是什么？

第8章 水轮发电机调频及超负荷运行

8.1 水轮发电机的调频运行

在分析问题时，常把电力系统视为无穷大系统，然而实际电力系统的容量总是有限的，由于电力系统负荷不断的投入和切除，因此，造成系统频率不断波动。如果波动值过大，将会造成机械加工工件达不到需要的精度，纺织产品出现次品和废品等，此外还会影响到水轮发电机组和电力系统自身工作的稳定等。为了保证系统频率趋于平稳，必须时刻对发电机输出的有功功率进行调整。

因此，我国电力系统规定系统频率应经常保持在 $49.8 \sim 50.2\mathrm{Hz}$ 的范围内运行，即允许的频率偏移为 $\pm 0.2\mathrm{Hz}$。在电力系统中，所有用电单位消耗的功率、电网输配电过程的功率消耗和发电厂的厂用电的总和，称为用电负荷。当用电负荷大于所有发电机发出的总功率时，系统频率就要下降；反之即上升。根据电力系统频率的变化随时调节水轮发电机输出的有功功率，以保持电力系统频率在合格范围内的运行方式称为调频运行。

8.1.1 有功功率电源和备用容量

电力系统中所有发电机额定功率之和总是大于日最大用电负荷的。即这些发电机中有一部分是备用容量。备用容量中又分负荷备用、事故备用、检修备用及国民经济备用等。

负荷备用是为了保证电力系统频率稳定而设置的备用容量。因为系统实际用电负荷会在预计每天计划的负荷曲线之外出现脉动和短时冲击负荷。由此而产生的发电容量和总负荷之间的正负差值会引起频率波动，这时系统发电设备如能立刻送出事先准备好的负荷备用功率就可以平衡这些脉动负荷，使系统频率趋于平稳。当供电容量大于总负荷时，频率升高，这时应该减少发电容量，从而保证系统频率在额定值附近运行。这种为保证系统在额定频率下运行的负荷备用容量，一般为系统最大负荷的 $2\% \sim 5\%$（大系统采用较小数值，小系统采用较大数值）。

事故备用，当电力系统中运行着的发电设备发生偶然事故时，系统将因缺电而受严重影响。为了补充缺电和减少影响，系统中设有事故备用容量待命投入，以维持系统正常供电，这个容量一般为系统最大负荷的 $5\% \sim 10\%$。

所有参加电力系统运行的发电机，有热备用和冷备用容量两种形式。热备用容量是指运转中的所有发电设备可能发出的最大功率与系统用电负荷之差（即系统中某些运行发电机的输出功率是小于它们的额定容量的），因而热备用也称运转备用。冷备用容量是指平时在停机状态，但又可以较快地投入运转的发电容量。对水电厂来说，由停机状态到发最大功率只需几分钟或更短；对火电厂来说，这过程可能长达十余小时。显然，把冷备用容量安排在有条件的水电厂对电力系统的安全运行较为有利。检修中的发电设备不属于冷备用，因为它们不能接受系统调度的命令立刻起动。

检修备用是根据电力系统中各发电厂的运行方式、设备特点统一安排的。因为电力系统所有设备都有一定的检修周期，特别是发电机、变压器和开关等设备每年都要进行春、秋检和预防性试验，因此在安排设备检修的时候要考虑留有一定的系统备用容量。当检修设备停电检修时，将这些备用容量补充到电网中，从而平衡系统的有功负荷。

国民经济备用容量是考虑到国民经济的发展，不断有新的用电负荷投入到电网中而设置的备用容量，一般取电力系统总容量的 $3\%\sim5\%$。

综上所述，电力系统在运行中总负荷和发电设备容量之间存在下列关系：

$$\sum P_{FD} = P_{c\max} + P_{FB} + P_{SB} \tag{8.1}$$

式中　$\sum P_{FD}$——系统中所有运转着的发电设备可能发出的最大功率之和；

　　　$P_{c\max}$——系统最大负荷；

　　　P_{FB}——负荷备用容量中的热备用部分；

　　　P_{SB}——事故备用容量中的热备用部分。

由此可见，系统中必须有多台发电机组是非满载运行的。

8.1.2　电力系统频率调整原理

8.1.2.1　频率特性和调差系数

现在介绍如何保持电力系统的频率在额定值下运行的过程。从保持额定频率运行的角度看，我们把电力系统的元件分成三类，并简单分析它们的频率特性。这里所称的频率特性是指电力系统频率变化后，它们在输出功率或吸收功率上所作的反应；这三类元件分别是如下几种。

（1）汽轮发电机组。它们的频率特性是调差特性较陡（即系统频率下降时，机组转速下降）。这时机组调速器能自动地使汽轮机汽门适当打开，增加蒸汽进入量，发电机增加有功功率输出，但增加量较少。

（2）水轮发电机组。它们的频率特性是调差特性较平坦。即系统频率下降时，机组调速器能自动地将水轮机导水叶适当打开，增加进水量，从而增加发电机有功输出，而且增加量较多。

（3）综合负荷。一般负荷的频率特性是电力系统频率下降后，该负荷吸收的有功功率要减少。

通常采用调差系数 σ 定量地表示上述各种机组的频率特性，以便于系统调度控制各电厂都能经济安全地运行。σ 的大小表示机组适应负荷变化的能力，σ 值较大时，机组适应负荷变化的能力较差；反之，则较强。σ 可由机组调速器的整定值反映出来，其物理意义可用式（8.2）表示，即

$$\sigma = \frac{f_0 - f_N}{f_N} \times 100\% \tag{8.2}$$

式中　f_0——机组空载时的频率，Hz；

　　　f_N——机组带额定功率 P_N 时的频率，Hz。

汽轮发电机组因锅炉及汽轮机适应负荷变化的能力较差，例如汽轮机一般由 50% 的额定功率增加到 100%，大约需要 $10\sim25\min$，因此调差系数一般为 $\sigma=3\%\sim5\%$。

水轮发电机组因其水轮机及引水系统（特别是坝后式水电厂）适应负荷变化的能力较强，例如水轮机由 50% 额定功率增加到最大限制功率，所需时间不到 $1\min$，因此其调差系数一般为 $\sigma=2\%\sim4\%$。

8.1.2.2 系统频率的一次调整和二次调整

当电力系统频率发生变化时，系统靠自身的调节能力将系统频率调整到一个新的稳定值的过程称为一次调频。由于电力系统一次调频并不能使频率恢复到额定值，因此必须通过外部干预（调整发电厂机组的出力或系统负荷），使系统频率恢复到额定值，这一过程称为二次调频。

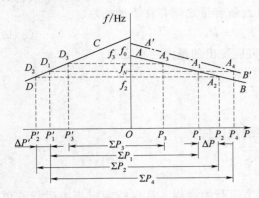

图 8.1　电力系统调频特性

电力系统进行调频时的一次调整及二次调整过程，如图 8.1 所示。$\overline{AB}$ 表示调频电厂的综合调差特性曲线，$\overline{CD}$ 表示电力系统中所有非调频机组综合调差特性线。在一般情况下，$\overline{AB}$ 的调差系数 σ_A 要比 $\overline{CD}$ 的 σ_C 小，而在额定频率 f_N 时，调频电厂输出的功率 P_1 要比非调频机组总输出功率 P'_1 小很多。假定原电力系统所有发电设备总输出功率 $\sum P_1 = P_1 + P'_1$ 等于所有负荷吸收功率的总和，而且频率保持在额定值 f_N。这时，系统中如果新增加一个较大的负荷量，那么由于发电总功率小于总负荷，系统频率就要下降。所有发电机组的频率特性将因系统频率下降而使发电总功率增加，调频电厂的输出功率由 P_1 增加至 P_2，非调频机组总输出功率由 P'_1 增加至 P'_2。系统中原有各负荷的频率特性将因频率下降而使吸收的总功率减少。一个增加，一个减少就会出现新的负荷平衡状态，这时系统频率将稳定运行在 f_2，f_2 稍低于 f_N，系统的总输出功率为

$$\sum P_2 = P_2 + P'_2 = P_1 + \Delta P + P'_1 + \Delta P' > \sum P_1 \tag{8.3}$$

上述过程为一次调频过程。如果系统负荷减少，同理一次调频可使系统达到另一新的平衡状态，这时稳定运行的频率 f_3 却要稍高于额定频率 f_N，而系统总输出功率为

$$\sum P_3 = P_3 + P'_3 < \sum P_1 \tag{8.4}$$

电力系统虽经一次调频可达到新的平衡，但是频率却偏离了额定值，而使电能的质量降低，因此必须经过二次调频，使系统频率恢复到额定值。

当系统频率经一次调整而低于额定值稳定运行时，需要通过外部干预调频机组的调速器，使调频机组的调差特性曲线 $\overline{AB}$ 往上平行移至 $\overline{A'B'}$，也就是使调频机组有功功率的输出增加至 P_4。由于电力系统发电总功率大于总负荷所需总功率，因此系统频率上升至额定值后，非调频电厂将根据调差特性曲线 $\overline{CD}$ 自动减少一次调频中增加的功率输出而恢复到按原计划输出的功率 P'_1，这样一次调整前的负荷增量就全部由调频机组来承担了。即

$$\sum P_4 = P'_1 + P_4 \approx \sum P_1 + \Delta P + \Delta P' \tag{8.5}$$

同理，当系统负荷减少时，也会经历一次调频和二次调频的过程。调频电厂将减少功率输出，而非调频电厂仍按原计划输出功率，并且系统频率仍保持额定值。

上述通过外部干预调速器使调频机组的调差特性上下移动，就是通过人或自动调频装置来操作调速器，增大或减小导叶开度，达到调节调频机组输出功率的目的。

由于水轮发电机组适应负荷变化的能力较强，因此一般选用水轮发电机组作为调频机组。

8.2　水轮发电机的调峰运行

调峰运行是水轮发电机组对电力系统高峰负荷的增长量迅速做出响应的一种运行方式。由于昼夜用电负荷的不均衡性，电力系统负荷曲线形成高峰及低谷；又因电力系统中风力发电和光伏发电等新能源电站的迅速发展，风电和光伏发电装机容量比例迅速增加，对系统的调峰又提出了新的课题。在用电高峰时，要增加发电机输出功率，保证电力系统的供电质量。电力系统调峰机组，可以用水轮发电机组、燃汽轮机组或汽轮发电机组进行调峰。相比之下水轮发电机组最为合适而且经济。这是因为水轮发电机组具有开停机简单迅速、增减负荷速度快，以及水电成本低廉的缘故。在电力系统中，从调峰的角度考虑，水轮发电机组的装机容量占整个电网容量的 10％～15％ 比较适宜。

随着抽水蓄能机组的发展，常规水电机组的调峰在部分地区可以由抽水蓄能机组来完成。其发电电动机组既能调峰又能填谷，对电力系统负荷高峰低谷的调节又多了一种手段。对于火电比重占绝对优势，水电比重小且调节性能又差的电网尤为重要。

抽水蓄能机组吸取夜间电力系统负荷低落时的剩余电能进行抽水，使火电机组不必降低输出功率或部分停机，同时也改善了火电机组的运行条件。在高峰时利用抽上去的水量来发电，以解决电力系统调峰负荷的增长。所以，以火电为主的电力系统，要解决系统调峰问题，一个有效的途径是建设抽水蓄能电站。

承担调峰运行的水电机组，每天启动、停机次数多，定子绕组的冷热循环频繁。因此，在设计时尤其是大容量机组应该充分重视对线棒绝缘和槽内固定等结构的考虑。

8.3　水轮发电机的超负荷运行

所谓水轮发电机的超负荷运行是指发电机实际发出的有功功率超过该发电机额定功率的情况。这种情况只有水电厂的实际运行水头超过了水轮机的设计水头时才有可能发生。

对于年利用小时数很高的水电厂或在径流式电厂及在调节水库库容很小的电厂，可考虑到超负荷运行的情况。因为这些水电厂往往有较长时间的弃水现象，利用一部分弃水超负荷运行，多发电可以获得到较大的经济效益。

8.3.1　提高功率因数的超负荷运行

要使水轮发电机超负荷运行，首先需要考虑的是提高功率因数运行，即减少发电机的无功功率输出而增加发电机的有功功率输出，保持发电机的额定电压和额定电流不变。例如一台额定功率因数 $\cos\varphi_N = 0.85$ 的发电机，如果实际将其功率因数提高至 $\cos\varphi = 0.95$，则发电机的有功功率输出将增加 11.8％。提高功率因数超负荷运行应从以下 3 个方面考虑。

1. 是否影响发电机绕组的绝缘寿命

提高 $\cos\varphi$ 运行，但运行电压和电流还是额定值。因为发电机的电磁功率损耗与运行电压、电流成比例关系，所以要是电磁损耗不变，那么发电机的温度就不会变，而仍然是额定运行条件下的额定温度。也就是说提高功率因数的超负荷运行并不影响电机的寿命。

2. 是否影响电机结构的机械强度

一般设计发电机主轴等部件的受力条件时，其额定转矩是把额定视在功率 S_N 作为额定功率 P_N 来计算的，也就是说机械强度留有余量。因此提高功率因数运行并不会给电机结构的机械强度带来威胁。

3. 对电力系统稳定的影响

提高功率因数运行要增加有功功率输出，静态稳定储备 $k_P\%$ 就会减少，这样是否会引起静态稳定或动态稳定的破坏，则要根据电力系统、水电厂及其连接的具体情况进行分析验算来确定。

8.3.2　超过额定视在功率的超负荷运行

当水轮发电机超负荷运行输出的视在功率超过该发电机的额定视在功率 S_N 时，如果没有相应的措施，则发电机定子绕组和转子绕组的实际运行温度就会超过额定工况运行时的温度。如果温度超过绝缘材料的允许值，就会加速绝缘材料的老化，影响电机的使用寿命。若温度超过很多，将会引起电机事故甚至烧毁电机。如果采取措施改善通风冷却条件，超负荷运行也不会引起电机温度过高。

8.4　水轮发电机电压、频率及功率因数变化时的运行

8.4.1　电压变化时的运行情况

水轮发电机正常运行时，在保持额定功率不变的情况下，端电压允许在一定范围内变动（中小型：机端电压额定值的 ±5％；大型：±2％）。当电压低到超出允许范围以下时，为了维持额定功率不变，势必相应增大定子电流。在电压降低时铁耗固然可以减少，但由于定子电流增大，相应铜耗加大。通常铜耗引起的温升常大于铁耗引起的温升，因而使定子绕组总温升仍要增大。在一定的功率因数下，当定子电流增加时，电枢反应去磁效应增加，因而转子励磁电流也要增加，由此励磁绕组温升也难于保证不超过容许值。因此当电压低到允许范围以下运行时，发电机应降低额定功率。水轮发电机电压过低除对温升影响较大以外，还会影响励磁调节的稳定、机组运行的静态稳定以及电厂厂用电动机的运行。

当电压高于额定值时，发电机势必增加磁通，使得磁场增强。若保持发电机有功功率不变而提高电压，那么就要增加励磁电流，从而会使励磁绕组温度升高。若要维持原来的励磁电流不变，则升高电压势必降低定子电流，即降低有功功率输出。过分提高电压也是不允许的。升高电压还可能使发电机由于铁芯饱和而使部分磁通逸出轭部，在结构部件中产生涡流，而出现局部高温。对电压为 6300V 的发电机来说，若电机原来就有绝缘老化或有薄弱环节，升高电压运行是有击穿危险的。例如一台 6500kW（375r/min）立式水轮发电机，当电压上升 10％ 时，发电机磁路各部分都相当饱和，励磁绕组温升比额定电压时上升 1.4 倍。

8.4.2　频率变化时的运行情况

频率的变化和整个电力系统的有功平衡情况有关。在电力系统运行频率变化允许的范围内，发电机的有功功率输出可保持不变。当频率低到超出允许范围时，电站运行人员应注意监视有关部分的温度。

频率降低对发电机有以下影响：

（1）由于发电机电压与频率、磁通成正比，所以当频率降低时，若要维持额定电压不变，必须增大磁通。这就需要增加励磁电流，要受到励磁绕组温升的限制。

（2）频率下降引起转子转速下降，从而引起发电机的风量下降，其结果是发电机的冷却条件变坏，各部分温度升高。

（3）频率下降，发电机定子铁芯振动加剧，噪声升高，对铁芯的拉紧部件破坏性较大。

8.4.3 功率因数变化时的运行

一般发电机都在功率因数滞后的状态下运行。水轮发电机在运行中，若功率因数与额定值不一致，应调整发电机的负载，使定子电流和励磁绕组电流不超过一定冷却风温下所允许的数值，一般要绘制发电机的调整特性曲线。

功率因数低于额定值意味着感性负载增加。为了维持输出电压恒定，必然要增加励磁绕组电流，而降低了发电机有功功率和发电机容量。当功率因数减小至零时，则进入调相运行。这是一个运行的极端状态。

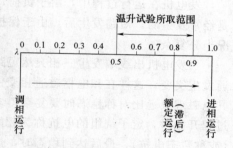

图 8.2 功率因数与不同运行
状态关系图

功率因数大于额定值意味着无功功率减少，由于水轮机限制了对有功功率的输出，则发电机总的容量也要减少。当功率因数变为超前时，发电机就进入进相运行。这是另一个运行的极端状态，如图8.2所示。

本 章 小 结

本章介绍了水轮发电机的调频、调峰、超负荷运行的概念及电压、频率和功率因数变化时水轮发电机的运行状况。

根据电力系统频率的变化随时调节水轮发电机输出的有功功率，以保持电力系统频率在合格范围内的运行方式称为调频运行。调峰运行是水轮发电机组对电力系统高峰负荷的增长量迅速做出响应的一种运行方式。超负荷运行是指发电机实际发出的有功功率超过该发电机额定功率的方式。

思 考 题 与 习 题

8.1 什么是负荷备用、事故备用和检修备用？

8.2 电力系统中总负荷和发电设备容量之间存在什么关系？

8.3 什么是调频、调峰运行？在电力系统中各起什么作用？

8.4 在条件允许的情况下，可以通过哪些途径使水轮发电机超额定负荷运行多发电？

8.5 说明当水轮发电机处于发电运行、进相运行、调相运行时，功率因数是如何变化的？

第4篇 水轮发电机异常运行及常见事故

第9章 水轮发电机的突然短路

9.1 突然短路的概念

发电机在运行过程中，由于负荷、人为和恶劣天气等原因造成发电机突然短路的现象是经常发生的。短路发生后，由于保护动作，很快将故障切除。虽然时间非常短暂，但情况十分复杂。

当发电机出线端发生三相突然短路时，由于定子三相电流发生突然变化，导致电枢磁通发生突变，这样在和电枢磁通相交链的转子绕组和阻尼绕组中将产生感应电势和电流，其电磁现象远比对称稳态时要复杂得多。此时定子绕组的电抗已不再是同步电抗，在瞬变过程开始时，定子绕组的电抗称为超瞬变电抗（或称次暂态电抗），以后过渡到瞬变电抗（或称暂态电抗），最后达到稳态时，又恢复为同步电抗。本节主要阐述同步发电机在瞬变过程中定子绕组电抗所发生的变化，介绍瞬变电抗及超瞬变电抗的概念。

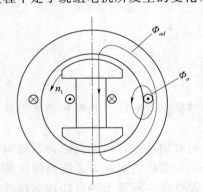

图 9.1 无阻尼绕组的同步发电机稳态短路时电枢磁通所经过的路线

如果逐步减少同步发电机外接负载的阻抗，使之缓慢地变化到零，与之相对应的电枢电流和电枢磁通的变化也是缓慢的。这样电枢磁通在穿过转子 d 轴时，不会在转子绕组中感应电势和电流，电枢磁通 Φ_{ad} 就直接穿过转子绕组而闭合。这就是同步发电机在稳态短路时电枢磁通所经历的路线，此时定子绕组的电抗即为同步电抗 x_d，如图 9.1 所示。

但是对于一台运行中的发电机来说，当它的出线端发生短路故障时，其外接负载阻抗的变化，不是一个缓慢的逐渐变化过程，而是突然地降低为零，这样与之相对应的电枢电流和电枢磁通就有一个突变过程。处于突变过程中的电枢磁通 Φ_{ad} 在穿过转子 d 轴时，将在转子绕组中感应电势和电流。转子感应电流所产生的磁势，除了和定子突然短路电流联合产生 Φ'_{ad} 外，还将产生漏磁通 Φ_{fa}，如图 9.2（a）所示。

如果把电枢反应磁通 Φ'_{ad} 与转子绕组的漏磁通 Φ_{fa} 合并，可得图 9.2（b）。如图中 Φ'_{ad} 只交链定子绕组而不交链转子绕组。因此可理解为仅是由定子电流所产生。所以在突然短路的初瞬，电枢磁通被排挤到转子绕组外侧的漏磁路闭合，Φ'_{ad} 路径的磁阻变大，于是就有较大的突然短路电流；或者说，在突然短路的初瞬，由于定子电抗变小，以致使突然短路电流变大，对应此瞬时定子绕组的电抗可称为直轴瞬变电抗，用 x'_d 表示，显然 x'_d 较

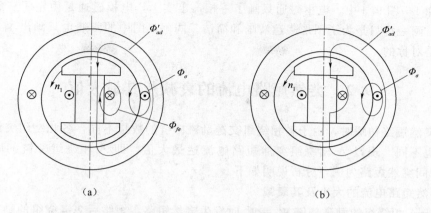

图 9.2　无阻尼绕组的发电机突然短路时电枢磁通所经过的路线
（a）电枢反应磁通和漏磁通分别画出；（b）合并后的磁路

x_d 小。

当考虑转子绕组的电阻的影响时，转子中的感应电流将逐渐衰减。当转子感应电流衰减到零时，电枢磁通仍穿过转子绕组（图 9.1），这时电机已从突然短路状态过渡到稳定短路状态。显然稳态短路电流仍为 x_d 所限制。

对于装有阻尼绕组的同步发电机，由于突然短路的初瞬，阻尼绕组内也要感应电势和电流。和转子绕组一样，阻尼绕组的感应电流也要产生漏磁通 $\Phi_{Dd\sigma}$，如图 9.3（a）所示。此时的电枢反应磁通 Φ''_{ad} 是由定子、转子、阻尼三个绕组的合成磁势建立。如果将 Φ''_{ad} 和 $\Phi_{f\sigma}$、$\Phi_{Dd\sigma}$ 合并可得图 9.3（b），即 Φ''_{ad} 的磁路依次经过空气隙、阻尼绕组旁的漏磁路径闭合。这样磁路的磁阻更大。由于此时 Φ''_{ad} 已不与转子绕组及阻尼绕组相交链，因此它只和定子电流有关。于是定子绕组的突然短路电流要比没有阻尼绕组时变得更大，即此时定子绕组的电抗变得更小。对应图 9.3 时定子绕组的电抗，称为直轴超瞬变电抗，用 x''_d 表示。显然比 x'_d 小。因此，装有阻尼绕组的同步发电机，在突然短路初瞬，定子绕组的突然短路电流被 x''_d 所限制。

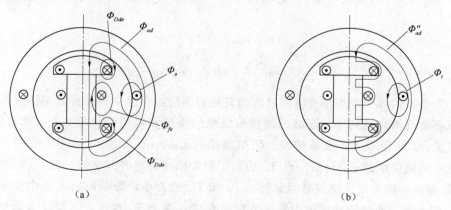

图 9.3　有阻尼绕组的发电机突然短路时电枢磁通的路径
（a）电枢反应磁通和漏磁通分别画出；（b）合并后的磁通

在图 9.1～图 9.3 中，电枢磁通只画了一相，事实上，电枢磁通是由定子三相电流共同建立的，画一相只是为了图形表达清晰和简洁。同理，图中的磁通也只画出了半边，实际上两边是对称的。

9.2　突然短路电流的衰减及其最大值

三相突然短路初瞬时，由于各相绕组交链励磁磁链的数量不同，各相绕组突然短路电流的大小也不同。现以 A 相绕组突然短路电流达最大值，即 A 相绕组交链的励磁磁链 $\Psi_0 = \Psi_m$ 瞬间突然短路为例，分析说明如下。

9.2.1　突然短路电流的大小及其衰减

当交链 A 相绕组的励磁磁链 $\Psi_0 = \Psi_m$ 时发生突然短路，短路后交链绕组的励磁磁链随着转子的旋转而按正弦规律变化，即

$$\Psi_0 = \Psi_m \sin(\omega t + 90°) \tag{9.1}$$

为维持短路瞬时的磁链 Ψ_m 不变，根据超导回路磁链守恒原理，在 A 相绕组中会产生一个随时间而变化的交变磁链 $\Psi_{A\sim}$ 和一个不变化的直流磁链 $\Psi_{A=}$。交变磁链的大小与交链 A 相绕组的励磁磁链大小相等，但方向相反，即

$$\Psi_{A\sim} = -\Psi_m \sin(\omega t + 90°) \tag{9.2}$$

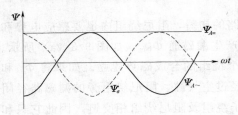

图 9.4　$\Psi_0 = \Psi_m$ 时突然短路 A
相绕组磁链的变化情况

直流磁链 $\Psi_{A=}$ 与短路初瞬时的交变磁链的大小相等、方向相反，以维持短路后交链 A 相绕组的磁链为 Ψ_m 不变，如图 9.4 所示。与磁链相对应的 A 相绕组中的短路电流，也是由交流分量 $i_{A\sim}$ 和直流分量 $i_{A=}$ 叠加而成。交流分量的幅值 $I''_m = \sqrt{2}E_0/x''_d$，其大小则随时间而按正弦规律变化，即

$$i_{A\sim} = -\frac{\sqrt{2}E_0}{x''_d} \sin(\omega t + 90°) \tag{9.3}$$

直流分量 $i_{A=}$ 的大小与交流分量 $i_{A\sim}$ 的幅值 I''_m 相等但方向相反，以保持短路电流不发生突变。即

$$
\begin{aligned}
i_A &= i_{A\sim} + i_{A=} \\
&= \frac{\sqrt{2}E_0}{x''_d}[\sin 90° - \sin(\omega t + 90°)]
\end{aligned} \tag{9.4}
$$

由于发电机的各个绕组都有电阻，因而突然短路后各绕组中为保持磁链不变而产生的感应电流都要逐渐衰减到零，衰减的快慢与绕组的电感和电阻的比值 L/r（即时间常数）的大小有关。L/r 值越大，衰减越慢。阻尼绕组的 L_D/r_D 值，以 T''_d 表示，称为阻尼绕组时间常数；励磁绕组的 L_f/r_f 值，以 T'_d 表示，称为励磁绕组时间常数；定子绕组的 L_a/r_a 值，以 T_a 表示，称为定子绕组时间常数。T''_d 和 T'_d 的大小，影响短路电流中交流分量的衰减；T_a 的大小，影响短路电流中直流分量的衰减。由于 T''_d 很小，可以认为阻尼绕组中感应电流衰减到零时励磁绕组中的感应电流才开始衰减。因此，突然短路电流中的交流分量 $i_{A\sim}$ 可以认为是按阻尼绕组时间常数衰减、按励磁绕组时间常数衰减和不衰减（即稳态）

三部分短路电流组成，如图 9.5 中曲线 1 所示。突然短路电流中的直流分量 $i_{A=}$，按定子绕组时间常数 T_a 衰减到零，如图 9.5 中的曲线 2 所示。A 相绕组的突然短路电流，由短路电流的交流分量 $i_{A\sim}$ 和直流分量 $i_{A=}$ 叠加而成，如图 9.5 中的曲线 3 所示。图中的曲线 4 是突然短路电流的包络线。

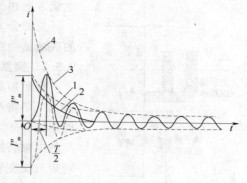

图 9.5 $\Psi_A = \Psi_m$ 突然短路时的电流曲线

9.2.2 突然短路电流的最大值

从图 9.5 可知，突然短路电流中的交流分量和直流分量的初始值都等于 I''_m，但方向相反。由于交流分量 $i_{A\sim}$ 随时间按余弦规律变化，短路后半个周期，$i_{A\sim}$ 与 $i_{A=}$ 的大小相等、方向相同，短路电流达到最大值，即 $2\dfrac{\sqrt{2}E_0}{x''_d}$。但考虑到短路电流的衰减，突然短路电流的最大值应为 $k\dfrac{\sqrt{2}E_0}{x''_d}$，式中 k 为冲击系数，一般取 $1.8 \sim 1.9$。

例如，一台发电机，$E_0 = 1.05$，$x''_d = 0.1347$，则三相突然短路的最大冲击电流值为

$$i_{k\max} = (1.8 \sim 1.9)\frac{\sqrt{2}E_0}{x''_d} = 19.8 \sim 20.9$$

可见，突然短路时的最大冲击电流值可达额定电流的 20 倍左右。因此要求同步发电机必须能承受空载电压等于 105％额定电压下的三相突然短路电流的冲击。

9.3 突然短路对水轮发电机的影响

突然短路时冲击电流很大，将会产生很大的电磁力与电磁转矩，现分述如下。

9.3.1 冲击电流的电磁力

定子绕组位于槽内部分的固定较稳定，但端接部分的固定相对较差。在突然短路时的强大电磁力的冲击下，端接部分很容易被损坏。突然短路时定子、转子绕组端部受到的作用力如下。

1. 作用于定子、转子绕组端部之间的电磁力

因短路时电枢磁势起去磁作用，故定子、转子导体中电流方向相反，产生的电磁力的大小与定子、转子导体中电流的乘积成正比。该力的作用方向使定子绕组端部向外胀开，而使转子绕组端部向内压缩，如图 9.6 中的 F_1。由于突然短路时冲击电流很大，因此，这个力是很大的。

2. 定子铁芯和定子绕组端部有吸力

它是由定子绕组端部内电流建立的漏磁通沿铁芯（或压板）端面成闭合回路而引起的，其作用方向是使定子绕组端部压向铁芯表面，如图 9.6 中的 F_2。这个力与导体电流的平方成正比，因此也是很大的。

3. 作用于定子绕组端部各相邻导体之间的力

其方向决定于相邻导体中电流的方向。若相邻导体中电流方向相同，则产生吸力，若

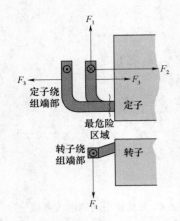

图 9.6　突然短路电流的电磁力

电流方向相反，则产生斥力，如图 9.6 中的 F_3。

总的合力作用结果，使定子绕组端部向外弯曲，最危险的区域是绕组线棒伸出槽口部分。

9.3.2　突然短路时的电磁转矩

突然短路时，气隙磁场变化不大，而定子电流却增加很多，于是将产生巨大的电磁转矩。由于定、转子绕组中都有周期性和非周期性电流。因此，由它们的磁场相互作用而产生的电磁转矩比较复杂。总起来说，该电磁转矩可分为单向转矩与交变转矩两大类。

上述各种转矩都随有关电流一同衰减，最严重的情况发生在突然短路初瞬，不对称短路时，产生的电磁转矩更大，可能达到额定转矩的 10 倍以上。

9.3.3　突然短路对发电机产生机械冲击

由于发电机突然短路，造成磁场突变，电磁力的作用使发电机定子、转子、轴承、机架等受到强烈的机械冲击，甚至可以损坏部件，严重时可造成发电机轴线偏移。

9.3.4　突然短路引起绕组温升及过电压

突然短路时，在定子绕组中流过强大的短路电流，使定子绕组温度迅速升高，严重时可加速绝缘老化或损坏。在转子阻尼环中感应出强大电流，造成阻尼环过热或烧断。同时还可在励磁绕组中产生过电压，反馈到励磁回路，造成励磁回路及电子元器件的损坏。

9.3.5　对二次设备的影响

由于超大电流的作用，使仪表等测量装置严重超限，可造成仪表等设备的损坏。同时使电流互感器等设备的铁芯瞬时饱和，给测量装置和保护回路造成极大的误差，使仪表的测量误差增大，使某些保护误动。

本 章 小 结

本章的理论基础是超导体闭合回路磁链守恒原理。对称稳定短路时，三相合成磁势的基波是一个恒幅的旋转磁势，转子绕组中无感应电流。突然短路时，虽然三相合成磁势仍以同步转速旋转，但因幅值突然变化，励磁绕组和阻尼绕组为了保持磁链不变，感应出对电枢反应磁通起抵制作用的电流，使电枢反应磁通被挤到励磁绕组和阻尼绕组的漏磁路上去，其磁路的磁阻比稳态运行时主磁路的磁阻大了很多，故 x_d''、x_d' 依次比 x_d 小得多而使突然短路电流比稳定短路电流大很多倍。一般可达额定电流的 10～15 倍，产生很大的电磁力和电磁转矩，故同步发电机的设计、制造和运行都必须加以考虑，以免造成严重事故。

要求掌握突然短路概念和突然短路电流的衰减过程。了解突然短路对水轮发电机的影响。

思 考 题 与 习 题

9.1　什么是发电机的突然短路？与稳定短路有什么区别？

9.2　试述 x''_d、x'_d 及 x_d 的物理意义，它们之间的大小如何？

9.3　发生突然短路时，突然短路电流在有阻尼绕组和无阻尼绕组的情况下有什么不同？

9.4　在发电机发生突然短路时，阻尼绕组是如何起作用的？

第10章 水轮发电机的振荡

当水轮发电机接到功率为无穷大的电网上运行时，它的端电压和频率就固定不变了。从功角特性公式可看出，在一定的励磁电流下，当发电机的输入功率改变时，发电机的电磁功率发生变化，功角也随之发生变化。但是，由于机组转动部分的惯性，功角不可能立即变到新的稳定状态，而是经过若干次衰减的振荡后，才能达到新的稳定数值。功角数值的振荡说明转子转速围绕着同步转速上、下振荡。这种转子的振荡可以引起定子电流和功率的振荡，从而使定子电流有效值和铜耗变大。振荡严重时可能使转子失去同步，使发电机的正常工作成为不可能。因此振荡问题在发电机的理论和实践中具有重要意义。

10.1 振荡的概念

发电机的振荡现象可用图10.1所画的机械模型来表示。OS 和 OR 各表示以 O 点为支点的杆件。它们可以环绕着 O 点自由旋转。设令 OS 和 OB 的质量分别为 m_s 和 m_r，且各集中于一点。OS 和 OR 间由一弹簧连接。由于外力的作用，这一弹簧处于某种稳定的伸长情况。如质量 m_s 比质量 m_r 大得多，则当 OR 振荡时，OS 可以不受影响。或者说，如把

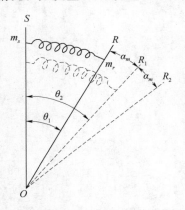

图10.1 同步发电机振荡的机械模型

OS 钉住，使不能移动，则也可得到同样的结果。这时 OS 便相当于容量为无限大的电网，OR 便相当于接在电网上的同步电机。如果作用在 m_r 上的外力不变，则 OR 和 OS 间的位移 θ_1 角也将保持不变，外力将与弹簧的拉力所平衡。但如作用在 OR 上的外力突然增大，则系统中的力的平衡将被破坏，m_r 便将加速，一直到新的平衡位置 OR_1，使在这一新的位置上的弹簧拉力和增加后的外力相等，OR_1 的位移角变为 $\theta_2 = \theta_1 + \alpha_m$。这时被移动的杆件的加速度为零，但它的速度却有最大值。由于储藏在 m_r 中的动能，这一杆件的位置并不能就此稳定，而仍将继续前移。最后的位置将从 OR_1 再冲过一角度 α_m 而达到 OR_2。在从 OR_1 移向 OR_2 的过

程中，由于弹簧拉力大于外力，故杆件将减速，而储藏在 m_r 中的动能亦将转变为储藏在弹簧中的位能，最后杆件的速度为零，而它的加速度却有负的最大值。如果没有由于摩擦力而引起的阻尼作用，则杆件便将环绕着新的平衡位置而在振幅为 $\pm\alpha_m$ 的范围内振荡。实际上，由于阻尼作用的存在，振荡的振幅将逐渐衰减而使杆件稳定在新的平衡位置 OR_1。振荡的频率与外力无关，而仅决定于杆件的质量和弹簧的参数，故此种振荡称为自由振荡。

对于发电机而言，合成磁场与转子磁场间可以看作有"弹性"联系，图10.1中 OS 和

OR 可分别等效于合成磁场和转子磁场，其夹角等效为功角 θ。当发电机运行时，转子原先以稳定的同步速度旋转，当负载突然增加位移角，从 θ_1 增加至 θ_2 时，这便相当于把磁力线拉长，转子将加速。当位移角为 θ_2 时，转子的转速达到最大值。在位移角再由 θ_2 增加至 $\theta_2 + \alpha_m$ 的过程中，转子将减速，直到转子的转速仍旧恢复至同步速度。此后转子将继续减速至同步速度以下，因而使位移角减小。待到位移角回到 θ_2 时，转子的转速有最低值，而它的减速度为零。当位移角小于 θ_2 时，转子又将开始加速，但因它的转速仍在同步速度以下，故位移角将继续减小，直到 $\theta_1 = \theta_2 - \alpha_m$ 为止，故转子的位移角将环绕着新的平衡位置 θ_2 而振荡，它的转速则将环绕着同步速度而振荡。如果振荡的振幅随着阻尼作用而逐渐减小，这一同步电机的运行便将趋于稳定。

如果作用在图 10.1 中杆件 OR 上的外力本身为一振荡力，则 OR 便将按照外力的振荡频率而随着一起振荡，此种振荡称为强制振荡。当同步发电机由有不均匀转矩的原动机拖动时，或当同步电动机拖动不均匀的负载转矩时，便将发生强制振荡。在各种原动机中，汽轮机常有均匀转矩，内燃机都有周期性的不均匀转矩，往复式空气压缩机可以作为不均匀负载转矩的例子。

以上所讨论的为当同步电机接在容量很大的电网上的情形。这时端电压 U 和频率 f 均可保持不变。如果有两台同步发电机并联运行，而它们的容量又相差不多，则当任一发电机发生振荡时，必将引起另一发电机同时振荡。在图 10.1 中，设质量 m_r 与质量 m_s 在数值上相差不多，则当杆件 OR 受到外力而发生振荡时，杆件 OS 也将跟着一起振荡。这便相当于电网电压的振荡。这种情形要比上面的情形复杂得多。

当电力系统中发生某些事故时，并联运行的发电机的功率平衡便遭到破坏，此时必须改变原动机的输入功率。由于发电机组的转动部分有惯性，调速器的动作又有一定的滞后，故改变原动机的输入功率就有一个过程。在这个过程中，发电机的输入功率与输出功率不能保持平衡，使发电机的转速脱离同步速度而不断周期性地变化，导致发电机出现振荡。这种现象称为同步发电机的振荡。振荡有两种类型：如果故障不严重，发电机的转速一会儿比同步转速高，一会儿比同步转速低，速度高低变化的幅值逐渐减小，功角的摆动逐渐衰减，最后稳定在某一新的功角下。与转速变化相对应的发电机输出功率，经过时大时小的减幅波动后，恢复到平衡状态继续稳定运行，这种振荡称为同期振荡。这种发电机受到严重扰动时能够保持继续稳定运行的现象，称为发电机是动态（暂态）稳定的。如果故障很严重，发电机的转速有显著的升高，发电机与电网之间发生功率的剧烈波动，发电机一会儿向电网输出功率，一会儿又从电网吸取功率，发电机与电网失去同步，这种振荡称为非同期振荡。这种发电机受到严重扰动时不能保持继续稳定运行的现象，称为发电机不是动态稳定的。

10.2　发电机振荡或失步时的现象

发电机在振荡时主要引起电流、电压、功率等电气量的变化，其变化现象可从控制盘的仪表上看得出来。有关电气量随 θ 角的变化情况如图 10.2 所示。

（1）定子电流表指示超出正常值，且往复剧烈摆动。这是因为各并列电势间夹角发生了变化，出现了电动势差，使发电机之间流过环流。由于转子转速的摆动，使电动势间的

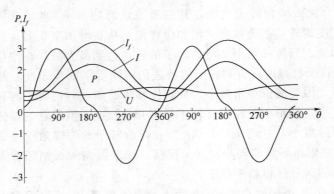

图 10.2　发电机振荡时各电气量的变化

P—发电机功率；I_f—励磁电流；U—端电压；I—定子电流

夹角时大时小，力矩和功率也时大时小，因而造成环流也时大时小，故定子电流的指针就来回摆动。这个环流加上原有的负荷电流，其值可能超过正常值。

（2）定子电压表和其他母线电压表指针指示低于正常值，且往复摆动。这是因为失步发电机与其他发电机电势间夹角在变化，引起电压摆动。因为电流比正常时大，压降也大，引起电压偏低。

（3）有功负荷与无功负荷大幅度剧烈摆动。因为发电机在未失步时的振荡过程中送出的功率时大时小，以及失步时有时送出有功，有时吸收有功的缘故。

（4）转子电压、电流表的指针在正常值附近摆动。发电机振荡或失步时，转子绕组中会感应交变电流，并随定子电流的波动而波动，该电流叠加在原来的励磁电流上，就使得转子电流表指针在正常值附近摆动。

（5）频率表忽高忽低地摆动。振荡或失步时，发电机的输出功率不断变化，作用在转子上的力矩也相应变化，因而转速也随之变化。

（6）发电机发出有节奏的鸣声，并与表计指针摆动节奏合拍。

（7）低电压保护、过负荷保护可能动作报警。

（8）在控制室可听到有关继电器发出有节奏的动作和释放的响声，其节奏与表计摆动节奏合拍。

10.3　发电机振荡和失步的原因

根据运行经验，引起发电机振荡和失步的原因有：

（1）静态稳定破坏。这往往发生在运行方式的改变，使输送功率超过当时的极限允许功率。

（2）发电机与电网联系的阻抗突然增加。这种情况常发生在电网中与发电机联络的某处发生短路，一部分并联元件被切除，如双回线路中的一回被断开，并联变压器中的一台被切除等。

（3）电力系统的功率突然发生不平衡。如大容量机组突然甩负荷，某联络线跳闸，造成系统功率严重不平衡。

（4）大机组失磁。较大容量的机组失去励磁后，将从系统吸收大量无功功率，使系统无功功率不足，系统电压大幅度下降，导致系统失去稳定。

（5）原动机调速系统失灵。原动机调速系统失灵，造成原动机输入力矩突然变化，功率突升或突降，使发电机力矩失去平衡，引起振荡。

（6）发电机运行时电势过低或功率因数过高。

（7）电源间非同期并列未能拉入同步。

10.4　单机失步引起的振荡与系统性振荡的区别和判断

（1）失步机组的表计摆动幅度比其他机组表计摆动幅度要大。

（2）失步机组的有功功率表指针摆动方向正好与其他机组的相反，失步机组有功功率表摆动可能满刻度，其他机组在正常值附近摆动。

（3）系统性振荡时，所有发电机表计的摆动是同步的。

（4）当发生振荡或失步时，应迅速判断是否为本厂原因引起，并观察是否有某台发电机发生了失磁。如本厂情况正常，应了解系统是否发生故障，以判断发生振荡或失步的原因。

10.5　发电机发生振荡或失磁的处理

（1）如果不是因发电机失磁引起，则应立即增加发电机的励磁电流，以提高发电机电动势，增加功率极限，提高发电机稳定性。这是由于励磁电流的增加，使定、转子磁极间的拉力增加，削弱了转子的惯性，使发电机达到平衡点时而拉入同步。这时，如果发电机励磁系统处在强励状态，20～30s 内不需要人为干预，等待其恢复稳定。

（2）如果是由于单机高功率因数引起，则应降低有功功率，同时增加励磁电流。这样既可以降低转子惯性，也由于提高了功率极限而增加了机组稳定运行能力。

（3）如果是单机失步引起的振荡，采取上述措施经一定时间仍未进入同步状态时，可根据现场规程规定，将机组与系统解列，或按调度要求将同期的两部分系统解列。

（4）当振荡是由于系统故障引起时，应立即增加各发电机的励磁电流，并根据本厂在系统中的地位进行处理。如本厂处于送端，为高频率系统，应降低机组的有功功率；反之，本厂处于受端且为低频率系统，则应增加有功功率。另外，出现系统振荡时，应及时联系电力系统调度进行协同处理。

以上处理，必须在系统调度统一指挥下进行。

10.6　发电机防止振荡的措施

（1）在发电机结构方面，装置阻尼绕组能对振荡起抑制作用。阻尼力矩总是阻碍转子的摆动振荡的。此外，增大机组的转动惯量和减小发电机的电抗，都有助于提高稳定性。如转动惯量大，即惯性时间常数大，相对加速度就小，这就容易维持稳定。

（2）在调整方面，采用快速的励磁系统和灵敏的原动机调速系统，可显著地增强电机抵抗骚扰的能力和对振荡的阻尼作用，因为前者可以迅速地增加 E_0，后者可以减小加速面积。

本 章 小 结

发电机振荡的实质是发电机的转子与定子磁场间有相对运动，即功角 θ 偏离原来的稳定状态而发生一定的变化。各电气量的波动都是由 θ 角的变化引起的。而 θ 的变化又是由作用在发电机主轴上的力矩不平衡引起的。非同期振荡是由于发电机失去动态稳定造成的，因此，提高发电机稳定运行的措施也是防止发电机振荡的对策。

思 考 题 与 习 题

10.1　发电机的振荡是如何产生的？

10.2　什么是发电机的自由振荡和强迫振荡？有什么区别？

10.3　什么是发电机的同期振荡和非同期振荡？

10.4　发电机发生振荡时，会引起哪些电气量的变化？

10.5　发电机发生振荡时，定子电流表指针为何会剧烈摆动？

第11章 水轮发电机的失磁

11.1 失磁基本概念

水轮发电机在运行中失去励磁电流的现象，叫做失磁。在该状态下，发电机从电网吸收大量的电感性无功功率，定子电流增大，定子电压下降，有功功率减少。规程规定，水轮发电机严禁失磁运行，一旦失去励磁后，由失磁保护动作，将发电机立即从电网解列并停机，以免损坏设备或造成系统事故。

水轮发电机失去励磁后将变为异步运行，异步运行时受到多种因素的限制。首先，受到定子和转子发热的限制；其次，由于转子的电磁不对称所产生的脉动转矩可能引起机组和基础不同程度的振动；还有一个重要的因素，就是要考虑电网是否能供给足够的无功功率，因为失磁的发电机要从送出无功功率转换到大量吸收系统的无功功率，这样，在系统无功功率不足时，将造成系统电压大幅度下降。这些因素，很可能危及机组和整个系统的安全稳定运行。

造成发电机失磁的原因，一般是由于励磁回路短路或开路造成的。例如，主励磁机换向故障、副励磁机回路断线、励磁调节失效、励磁接触器开路、自动励磁调节器故障、集电环过热故障、转子绕组匝间短路、励磁开关误跳等。

水轮发电机正常运行过程中，全部失磁的故障出现几率较低。但是，由于水轮发电机励磁电流异常降低，导致发电机部分失去励磁或进相运行的现象时有发生。特别是大型机组，由于励磁系统的环节较多，励磁回路故障经常会导致发电机励磁电流下降，使发电机转子减磁，造成部分失磁。

11.2 失磁的物理过程

11.2.1 发电机的失步

为简化讨论，下面以隐极式同步发电机为例说明失步的物理过程。发电机在正常运行时，从原动机传来的动力矩与同步力矩（电磁力矩，这里忽略其他阻力矩）相平衡。当某种原因造成励磁电源中断时，转子仍以同步转速继续运行。虽然励磁电压已降到零，但由于励磁回路的电感很大，转子直流励磁电流不能立刻降至零，而是按指数规律逐渐减小到零。相应的同步发电机的感应电动势 E_0 也逐渐减小。如果发电机端电压为无限大容量母线电压，U 为常数，则根据电磁功率公式，发电机送出的同步电磁功率亦将随 E_0 而减小，因此在转子上出现转矩不平衡现象，即动力矩大于同步力矩。这时，过剩的力矩就会使转子加速，θ 角增大，以恢复发电机电磁功率 P_{em} 与原动机功率 P_m 间的暂时平衡。如忽略摩擦损耗功率，则可得图 11.1，图中点 2 和点 3 为发电机失磁后暂态过程的一个暂时平衡点。如果这种状态继续下去，当励磁电流减小到某一值时，会使 θ 角大于静稳定极限角，

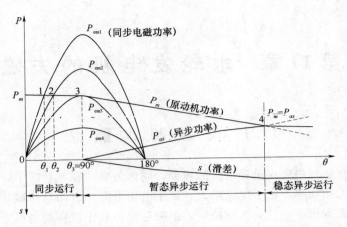

图 11.1　发电机失磁过程功角及功率变化示意图

发电机在过剩力矩的作用下失去同步而进入异步运行状态，同时 E_0 减小，发电机变为欠励，从电网吸收感性无功功率，以维持气隙磁场。

由于定子旋转磁场与转子间有相对速度，它们之间有了滑差，即有了转差率 $s\left(s=\dfrac{n_1-n}{n_1}\right.$，其中 n_1 为定子磁场的同步速度，n 为转子转速$\Big)$。该滑差在励磁绕组、阻尼绕组中感应出滑差频率电流，此电流产生的磁场与定子旋转磁场相互作用产生制动异步转矩 T_{as} 和异步制动功率 P_{as}，它将随滑差增大而增大。而原动机输入功率 P_m 将按调速器特性随转速增大而减小（或人为地减小 P_m），当 $P_m=P_{as}$ 时（即图 11.1 点 4），达到新的平衡，发电机过渡到稳定异步运行状态，s 维持一定值。

11.2.2　异步运行

发电机在异步状态运行时，由于定子绕组仍接于电网，在定子绕组中继续流过三相对称的无功电流，此电流所产生的旋转磁场同样为同步旋转磁场。当转子以滑差 s 切割定子同步旋转磁场时，在转子绕组、阻尼绕组及转子的齿与槽楔中，将分别感应出滑差频率的交流电流，这个单相交流电流就是发电机失去直流励磁以后的交流励磁电流。该电流又建立了以同样频率相对于转子脉动的磁场。所以，发电机在异步状态运行时，其电磁转矩即为定子同步旋转磁场和转子各回路电流所对应的脉动磁场相互作用而产生的转矩分量的总和。

异步力矩是随转差率的增大而增大的（在一定范围内），原动机又因转速升高而使调速器动作，从而减少输给发电机的机械功率。所以，当主力矩和异步力矩平衡时，发电机进入无励磁的稳定异步运行状态。在这种状态下，发电机吸收无功功率，发出有功功率，相当于异步发电机的运行状态。稳定异步运行时，发电机输出有功功率的大小除与调速器特性及失磁前有功功率 P_m（或 T_m）值有关外，还与发电机异步转矩特性有关。异步转矩特性与发电机结构有着密切的关系。对于实芯转子的汽轮发电机，其异步转矩特性与深槽式和双鼠笼式电机转矩特性相似，是硬性的，即滑差变化很小就能产生相当大的制动转矩。这是由于，随滑差的增大，电机呈现很强的趋表现象，这种现象使等值电路的电阻增大而电抗减小，从而建立起很好的汽轮发电机异步转矩特性。在滑差由 0 到 $0.2\%\sim0.7\%$ 的小范围内，随滑差 s 的增长，转矩很快增大，直到 s 等于临界滑差（s_{cr}）时，转矩达到最大值，随后在高于临界滑差的范围内，转矩维持在相当高的水平。由于汽轮发电机具有良好的平均异步转矩特性，因而在千分之几的滑差下，就能达到稳定运行点。此时由于调速器使汽门关闭幅度很小，因而输出的有功功率仍相当高。

而水轮发电机的异步转矩特性很差，当转差率很大时，其平均异步力矩变化不大。因此，水轮发电机只能在滑差相当大时，才能达到稳定的运行点。这时由于转子有过热的危险，发电机在这样大的滑差下运行一般是不允许的。此外，由于水轮发电机的异步电抗很小，异步运行时定子电流将很大，将引起转子和励磁回路过热。

11.3 发电机失磁运行的现象

（1）转子电流由某一值缓慢下降为零，或以定子表计摆动次数的一半摆动，其频率为 sf。

当发电机失去励磁后，转子电流将按指数规律衰减，其减小的程度与失磁原因、失磁程度有关。当励磁回路开路失磁时，转子电流表的指示值为零。当励磁回路直接短路或经小电阻短路失磁时，转子回路有交流电流通过，直流电流表有指示，但数值很小，或接近于零，若是由于转子绕组极间（匝间）短路引起的失磁，则转子电流就不为零了。

（2）转子电压表指示异常。此时如为转子短路造成失磁，电压下降；如为转子开路造成失磁，则电压升高。

（3）发电机端电压降低并摆动。

因为发电机转子上无励磁，其所需的励磁电流是从电网中吸收大量的无功功率而获得的。由于电流大，沿路压降也大，故造成发电机电压下降。如在发电机带 50％额定功率时，6.3kV 母线电压平均值约为失磁前的 78％，最低值达 72％。

（4）定子电流表的指示值增大并摆动。

当发电机失磁后，定子电流开始下降，随即又逐步增大，有可能超过额定值，因为这时需要从电网中吸收大量的无功功率，以维持发电机的异步运行所需的磁化电流，从而引起定子电流的增大。同时，定子电流以及从电网吸收的无功功率，均随转差 s 的增大而增加，因而使定子电流明显增大。

（5）有功功率表指示降低并摆动。因为发电机失磁运行时，转速升高，调速器自动将导叶开度减小。这样，主力矩减小，输出有功功率减小，有功功率表指示降低。

（6）无功功率指示表指示到负值。当发电机失磁运行时，由原来的向电网输送无功功率变为从电网吸收大量的无功功率用于激磁，故无功功率指示表指示为负值。

（7）功率因数表指向进相。因为发电机失磁运行后，从电网吸收感性无功功率，也就是说发电机向电网发出容性无功。即发电机电流超前其端电压，因此发电机进入进相运行状态。

（8）上面提到的各表计发生周期性摆动。因为发电机失去励磁就会失去同步，变成异步发电机运行，因此电压表、电流表和功率表等就会摆动，其摆动周期与发电机的转差率成正比。

11.4　失磁运行对发电机和电网的影响

11.4.1　对发电机本身的影响

当发电机失磁运行时，将在转子阻尼绕组、转子表面、转子绕组（闭合时）中产生差频电流，损耗增加，引起转子发热，也可能使阻尼绕组过热，危及转子的安全。同时在定子电流中将出现脉动电流，它将产生交变机械力矩，使机组产生振动，定子电流增大时，可使定子绕组温度升高。

11.4.2　对电网的影响

11.4.2.1　电网电压降低

对电网的影响主要是电压降低，由此产生多方面的恶果。因为一台发电机失磁后，不但不能向电网输送无功，反而从电网吸取大量无功，以建立发电机磁场，这样必然造成电网无功功率的差额。这一差额将引起整个电网电压水平的下降，尤其是失磁发电机的端电压、升压变压器高压侧的母线电压及其他的临近点的电压低于允许值，从而破坏了负荷与电源间的稳定运行。电压降低的程度，与电网运行方式，以及该失磁机组容量的大小有关。

11.4.2.2　由失磁引起的过电流

电压下降不仅影响失磁机组所在电厂厂用电的安全运行，还可能引起其他发电机的过电流。失磁电机与系统相比，容量越大，这种过电流越严重。由于过流，就有可能引起系统中其他发电机故障切除，以致进一步导致系统电压水平的下降，甚至使系统电压崩溃而瓦解。

11.4.2.3　降低系统稳定性

电网电压的下降，降低了其他机组的送电功率极限，易导致电网失去稳定，还有可能因电压崩溃而造成系统瓦解。

本 章 小 结

失磁的本质是同步发电机变成异步发电机运行。此状态下转子转速高于定子磁场转速而产生转差。失磁运行时，发电机仍可向电网输送有功功率，但将从电网吸收无功功率。这种运行状态对汽轮发电机本身影响不大（指在允许条件内），但对水轮发电机来讲，不允许失磁运行，同时对电网影响也较大，主要是造成系统无功不足，导致电网电压下降。

本章要求掌握失磁概念及失磁的物理过程，以及在失磁情况下发电机的状态，电压、电流和功率等的变化。

思 考 题 与 习 题

11.1　什么叫发电机的失磁？

11.2　发电机失磁时，转子电流如何变化？

11.3 发电机失磁对所在电网有何影响？

11.4 水轮发电机失磁后，转子上的力矩平衡关系与失磁前相比有何不同？

11.5 发电机失磁后，定子电流如何变化？为什么？

11.6 发电机失磁后，有功功率是否会受到影响？为什么？

第 12 章　水轮发电机常见故障及事故

12.1　水轮发电机常见的故障

12.1.1　定子绕组单相接地

在中性点不接地或经高阻抗接地的系统中，发电机出现定子回路单相接地时，还不至于引起很大的接地电流，可根据不同的机组做不同的处理。运行经验证明，当接地电容电流不超过 5A 时，短时间的运行一般不会有严重后果，因此规程规定，容量在 150MW 及以下的发电机，当接地电容电流小于 5A 时，在未排除故障前允许发电机在电网一点接地的情况下短时运行，但最多不超过 2h；单元接线的发电机——变压器组寻找接地的时间不得超过 30min。对于容量或接地电容电流大于上述规定的发电机，当定子电压回路单相接地时，要求立即将发电机解列并灭磁，对于大容量的水内冷机组，铁芯磁通密度较大，额定电压较高，当定子绕组绝缘损坏后长时间运行，即使电容电流只有 2A 左右，铁芯也会开始熔化。熔化的铁芯引起损坏区域的扩大，使有效铁芯着火，由单相短路过渡到相间短路。因此规定，大容量机组发生单相接地时，不能继续运行。

大容量机组发生单相接地故障时，应迅速减小负荷，与电网解列，或由保护动作而跳闸。

12.1.2　转子绕组一点接地

发电机发生转子绕组绝缘故障的原因很多，有可能是制造的缺陷，或是安装、检修时留下的缺陷，也可能是长期运行使绝缘老化等。发电机转子绕组的绝缘故障，绕组变形，端部严重积灰时，将会引起发电机转子接地故障，表现为转子一点接地、两点接地和层间、匝间短路等形式。最常见的故障是转子一点接地，而转子一点接地常出现在励磁回路的固定部分和滑环等处，转子绕组内部发生的概率较低。

转子一点接地时，线匝与地之间尚未形成电气回路，因此在故障点没有电流流过，各种表计指示正常，励磁回路仍能保持正常状态，只是继电保护信号装置发出"转子一点接地"信号，其发电机可以继续运行。但转子绕组一点接地后，如果转子绕组或励磁系统中任一处再发生接地，就会造成两点接地，使发电机转子各磁极受力不均，造成发电机强烈振动，进而危及机组的安全运行。因此水轮发电机转子绕组发生一点接地时，应迅速转移负荷，停机处理，一般不允许继续运行。

12.1.3　发电机温度升高

(1) 定子线圈温度和进风温度正常，而转子温度异常升高，这时可能是转子温度表失灵，应作检查。发电机三相负荷不平衡超过允许值时，也会使转子温度升高，此时应立即降低负荷，并设法调整系统以减少三相负荷的不平衡度，使转子温度降到允许范围之内。

(2) 转子温度和进风温度正常，而定子温度异常升高，可能是定子温度表失灵。测量定子温度用的电阻式测温元件的电阻值有时会在运行中逐步增大，甚至开路，这时就会出现某一点温度突然上升的现象。

（3）当进风温度和定子、转子温度都升高，就可以判定是冷却水系统发生了故障，这时应立即检查空气冷却器是否断水或水压太低。

（4）当进风温度正常而出风温度异常升高，这就表明通风系统失灵，这时必须停机进行检查。有些发电机组通风道内装有导流挡板，如因操作不当就会使风路受阻，这时应检查挡板的位置并纠正。

12.1.4　发电机过负荷

在正常运行时，发电机不允许超过额定容量长期运行。当发电机电压低于额定值时或系统事故时，允许适当增大发电机定子电流，对于风冷的发电机，其定子电流最大不得超过额定值的 1.5 倍，达到 1.5 倍时只允许运行 2min。

在系统发生短路故障、发电机失步运行、成群电动机启动和强行励磁等情况下，发电机定子和转子都可能短时过负荷。过负荷使发电机定子、转子电流超过额定值较多时，会使绕组温度有超过容许限值的危险，使绝缘老化过快，甚至还可能造成机械损坏。过负荷数值越大，持续时间越长，上述危险性越严重。但因发电机在额定工况下的温度较其所使用绝缘材料的最高允许温度低一些，有一定的备用余量可作短时间过负荷使用。

过负荷的允许数值不仅和持续时间有关，还与发电机的冷却方式有关。直接内冷的绕组在发热时容易变形，所以其过负荷的允许值比间接冷却的要小。发电机定子和转子短时过负荷的允许值由制造厂家规定。发电机不允许经常过负荷，只有在事故情况下，当系统必须切除部分发电机或线路时，为防止系统静稳定破坏，保证连续供电，才允许发电机短时过负荷。当过负荷时间超过允许时间时，应采取及时措施，立即将发电机定子电流及励磁电压降到允许值。

12.1.5　发电机的非全相运行

发电机发生非全相运行，主要是出现在发电机断路器的合、分上。由于断路器的单相跳闸或两相合闸，均可以造成发电机的非全相运行，此时在定子绕组中产生负序电流，进而产生反方向旋转的负序磁场，相对于转子的转速为 2 倍。这种旋转磁场在转子绕组中，特别是阻尼绕组中感应出很大的 2 倍频率的负序电流，从而在转子绕组中产生很大的附加损耗和温升，甚至造成绕组的局部过热，电磁噪声增大。

12.1.6　发电机建不起电压

此类故障多发生在自激式同轴直流励磁机励磁的发电机上。故障表现为发电机升速到额定转速后，给发电机励磁时，励磁电压和发电机定子电压升不上去或有励磁电压而发电机电压升不到额定值。

故障原因可能是：①励磁机剩磁消失；②励磁机并励线圈接线不正确；③励磁回路断线或励磁回路电阻过大；④励磁机换向器片间有短路故障，励磁机碳刷接触不好或安装位置不正确；⑤发电机定子电压测量回路故障。

一般的处理方法是当发电机起动到额定转速后升压时，如励磁机电压和发电机电压升不起来，就应检查励磁回路接线是否正确，有否断线或接触不良，电刷位置是否正确，接触是否良好等。如以上各项都正常，而励磁机电压表有很小指示时，表示励磁机磁场线圈极性接反，应把它的正、负两根连线对换。如果励磁机电压表没有指示，则表明剩磁消失，应该对励磁机进行充磁。

12.1.7　发电机系统振荡

正常运行时，电力系统中各台发电机都处于稳定运行状态，当系统发生某些重大事故（如稳定破坏、非同期合闸而拖入同步等），就会破坏发电机的稳定运行，使发电机产生振荡。如果事故的情况不严重，则发电机的电流、电压和负荷经过短时间的波动之后，就会恢复到平衡状态，继续稳定运行，这种振荡称之为同步振荡。如果事故严重，就可能使发电机的电压、电流及功率产生强烈的摆动，使发电机与系统失去同步，即异步振荡。万一处理不当或保护拒动将导致多台发电机解列，造成大面积停电，以致系统瓦解，其后果是极其严重的。

同步振荡和异步振荡有明显的区别，发生同步振荡时，有关机械量、电气量出现摆动，以平均值为中心振荡，不过零；振荡周期稳定清晰接近不变，摆动频率低，一般在 $0.2 \sim 2.0 \mathrm{Hz}$；指针式仪表摆动平缓无抖动，机组振动较小；用视角可以估算振荡周期；中枢点电压保持较高水平，一般不低于 80%；同步振荡出现时各机组仍保持同步运行，频率基本相同。

异步振荡的特点是，有关机械量、电气量摆动频率较高，振荡周期不清晰；现场指针式仪表满盘剧烈抖动，机组发出不正常的、有节奏的鸣声；定子电流、机组功率振幅一般很大，而且过零；联络线的各电气量同样出现较高频率的摆动，振荡中心电压变化很大等；异步振荡出现时各机组已不能保持同步运行，出现一定的频率差，功率富余区域的频率高于 $50 \mathrm{Hz}$。

另外，从保护动作情况看，同步振荡通常没有短路故障发生、也没有机组保护动作，而异步振荡恰好相反，在异步振荡发生前，往往发生过大扰动（如故障等），可能还有许多保护动作。

12.2　水轮发电机常见的事故

12.2.1　发电机转子两点接地

转子绕组发生两点接地故障后，会有很大的短路电流流过短路点。此时，部分绕组被短路，电阻降低，导致转子电流增大，其后果是转子绕组剧烈发热。如果绕组被短路的匝数较多，就会使主磁通大量减少，发电机向电网输送的无功出力显著降低，发电机功率因数增高，甚至变为进相运行。定子电流也可能增大，同时由于部分转子绕组被短路，发电机磁路的对称性被破坏，它将使发电机由于磁场不平衡而产生强烈的振动。大的短路电流可能烧坏有关设备，后果是严重的，必须立即停机检修。

12.2.2　发电机失磁

励磁系统是发电厂电气系统的重要组成部分，是发电厂的安全稳定运行的重要因素。励磁系统故障是导致发电机事故跳闸的主要原因，因此在正常运行中对励磁系统的监视和维护应该格外重视。

水轮发电机失磁时，由于其异步力矩（功率）很小，而且起停方便，所以当发电机出现失磁事故时通常不作异步运行，由失磁保护直接作用于跳闸停机。失磁保护装置内设有电压断线闭锁装置和低电压继电器。当低电压继电器不动作时（母线电压不低于允许值），失磁保护不会动作。

（1）当发电机失磁后，失磁保护动作，"发电机失磁保护跳闸"信号发出，发电机主开关跳闸，表明保护已动作解列灭磁，按发电机事故跳闸处理。

（2）若失磁保护拒动，则立即手动解列发电机。

（3）在发电机失磁过程中，应注意调整好其他正常运行的发电机定子电流和无功功率。

12.2.3　发电机过电压

当运行中的发电机突然甩掉负荷或者带时限切除距发电机较近的外部故障时，由于转子转速的突然增加以及强行励磁装置动作等原因，发电机的端电压将升高。

对于水轮发电机，由于调速系统惯性较大，使制动过程缓慢，因此在突然失去负荷时，转速将超过额定值，这时发电机输出端电压有可能高达额定值的 $1.8 \sim 2$ 倍，一般当发电机的电压升到额定电压的 130% 时，过电压保护装置延时 0.5s，将发电机解列停机，灭磁开关跳开。

12.2.4　发电机定子绕组相间短路

当发电机定子绕组出现相间短路时，将在发电机内部的局部绕组中产生强大的局部电流，造成发电机和冒烟或着火，并伴有强烈的振动和异音。此时由发电机差动保护瞬时将发电机从系统解列，并跳开灭磁开关，机组停机。如发现着火，应立即灭火。

12.2.5　发电机过电流

主要由系统事故造成的，当发电机过流时，造成发电机转子温度迅速升高。如果系统非对称故障造成发电机不对称过流，使发电机绕组迅速温升，并伴有强烈异音。应将发电机电流控制在额定电流之内，否则过流保护装置将延时 5s 跳开发电机出口开关，解列停机。

12.2.6　发电机的非同期并列

发电机的同期并列，应满足电压相同、频率相同、相位相同 3 个条件。如果由于人为操作不当或同步回路接线错误，发电就会非同期并列，并列合闸瞬间，将产生巨大的电流冲击。使机组发生强烈的振动，发出鸣音。此时定子电流表指示突然升高系统电压降低；发电机本体由于冲击力矩的作用而发出"吼"的声音，然后定子电流表、电压表来回摆动。

发电机非同期并列时危害很大，它对发电机及其串联的变压器、断路器等电气设备破坏极大，严重时会将发电机绕组烧坏，端部变形。若一台大型发电机发生此类事故，则该机与系统间产生的功率振动，将影响系统的稳定运行。

发电机非同期并列时，应根据事故现象进行迅速而正确地处理。并列后，若机组产生很大的冲击或引起强烈的振动，表计摆动剧烈而且不衰减，系统电压降低时，应立即断开发电机的主断路器和灭磁开关，解列停机。待停止转动后，测量定子绕组绝缘电阻，对发电机进行全面检查，确认无问题后，方可再次启动机组。

12.2.7　发电机着火的处理

发电机在运行中，短路、绝缘击穿、绕组和铁芯局部过热等原因可能引起着火。

发电机着火时，可在发电机附近闻到焦味，油烟气和火星从定子端盖窥视孔或从风洞密闭不严处往外冒出。确认发电机着火后，运行人员应立即操作紧急停机按钮，这时发电机主断路器和灭磁开关应一起跳闸。确认发电机出口断路器和灭磁开关已跳闸后，迅速打开发电机消防水阀门，向发电机喷水灭火。现在水电站的发电机都配有自动灭火装置，当出现着火事故时，可自动灭火。

如果发电机没有水灭火装置时，运行人员应使用机外消防设备或现场其他水源向机内喷水，直至火完全熄灭为止。应设法使用一切灭火的装置，但不能使用泡沫灭火器和沙子灭火，以防腐蚀绝缘和堵塞通风孔道。

灭火时最好能维持机组在 $10\% n_e$ 左右转速低速运行，这将有助于机组冷却和防止局部过热。对于卧式机组，禁止在火完全熄灭前将机组完全停下，防止大轴因受热不均而弯曲。灭火时还应注意不要破坏发电机的密封；火熄灭后进入发电机检查时，应戴防毒面具以防中毒。

如果是发电机引出线着火，则应立即停机，切断励磁电流后，用干式灭火器灭火。

本 章 小 结

本章介绍了水轮发电机运行过程中常见的故障及事故，应注意区分故障和事故的不同，机组有故障时，保护系统只发报警信号，不作用停机，机组可继续运行。当机组出现事故时，保护系统会作用跳闸，立即停机。

思 考 题 与 习 题

12.1　水轮发电机常见故障有哪些？

12.2　水轮发电机在运行过程中容易出现哪些事故？

12.3　发电机运行中，哪些部件容易出现温度过高？是什么原因引起的？

12.4　引起发电机着火的原因有哪些？发电机着火后应当怎样处理？

12.5　发电机定子绕组单相接地，对发电机是否有危害？为什么？

12.6　发电机不能成功建压有什么现象？

12.7　什么情况下会出现发电机过电压？

第5篇 水轮发电机励磁及控制

第13章 水轮发电机的励磁系统

13.1 励磁系统的基本概念

水轮发电机运行时需要有一个直流磁场，产生这个磁场的直流电流，称为发电机的励磁电流。把整个供给励磁电流的线路和装置称为励磁系统，它控制发电机的电压及无功功率。另外，调速系统控制原动机及发电机的转速（频率）和有功功率。二者是发电机组的主要控制系统，如图13.1所示。

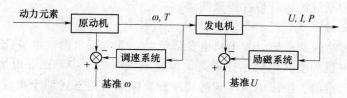

图 13.1 水轮发电机的控制系统

励磁系统的特性对电力系统及同步发电机的运行性能有着十分重要的影响。对同步发电机的励磁进行控制，是对发电机运行进行控制的主要手段之一。

励磁控制系统是由同步发电机及其励磁系统共同组成的反馈控制系统，一般由两部分构成，如图13.2所示。第一部分是励磁功率单元，它向同步发电机的励磁绕组提供直流励磁电流，以建立直流磁场；第二部分是励磁控制单元，这一部分包括励磁调节器、强行励磁、强行减磁和灭磁等，它根据发电机的运行状态，自动调节功率单元输出的励磁电流，以满足发电机运行的需要。

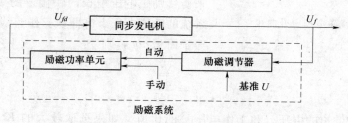

图 13.2 水轮发电机励磁系统

13.2 励磁系统的主要任务

无论在稳态运行还是暂态过程中，同步发电机和电力系统的正常运行状态以及事故情况下的运行特性，都和励磁系统的性能密切相关。性能优良的励磁系统不仅可以保证发电机运行的可靠和稳定性，而且可以有效地提高发电机及电力系统的技术经济指标。现代电力系统中，励磁系统的主要任务如下。

13.2.1　维持发电机的端电压

13.2.1.1　维持正常工作电压

在发电机正常运行工况下，励磁系统应能维持发电机端电压在给定水平。由发电机的电势平衡方程式可知，在发电机空载电势 E_0 恒定的情况下，发电机端电压 U 会随负荷电流 I 的增加而降低。为保证发电机端电压恒定，必须随发电机负荷电流的变化对励磁电流进行相应的调整。

在电力系统的暂态过程中，维持发电机的端电压恒定有利于维持电力系统的电压水平，从而使电力系统的运行特性得到改善。如自动励磁调节器能使短路切除后，电力系统的电压恢复加快，从而使系统中的电动机自起动加速。当电力系统中有大型电动机启动，同步发电机自同期并列，同步发电机因失磁而转入异步运行或重负荷线路合闸（或重合闸）时，电力系统都可能造成大量无功缺额，系统电压水平将下降。自动励磁调节能减少这种下降，使电力系统的运行特性得到改善。

13.2.1.2　强行励磁

当电力系统发生短路故障，发电机电压降低时，常常要求励磁电流能在短时间内迅速增长，即希望发电机的空载电势迅速提高，以避免发电机失步，保证电力系的安全运行，这种现象叫做强行励磁。励磁电流增长的幅度和速度通常用下述两个指标来表达：①强励倍数 K，同步发电机在额定情况下运行时，励磁系统所供给的励磁电压称为正常工作电压，同步发电机需要强行励磁时，励磁系统所能供给的最大励磁电压称为顶值电压，强励倍数 K 即是顶值电压与正常工作电压之比；②电压上升速度 v，当励磁系统接到强励信号时，由于励磁系统中有电感元件，同步电机的励磁电压不能立即增大到顶值电压，而需要有一个时间，按技术指标规定以开始 0.5s 内，励磁电压平均增长速度 v 来衡量励磁电压增长的快慢。图 13.3 表示某励磁系统的励磁电压上升曲线。作直线 ab，使面积 adc 等于面积 abc，则令

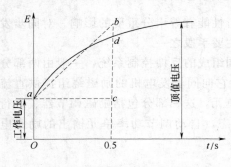

图 13.3　励磁电压上升曲线

$$v=\dfrac{\dfrac{\overline{ab}}{\overline{oa}}}{0.5} \tag{13.1}$$

v 为 0.5s 内增长的电压 $\overline{ab}$ 和工作电压 $\overline{oa}$ 的比值。如果选取较大的 K 值和 v 值，当然对提高同步发电机的动态稳定有益，但对励磁系统的要求过高将增大费用。一般取 $K=1.5\sim2$；$v=0.5\sim1.0$，特殊要求高的场合有选 $v=2.0$ 的。

13.2.1.3　强行减磁

当系统中有重负荷跳闸或发电机发生甩负荷时，自动励磁调节有助于降低此时可能产生的系统及发电机电压过分升高，这一点对水轮发电机尤其重要，当水轮发电机发生甩负

荷时，由于机组惯性时间常数较大，发电机会产生较严重的过速，对采用同轴励磁机的发电机来说，它的端电压正比于转速的 3～4 次方。因此，甩负荷可能造成发电机严重过压。为防止这种过电压的产生，要求励磁系统在这种情况下具备强行减磁（强减）功能。

13.2.2　控制无功功率的分配

当发电机并入电力系统运行时，它输出的有功取决于从原动机输入的功率，而发电机输出的无功则和励磁电流有关。发电机并入无穷大电网运行的情况分析见第 5 章。

实际运行中，发电机并联运行的母线不会是无穷大母线，这时改变励磁将会使发电机的端电压和输出无功都发生改变。但一般来说，发电机的端电压变化较小，而输出的无功却会有较大的变化。保证并联运行的发电机组间合理的无功分配，是励磁系统的重要功能。

在研究并联运行发电机组间的无功分配问题时所涉及的主要概念之一是发电机端电压调差率。所谓发电机端电压调差率是指在自动励磁调节器调差单元投入，电压给定值固定，发电机功率因数为零的情况下，发电机的无功负载从零变化到额定值时，用发电机端电压百分数表示的发电机端电压变化率 δ_T，通常由式（13.2）计算，即

$$\delta_T(\%) = \frac{U_{f0} - U_{fr}}{U_N} \times 100\% \tag{13.2}$$

式中　U_{f0}——发电机空载电压；

　　　U_{fr}——发电机额定无功负载时的电压；

　　　U_N——发电机的额定电压。

发电机的端电压调差率，反映了在自动励磁调节器的作用下，发电机端电压可能随发电机输出无功的变化。自动励磁调节器调差单元的接法不同，发电机端电压随输出无功电流的变化也不同。当发电机端电压随无功电流的增加而降低时称发电机有正的电压调差；当发电机端电压随无功电流的增加而升高时称发电机有负的电压调差；若发电机端电压不随无功电流的变化而变化，则称发电机没有电压调差，或称调差率为零。图 13.4 表示了发电机的三种调差特性。

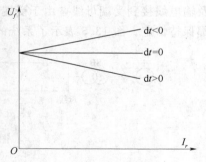

图 13.4　同步发电机的
三种调差特性

当多台发电机端直接并联在一起工作时，为了并联机组间能有稳定的无功分配，这些发电机都必须有正的电压调差且要求调差率 $\delta_T = 3\% \sim 5\%$，若发电机是单元式接线，即它们是通过升压变压器在高压母线上并联，则要求发电机有负的电压调差，负调差的作用是部分补偿无功电流在升压变压器上形成的压降，从而使电厂高压母线电压更加稳定。有些电厂为了减小系统电压波动所引起的发电机无功的波动，在单元式接线的情况下，常常不投入调差单元，这对电力系统的调压，即保持系统的电压水平是不利的。

13.2.3　提高同步发电机并列运行的稳定性

电力系统可靠供电的首要要求，是使并入系统中的所有同步发电机保持同步运行。系统在运行中随时会遭受各种扰动，这样，伴随着励磁调节，系统将由一种平衡状态过渡到

新的平衡状态，这一过渡过程所需的时间称为暂态时间，在这个时间内系统是振荡的。如果振荡逐渐衰减，在有限的时间内系统稳定到新的平衡状态，则称系统是稳定的。电力系统稳定的主要标志是，在暂态时间末了，同步发电机维持或恢复稳定运行。

　　通常把电力系统的稳定性问题分为三类，即静态稳定、暂态稳定及动态稳定。

　　当电力系统受到小的扰动时，发电机仍能稳定运行称为静态稳定。例如负荷的随机变化等。

　　当电力系统在受到大扰动时，系统能在新的平衡状况下稳定运行，称为暂态稳定。例如发电机或高压输电网络中发生的各种短路、接地、线路故障，或一台主要发电机被切除，此时系统将发生较强烈的振荡，一些同步发电机也可能失步。发生暂态不稳定过程的时间较短，主要发生在事故后发电机转子第一摆动周期内。

　　动态稳定则是指电力系统受干扰后（包括小干扰和大干扰），在考虑了各种自动控制装置的作用情况下，发电机恢复和保持稳定状态的能力。在动态稳定过程中的主要现象是发电机的功角及各电气量发生随时间的增幅振荡或等幅振荡，这一振荡过程较长，可持续几秒到几十秒的时间。例如故障消除后功率波动不是逐渐减小，反而趋向于逐渐增大或等幅振荡。为了抑制振荡，提高动态稳定的方法之一是借助于励磁调节装置提供制动转矩，使发电机在加速时增加励磁，在减速时减弱励磁。这样，可实现发电机在平衡点附近运行的振荡逐渐平息。

　　分析及实践表明，励磁系统对提高同步发电机并列运行的稳定性具有重要作用。

13.2.3.1　励磁控制对静态稳定的影响

　　为简化分析，设发电机工作于单机对无穷大母线系统中。发电机 F 经升压变压器 SB 及输电线接到受端母线，由于受端母线为无穷大母线，它的电压幅值 U 和相位（设为零）都保持恒定。图 13.5 表示了系统的接线图及等值电路图。

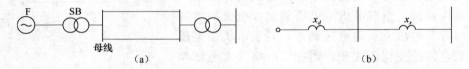

图 13.5　单机对无穷大系统
（a）接线图；（b）等值电路图

　　无自动励磁调节器的发电机的静态稳定概念及其影响因素在前面第 5 章已经分析过了。若发电机具有自动励磁调节器，由于调节器能自动维持发电机端电压的恒定，即能随角度 θ 的增加而增加空载电势，使发电机的实际运行曲线是由一组功角特性曲线上的点组成（图 13.6）。这时，发电机可以运行于 $\theta > 90°$ 的区段。通常把这一区段称为人工稳定区，即由于采用了自动励磁调节器而将原来不稳定的工作区变为稳定。从物理概念上，可以这样理解：在 $\theta > 90°$ 的情况下，当干扰使发电机偏离了原工作点，产生了角度偏离 $\Delta\theta$ 时，一方面，按正弦特性 $\Delta\theta$ 会产生一个负的有功增量 $\Delta P_{f1}\left(\Delta P_{f1} = \dfrac{\partial P_f}{\partial \theta}\big|E_0 = \text{const}^{\Delta\theta}\right)$；另一方面，$\Delta\theta$ 增加使机端电压降低，自动励磁调节器为使机端电压恒定而增加发电机的励磁电流，使空载电势产生一个增量 ΔE_0，ΔE_0 使发电机产生一个正的有功增量 ΔP_{f2}

$\left(\Delta P_{f2} = \dfrac{\partial P_f}{\partial E_0} \mid \theta = \mathrm{const}^{\Delta E_0} \right)$。显然，若 $\Delta P_{f2} > |\Delta P_{f1}|$，这样由角度偏移 $\Delta \theta$ 引起的总的功率增量 $\Delta P_f = \Delta P_{f1} + \Delta P_{f2} > 0$，即 $\dfrac{\mathrm{d}P_f}{\mathrm{d}\theta} > 0$，系统变为稳定的了。自动电压调节器按电压偏差调节的放大倍数越大，发电机维持端电压的能力越强，ΔE_0 便越大，ΔP_{f2} 也越大，发电机的稳定极限角也就加大。

图 13.7 绘出了几条有代表性的功率特性曲线。其中曲线 1 代表不调节励磁的功率特性；曲线 2 代表具有比较灵敏、快速的励磁调节器，能保持发电机励磁电势恒定的功率特性；曲线 3 代表具有理想灵敏度和快速性的励磁调节，能保持发电机端电压恒定的功率特性。它是一条理想的波幅最高的功率特性，实际上只能做到接近这条曲线运行。因为要达到这条功率特性，必须加大励磁调节器的放大倍数，这会引起励磁系统自激振荡而不能运行。

图 13.7 表明，采用自动调节励磁以后，如果仍按功率 P_0 运行，则提高了静稳定储备。如果按规定的静稳定储备系数运行，则可增加输送功率。

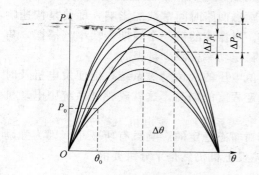

图 13.6　发电机的实际运行曲线

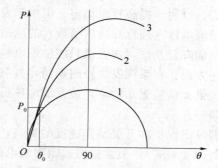

图 13.7　调节励磁对功率特性的影响

由此可见，性能优良的励磁系统，改变了实际运行的功率特性，提高了功率极限，而且还可以扩大稳定区，使同步发电机能在 $\theta > 90°$，所谓人工稳定区稳定地运行。

半导体励磁系统，尤其是微机励磁调节器的使用，加快了励磁系统的响应速度，被调量一有变化，加到发电机励磁绕组上的励磁电压便跟着变化。其功率特性曲线比图 13.7 的曲线 2 要高，这对提高静态稳定是非常有效的。另一方面，灵敏快速的励磁调节，相当于部分或全部补偿了发电机的内电抗，从而提高了机组运行的稳定性。

然而，对于那些距系统较近（指电气距离）的发电厂来说，在系统电压突然升高（如一条重负荷线路因事故突然跳闸），发电机端电压会随之升高。发电机的自动励磁调节器为维持机端电压恒定，会将励磁电流减得过低，造成发电机进相以至失去静态稳定。为防止这种现象发生，在发电机的自动励磁调节器中，必须装设低励磁限制单元，当发电机的励磁过分降低，以至危及它的静态稳定时，低励磁限制单元动作，阻止发电机励磁电流进一步降低，保证发电机稳定运行。

13.2.3.2　励磁控制对电力系统动态稳定性的影响

电力系统的动态稳定性问题，可以理解为电力系统机电振荡的阻尼问题。当阻尼为正时，动态是稳定的；当阻尼为负时，动态是不稳定的；阻尼为零时，是临界状态。对于零阻尼或很小的正阻尼，都是电力系统运行的不安全因素，应采取措施提高阻尼。

　　励磁控制系统中的自动电压调节作用，是造成电力系统机电振荡阻尼变弱（甚至变负）的最重要的原因之一。在正常应用范围内，励磁电压调节器的负阻尼作用会随着开环增益的增大而加强，而提高电压调节精度的要求和提高动态稳定性的要求是相互矛盾的。通常采取线性非线性励磁控制理论发送励磁系统的动态品质。国内外通常采用 ΔU、ΔP_e、$\Delta \omega$（或 Δf）、ΔE 等多个输入控制通道来实现最优控制或采用 PSS（电力系统稳定器）来提高电力系统的动态稳定性。

13.2.3.3　励磁控制对电力系统暂态稳定的影响

　　调节励磁对暂态稳定的影响没有对静态稳定那样显著。励磁系统对提高暂态稳定而言，表现在快速励磁和强行励磁的作用上。以单机并到无穷大系统的情况为例，当高压网络中发生短路，在短路未切除的一个短暂时间内，同步发电机的端电压和传输的功率都将显著降低，而原动机的调速器在暂态期间（如 1s 以内）尚来不及动作。这就要求励磁系统快速地动作，并强行励磁到顶值，使发电机励磁电势增大，使传输功率不致过分降低，并使发电机的功率特性曲线的加速面积减小，制动面积增大，以阻止发电机功率摇摆角 θ 过度增大，以利于提高暂态稳定。但由于发电机励磁回路时间常数的影响，即使是快速响应和高顶值电压（或称高顶值倍数）的励磁系统，对振荡的第一个周期，功率（摇摆）角度通常只能降低几度，或者说只能使发电机的动稳定功率极限少量提高。

　　另一方面，在系统发生短路期间，具有高顶值电压的快速励磁系统，能使发电机及时向系统提供大量的无功功率，使系统电压得到一定程度的提高，这就改善了系统中电动机的运行条件。

　　随着继电保护和开关动作速度的提高，强励对暂态稳定的影响虽有所减小（因为强励作用的时间变短了），但强励对远距离输电的水轮发电机仍然是十分重要的。

13.2.4　提高继电保护动作的灵敏度及快速灭磁

　　当电力系统发生短路时，对发电机进行强励除有利于提高电力系统稳定性外，还因加大了电力系统的短路电流而使继电保护的动作灵敏度得到提高。

　　当发电机或升压变压器（采用单元式接线）内部故障时，为了降低故障所造成的损害，要求这时发电机能快速灭磁。此外，当机组甩负荷时，发电机机端电压会异常升高，为防止发电机机端电压过分升高，也要求励磁系统有快速灭磁能力。

13.3　水轮发电机的励磁方式

　　水轮发电机获得直流励磁电流的方法称为励磁方式。根据励磁电流的供给方式，凡是从其他电源获得励磁电流的发电机，称为他励发电机，从发电机本身获得励磁电源的，则称为自励发电机。大、中型水轮发电机的励磁方式多种多样，目前在我国应用的主要有直流电机励磁系统、交流电机励磁系统、无励磁机的励磁系统及谐波励磁系统等。

13.3.1　直流电机励磁

　　直流电机励磁系统是用得最多也是历史最悠久的一种励磁系统，但随着发电机单机容量的提高，励磁电流加大使机械整流子在换流方面遇到了困难，加之半导体技术的迅猛发展，其在电力系统的应用范围逐渐缩小。

由直流电机励磁的发电机具有专用的直流发电机，这种专用的直流发电机称为直流励磁机，作为励磁电源为同步发电机提供励磁电流。直流励磁机与同步发电机同轴连接，由水轮机带动。发电机的励磁绕组通过装在大轴上的滑环及固定电刷从励磁机获得直流电流。这种励磁方式具有励磁电流独立，工作比较可靠和减少自用电消耗量等优点，是过去几十年间发电机主要励磁方式，具有较成熟的运行经验。缺点是励磁调节速度较慢，维护工作量大，故在 10MW 以上的机组中很少采用。

直流励磁机通常为并励直流发电机，为了得到较快的励磁电压增长速度，并能在较低的励磁电压下稳定工作，有时也采用他励式直流发电机，这时就再用一台直流发电机来供给直流励磁机本身的励磁电流，前者称为副励磁机，后者称为主励磁机。其原理图如图 13.8 所示。这种励磁方式的特点是整个系统比较简单，励磁机只和原动机即水轮机有关，而与外部电网无直接联系。当电网发生故障时，不会影响励磁系统的正常运行。

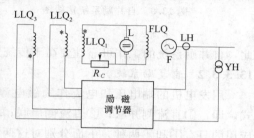

图 13.8　直流电机励磁系统原理接线

图 13.8 表示通常采用的电机励磁系统，直流励磁机的电枢 L 向发电机励磁绕组 FLQ 供电，直流励磁机的主励磁绕组 LLQ_1 通过磁场变阻器 R_c 并接于电枢 L 的两端，励磁机通常还有两组副励磁绕组 LLQ_2、LLQ_3（正组和反组）接于励磁调节器。

13.3.2　交流电机励磁

现代大容量发电机有的采用交流励磁机提供励磁电流。交流励磁机也装在发电机大轴上，它输出的交流电流经整流后供给发电机转子励磁，此时，发电机的励磁方式属他励方式，又由于采用静止的整流装置，故又称为他励静止励磁，由交流副励磁机提供励磁电流。交流副励磁机可以是永磁机或是具有自励恒压装置的交流发电机。为了提高励磁调节速度，交流励磁机通常采用 $100 \sim 200 \mathrm{Hz}$ 的中频发电机，而交流副励磁机则采用 $400 \sim 500 \mathrm{Hz}$ 的中频发电机。这种发电机的直流励磁绕组和三相交流绕组都绕在定子槽内，转子只有齿与槽而没有绕组，像个齿轮，因此它没有电刷、滑环等转动接触部件，具有工作可靠，结构简单，制造工艺方便等优点。缺点是噪声较大，交流电势的谐波分量也较大。

13.3.3　无励磁机的励磁系统

无励磁机的励磁系统取消了励磁机，采用变压器作为交流励磁电源，励磁变压器接在发电机出口或厂用母线上。因励磁电源取自发电机自身或是发电机所在的电力系统，故这种励磁方式称为自励整流器励磁系统，简称自励系统。与电机式励磁方式相比，在自励系统中，励磁变压器、整流器等都是静止元件，故自励系统又称为静止励磁系统。

自励系统通常分为两大类，即自并励系统和自复励系统。

13.3.3.1　自并励系统

在这种系统中，发电机机端电压经励磁变压器 LB 降压，晶闸管 KZ 整流后向励磁绕组 FLQ 供电（图 13.9），励磁调节器通过调节晶闸管整流电路的控制角来维持发电机端电压恒定。

这种励磁系统的突出优点是接线简单；由于无转动部分，工作具有较高的可靠性；励

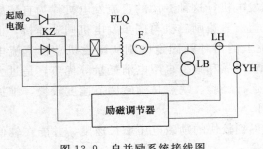

图 13.9　自并励系统接线图

磁调节动作速度快；价格低。

自并励系统将发电机端电压作为励磁电流，可靠性很高，因为这个电源完全消失的唯一情况是发电机端发生三相短路（对单元式接线的大中型发电机来说，这时差动保护会动作使发电机退出工作）。虽然，各种电力系统的故障（如短路、振荡等）会使发电机端电压发生波动，但一个良好的励磁调节器能保证这种情况下励磁系统工作正常。因此，自并励系统的工作可靠性要高于传统上认为比较可靠的他励系统。

13.3.3.2　自复励系统

用发电机的端电压和电流作励磁电源的励磁系统称为复励系统，通常有 4 种接线方式，即：①直流侧并联；②直流侧串联；③交流侧并联；④交流侧串联。目前在我国得到应用的只有①和④两种，下面分别对这两种进行讨论。

1. 直流侧并联的自复励系统

在该系统中，发电机端电压经励磁变压器 LB 降压，晶闸管整流桥 KZ 整流；发电机定子电流经功率电流互感器 GLH 和可控整流桥整流。两个回路在整流桥的直流侧并联起来向发电机的励磁绕组供电，励磁调节器调节晶闸管整流桥 KZ 的控制角以维持发电机端电压恒定（图 13.10）这种系统的优点是电压回路并联工作，在两者之一出现故障时，非故障回路仍能保证发电机正常运行，具有较高的可靠性及运行灵活性。其主要缺点是：两套回路配合较困难，往往很难满足各种运行方式的要求，在电力系统发生短路时，功率电流互感器 GLH 副边产生很大电流，而发电机转子由于有很大电感不允许电流突变，这就造成了类似于电流互感器开路的情况，使 GLH 副边出现很高的过电压，虽然采取了种种保护措施，但整流桥的整流器还是经常发生损坏。

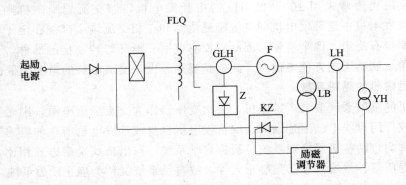

图 13.10　直流侧并联的自复励系统

2. 交流侧串联的自复励系统

如图 13.11 所示，接于机端的励磁变压器 LB 副边和接于发电机中性点上的串联变压器 CB 副边串联起来向晶闸管整流桥 KZ 供电，KZ 的输出接于发电机的励磁绕组。

串联变压器 CB 是一个铁芯中有分段气隙的电抗变压器，它副边的输出电压 $\dot{U}_i$ 正比于

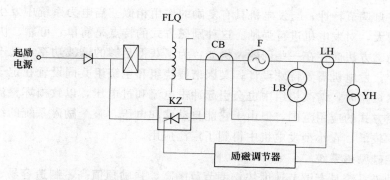

图 13.11 交流侧串联的自复励系统

原边的电流 $\dot{I}_f$，且相位上领先 90°，即

$$\dot{U}_i = jx_u\dot{I}_f \tag{13.3}$$

互感抗 x_u 是串联变压器十分关键的参数，它关系到串联变压器的容量及强励能力。若选择 $x_u = x_2$（发电机的负序电抗）则可在不对称短路时，加于整流桥上的三相电压对称。若选择 $x_u = x_a'$ 则可使系统的强励能力得到提高。

和自并励相比，自复励系统由于引入了发电机的电流作励磁电源，从而使强励磁系统的强励能力得到提高。然而，由于串联变压器原边电压高、电流大，使设计和制造相当困难，造价也很高。因此，串联变压器的使用即有优点，也有缺点。一方面串联变压器在电力系统短路时能提高整流桥的交流电压；另一方面，串联变压器的存在加大了整流桥的换相电抗，从而使强励磁系统输出的强励电压降低。

13.3.4 谐波励磁系统

谐波励磁方式是近年在小型同步发电机中常采用的自励励磁方式。同步发电机本身兼作交流励磁机，定子电枢绕组接有整流装置，转换出来的直流电流便是送入转子励磁绕组的励磁电流。和直流发电机的电压建起原理相同，它所以能自励和具有稳定工作点是由于磁路的剩磁和饱和现象。

谐波励磁主要利用的是气隙中的三次谐波，在定子槽中另外设置一个三次谐波绕组，它是一个线圈节距为极距的 1/3 的三相单层绕组，一般每槽只有一根导体。它和电枢主绕组没有电的联系。基波气隙磁场在该绕组中的合成感应电势等于零。三次谐波磁场则在该绕组中感应一个三倍基波频率的三次谐波电势，三次谐波励磁就是将这个绕组中的三次谐波电势经过桥式整流装置，接到发电机的励磁绕组。三次谐波磁场和基波磁场不同，当发电机带有负载时，它不但没有减小，反而有所增大。

图 13.12 为谐波励磁的原理示意图。谐波励磁方式有一个重要的有益特性，即谐波绕组电势随发电机负载变动而改变。当发电机负载增加或功率因数降低时，谐波绕组电势随之增高；反之，当发电机负载减小或功率因数增高时，谐波绕组电势随之降低。因此，这种谐波

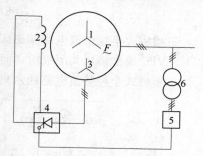

图 13.12 谐波励磁原理图

1—主绕组；2—励磁绕组；3—谐波绕组；4—可控硅整流器；5—自动调整励磁装置；6—电压互感器

励磁系统具有自调节特性，与发电机具有复励的作用相似。当电力系统中发生短路时，谐波绕组电势增大，对发电机进行强励。这种励磁方式的特点是简单、可靠、快速。

但这种励磁方法尚存在一些问题，例如：为了获得足够的谐波功率，又不使主绕组的电势波形畸变，发电机需要特殊设计；又因谐波绕组和主绕组共同设置在定子槽中，当发电机发生突然短路时，谐波绕组中也会引起冲击电流和过电压，以致损坏整流元件，均限制了这种励磁方式的应用范围，但由于它能自动建起电压，整个励磁系统的线路简单、设备不多、成本较低，在小型发电机中得到了广泛应用。

13.3.5　可控硅励磁系统

可控硅励磁系统具有调节速度快、调节范围宽、强励顶值高、制造容易、运行维护简便等优点。可控硅励磁系统取消了传统的直流励磁机，从发电机端或交流励磁机取得交流励磁电源。可控硅励磁系统功率输出部分的主要任务，就是将这个交流电压变换为直流电压，以满足发电机励磁绕组或励磁机磁场绕组的需要。常用于可控硅励磁系统功率输出部分的电路有三相桥式不可控、半控和全控整流电路。其中，三相桥式全控整流电路，除了完成上述任务外，在需要时还可将储存在发电机励磁绕组磁场中的能量，经全控桥迅速反馈回交流电源，即进行将直流变换为交流的逆变灭磁。

三相桥式不可控整流电路一般有两种形式，即由电压源供电和电流源供电的三相桥式不可控整流电路，如图 13.13 所示。

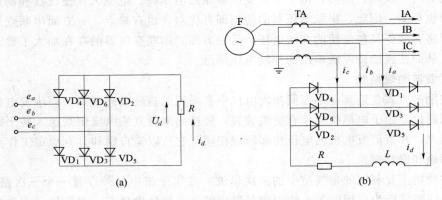

图 13.13　三相桥式不可控整流电路
(a) 电压源供电电路；(b) 电流源供电电路

三相桥式半控整流电路如图 13.14 所示，为了控制方便，三只可控硅整流元件 VD_1、VD_3、VD_5 通常接成共阴极组，而二极管 VD_2、VD_4、VD_6 则接成共阳极组。

三相桥式全控整流电路的六只整流元件全部采用可控硅，如图 13.15 所示。共阴极组

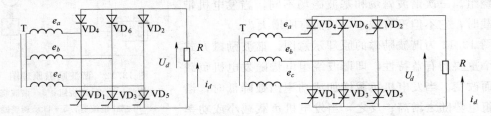

图 13.14　三相桥式半控整流电路图　　　图 13.15　三相桥式全控整流电路图

的元件在各自的电源电压为正半周时导通，而共阳极组的元件则在其电源电压负半周导通，这样有利于提高励磁变压器的利用率。

三相桥式全控电路的工作可分为整流工作状态和逆变工作状态。前者是将交流转换成直流，以供给同步发电机转子绕组励磁；后者则是将直流转换成交流。在发电机灭磁时，可利用逆变将储存在发电机转子中的能量转换成交流电能并馈回电网，以迅速降低发电机的定子电势，实现快速灭磁，从而减轻事故情况下发电机的损坏程度。此外，发电机在运行中发生过电压时，亦可调整控制角 α（使 $\alpha > 90°$），使整流电路进入逆变状态工作，即输出平均电压变为负值，以实现快速减磁。

13.3.6　IGBT 开关式自动励磁系统

IGBT（Insulated Gate Bipolar Transistor），绝缘栅双极型晶体管，作为新型电力半导体场控自关断器件，集功率 MOSFET 的高速性能与双极性器件的低电阻于一体，具有输进阻抗高，电压控制功耗低，控制电路简单，耐高压，承受电流大等特性，在各种电力变换中获得极广泛的应用。

基于 IGBT 的自动励磁系统同其他励磁方式相比，其励磁电源十分可靠。其功率单元由整流部分和电流调节部分组成，如图 13.16 所示。整流部分由交流电源送至由二极管构成的三相不可控整流桥，完成交流-直流的变换，向发电机转子绕组 FLQ 提供直流电压 U_e。电流调节部分由 IGBT 功率开关管实现受控调节，使输入到转子的电流得到控制。当 IGBT 导通时，VD_1 截止，U_e 经 LQ 和 IGBT 功率器件使 FLQ 中的电流增加。当 IGBT 截止时，FLQ 中产生反电动势，经过续流二极管 VD_1 导通给 LQ 续流，此时转子绕组 LQ 中的电流减少。

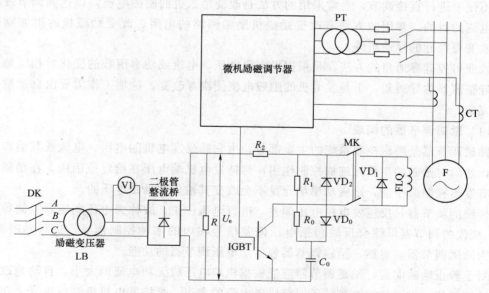

图 13.16　IGBT 开关式自动励磁系统原理图

根据三相不可控整流桥将三相交流整流为直流电，其计算关系为 $U_e = 1.35 U_{in}$，U_{in} 为交流电源的线电压。设 IGBT 的工作周期为 T，IGBT 的导通时间为 T_{ON}，导通时 U_e 加到转子绕组 FLQ 两端，IGBT 截止时间为 T_{OFF}，截止时，转子电压等于续流二极管 VD_1 管压降，忽略其压降为零，则 IGBT 功率开关励磁工作原理波形如图 13.17 所示。

从图 13.17 可知励磁电压的平均值为

$$U_L = U_e \frac{T_{\text{ON}}}{T_{\text{ON}} + T_{\text{OFF}}} = U_e D = 1.35 U_{\text{in}} D \tag{13.4}$$

式中　D——IGBT 的导通占空比。

由此可见，根据发电机端电压、转子电流或无功负荷等参数的变化改变占空比，亦即改变 IGBT 驱动方波的占空比，即可改变励磁绕组两端的电压，从而达到调节发电机输出电压和无功的目的。

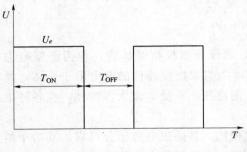

图 13.17　励磁绕组电压波形图

IGBT 作为中、小型发电机励磁功率的变换器件已展现了它的优势。由功率器件构成的开关式励磁系统很好地解决了可控硅励磁系统控制电路复杂、驱动功率大等缺点，具有驱动简单、均流性好、控制简单、开关损耗小、可靠性高、技术先进、性价比高等优点。

13.4　励 磁 调 节 器

在改变发电机的励磁电流中，一般不直接在其转子回路中进行，因为该回路中电流很大，不便于进行直接调节，通常采用的方法是改变励磁机的励磁电流，以达到调节发电机转子电流的目的。常用的方法有改变励磁机励磁回路的电阻、改变励磁机的附加励磁电流、改变可控硅的导通角等。

改变可控硅导通角的方法，是根据发电机电压、电流或功率因数的变化，相应地改变可控硅整流器的导通角，于是发电机的励磁电流便跟着改变。这项工作需要由自动励磁调节器完成。

13.4.1　励磁调节器的构成

励磁调节器是励磁控制系统的主要部分，由它感受发电机的电压、电流或其他参数的变化，然后对励磁功率单元施加控制作用，维持发电机端电压在给定范围内。在励磁调节器没有发出控制命令前，励磁功率单元是不会改变其输出的励磁电压的。

传统的调节器只反应发电机电压偏差，进行电压校正，故称为电压调压器（简称调压器）。现代的调节器可综合反映包括电压偏差信号在内的多种控制信号，进行励磁调节，故称为励磁调节器。显然，励磁调节器包括了电压调节器的功能。

对于静止励磁而言，励磁调节器应能根据机端电压或无功电流的大小，自动地改变可控硅的控制角，以调整发电机转子回路励磁电流的大小，维持发电机机端电压或无功电流恒定。因此，测量比较、综合放大和移相触发构成了励磁调节器的三个基本单元。这三个单元的关系如图 13.18 所示。

13.4.1.1　测量比较单元

测量比较单元由电压测量、比较整定和调差环节组成如图 13.19 所示。电压测量环节

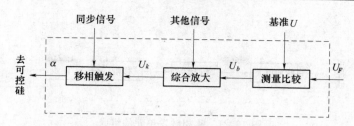

图 13.18　励磁调节器的构成

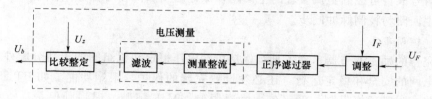

图 13.19　测量比较单元的组成

包括测量整流电路、滤波电路(对于采用交流采样的微机励磁调节器来说，测量回路只有滤波电路，而没有整流电路)，有的还设计有正序电压滤过器。测量比较单元用来测量经过变换的与发电机端电压成正比例的直流电压，并与相应于发电机额定电压的基准电压相比较，得到发电机端电压与其给定值的偏差。电压的偏差信号输入到综合放大单元。正序电压滤过器在发电机不对称运行时可提高调节器调节的准确度，在发生不对称短路时可提高强励能力。调差环节的作用在于人为地改变调节器的调差系数，以保证并列运行机组间无功功率稳定合理地分配。

13.4.1.2　综合放大单元

综合放大单元对测量等信号起综合和放大作用。为了得到调节系统良好的静态和动态特性，综合放大环节除了起放大作用外，还形成一定的控制规律，如 PID 控制、超前滞后校正等。此外，有时还须根据要求综合由辅助装置来的稳定信号、限制信号、补偿信号等其他信号，如图 13.20 所示。综合放大后的控制信号输入到移相触发单元。

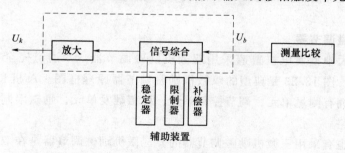

图 13.20　综合放大单元的组成

13.4.1.3　移相触发单元

移相触发单元包括同步、移相脉冲形成和脉冲放大等环节，如图 13.21 所示。移相触发单元根据输入的控制信号的变化，改变输出到可控硅的触发脉冲相位，即改变控制角 α (或称移相角)，从而控制可控硅整流电路的输出，以调节发电机的励磁电流。为了触发脉冲能可靠地触发可控硅，往往需要采用脉冲放大环节进行功率放大。

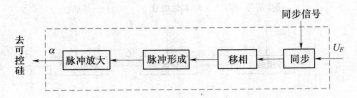

图 13.21　移相触发单元的组成

同步信号取自可控硅整流装置的主回路，保证触发脉冲在可控硅阳极电压为正半周时发出，使主回路与控制脉冲同步。

13.4.1.4　辅助单元

一个完善的励磁调节器，除了具有保持机端电压恒定和机组间的无功分配外，为了保证机组及电网的安全和稳定运行，还必须设置完善的保护、限制功能。如 PT 断线保护、过励磁限制、强励顶值限制、低（欠）励磁限制、V/F 限制、误强励保护、空载过压保护、系统电压跟踪、PSS 或 EOC 等。励磁调节器的功能框图如图 13.22 所示。

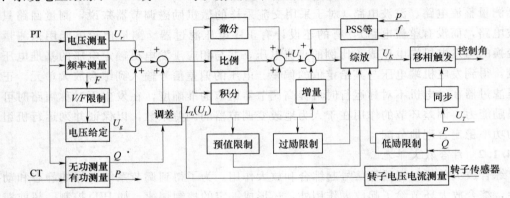

图 13.22　励磁调节器功能框图

此外，励磁调节器中通常还设有手动部分，当励磁调节器自动部分发生故障时，可切到手动方式运行。

13.4.2　微机励磁调节器

目前，国内大中型发电机普遍采用双微机励磁调节器。双通道完全相同，无主从之分，可双向切换。图 13.23 是典型的双微机励磁调节器原理框图。A 机和 B 机完全相同，相互独立。各自拥有测量单元、调节控制单元、移相触发单元、励磁限制单元。双机切换设有专用切换电路。

此外，电厂也有采用三微机励磁调节器的。三微机励磁调节器是在双微机励磁调节器的基础上增设一路微机通道。该通道具有全部测量功能，但不输出。三通道之间用通信联络，由第三通道裁决是 A 机还是 B 机工作。

13.4.2.1　信号采集

信号采集分模拟信号采集和开关量信号采集两部分。

微机励磁调节器一般采集 4 种模拟量，它们是母线电压、机端电压、定子电流和转子电流。母线电压信号取自母线电压互感器 PT₃，仅作跟踪母线电压作用，可只取单相。机

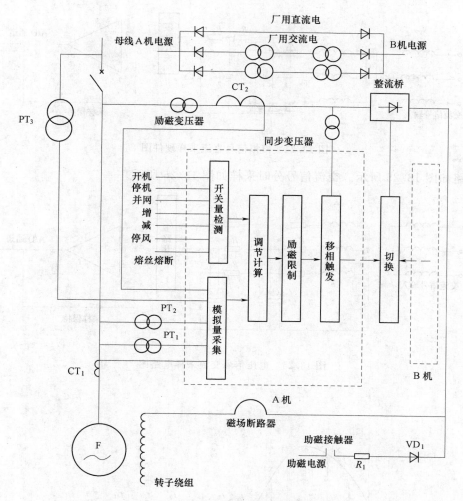

图 13.23　双微机励磁调节器原理框图

端电压是重要的模拟量，通常取两路，以防电压互感器断线引起强励。一路取自机端励磁
专用调节变压器（PT_1），一路取自励磁电压互感器或机端仪表用电压互感器（PT_2）。仪
表信号仅作电压互感器断线判断用，可只取单相。定子电流信号取自定子电流互感器
CT_1，与 PT_1 信号一起计算有功、无功和功率因数。转子电流信号可取励磁变压器低压侧
的电流互感器 CT_2，也可用霍尔元件等在转子回路中直接测取。母线电压、励磁电流、
PT_2 电压一般采用直流采样，即先把三相交流信号隔离降压，整流滤波，再由 A/D 通道
读入，其电路图如图 13.24 所示。

　　由 PV_1 信号和定子电流信号测量计算发电机机端电压和有功、无功功率有两种方法。

　　（1）直流采样法。把 PV_1 信号和定子电流信号隔离降压，整流滤波后测量其幅值。
而另设电路测量各自过零的时刻，从而计算出两个信号之间的相角差 θ，很方便地得到有
功与无功功率为：$P = UI\cos\theta$，$Q = UI\sin\theta$。

　　（2）交流采样法。常用的是 12 点采样法。每周波采集 12 点，根据傅氏算法可算出电
压、电流的实部和虚部，从而计算出发电机电压和电流、有功和无功功率。电压信号交流

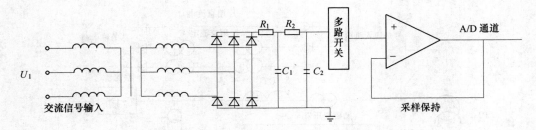

图 13.24　模拟信号直流采样硬件图

采样电路如图 13.25 所示。交流信号分时采样如图 13.26 所示。

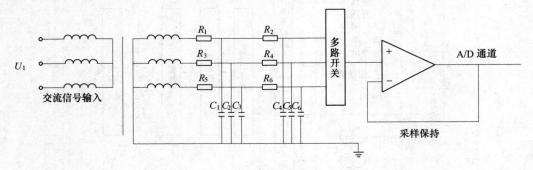

图 13.25　电压信号交流采样电路图

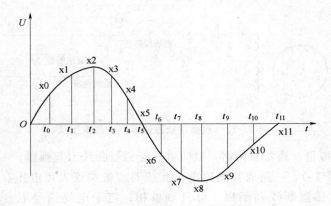

图 13.26　交流信号分时采样图

电压信号实部：

$$U_R = U_0 - U_6 + \frac{\sqrt{3}}{2}(U_1 + U_{11} - U_5 - U_7) + \frac{1}{2}(U_2 + U_{10} - U_4 - U_6) \tag{13.5}$$

电压信号虚部：

$$U_X = U_3 - U_9 + \frac{1}{2}(U_1 + U_5 - U_7 + U_{11}) + \frac{\sqrt{3}}{2}(U_2 + U_4 - U_8 - U_{10}) \tag{13.6}$$

电流信号实部：

$$I_R = I_0 - I_6 + \frac{\sqrt{3}}{2}(I_1 + I_{11} - I_5 - I_7) + \frac{1}{2}(I_2 + I_{10} - I_4 - I_6) \tag{13.7}$$

电流信号虚部：

$$I_X = I_3 - I_9 + \frac{1}{2}(I_1 + I_5 - I_7 + I_{11}) + \frac{\sqrt{3}}{2}(I_2 + I_4 - I_8 - I_{10}) \tag{13.8}$$

电压幅值

$$U = \sqrt{U_R^2 + U_X^2} \tag{13.9}$$

电流幅值

$$I = \sqrt{I_R^2 + I_X^2} \tag{13.10}$$

有功功率

$$P = U_R I_R + U_X I_X \tag{13.11}$$

无功功率

$$Q = U_X I_R - U_R I_X \tag{13.12}$$

微机励磁调节器一般采集以下开关量：

(1) 升压令。给定值自动置额定，可以增减。

(2) 降压令。给定值置 0，不可修改。

(3) 增磁操作。给定值增加。

(4) 减磁操作。给定值减少。

(5) 断路器位置。断路器关合，灭磁及空载限制无效；断路器开断，恒功率和恒功率因数方式无效。定子电流做断路器位置的辅助判断，以防触点误动。

(6) 停机。停机时限励磁。

(7) 快速熔断器熔断。熔断时限励磁。

(8) 手动方式。以励磁电流为调节目标值。

(9) 恒功率方式。以功率为调节目标值。

(10) 恒功率因数方式。以功率因数为调节目标值。

(11) 工作机。适用于双微机，从机跟踪工作机。

(12) 跟踪母线电压起励，可省略。恒电压方式时，电压给定值为系统电压值。

开关量采集在硬件上主要有隔离措施和防抖动措施，图 13.27 为开关量采集电路图。

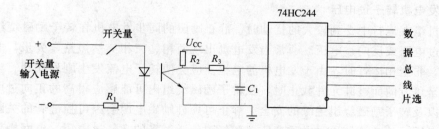

图 13.27　开关量采集电路图

13.4.2.2　调节控制

微机励磁调节器的控制规律有很多种，但最终都归结为 PID 运算。PID 计算仍然是基础。

PID 算法分位置式算法和增量式算法，励磁调节器一般采用增量式算法。

$$Y(k)=Y(k-1)+K_p\{e(k)-e(k-1)+K_1e(k)+K_D[e(k)-2e(k-1)+e(k-2)]\}$$

$$(13.13)$$

式中　$Y(k)$ ——第 k 次 PID 计算的结果，即输出值；

$\quad\quad Y(k-1)$ ——上次 PID 计算结果；

$\quad\quad\quad K_p$ ——比例系数；

$\quad\quad\quad K_1$ ——积分系数；

$\quad\quad\quad K_D$ ——微分系数；

$\quad\quad\ \ e(k)$ ——偏差量。

13.4.3　励磁调节器的基本要求

（1）励磁调节器应具有高度的可靠性，并且运行稳定。这需要在电路设计、元件选择和装配工艺等方面采取相应的措施。

（2）励磁调节器应具有良好的静态特性和动态特性。

（3）励磁调节器的时间常数应尽可能小，响应速度快。

（4）励磁调节器应结构简单、维护方便，并逐步做到条例化、标准化、通用化。

13.4.4　励磁调节的主要构成及辅助设备

励磁调节组成部件有机端电压互感器、机端电流互感器、励磁变压器。励磁装置需要提供以下电流：厂用 AC380V、厂用 DC220V 控制电源、厂用 DC220V 合闸电源。需要提供以下空接点：自动开机、自动停机、并网（一常开，一常闭）增、减。需要提供以下模拟信号：发电机机端电压 100V、发电机机端电流 5A、母线电压 100V。励磁装置输出以下继电器接点信号：励磁变过流、失磁、励磁装置异常等。

励磁控制、保护及信号回路由灭磁开关、助磁电路、风机、灭磁开关偷跳、励磁变过流、调节器故障、发电机工况异常、电量变送器等组成。在同步发电机发生内部故障时除了必须解列外，还必须灭磁，把转子磁场尽快地减弱到最小，保证转子不过速的情况下，使灭磁时间尽可能缩短。

13.5　水轮发电机的灭磁

13.5.1　发电机转子过电压

发电机组在运行中受到较大的扰动时，静止励磁的同步发电机在转子励磁绕组上可能产生正向过电压或反向过电压。通常当发电机出现两相、三相突然短路，失步，非同期合闸，灭磁，非全相运行时，由于发电机的电枢反应会使转子电流发生剧烈摆动。当转子电流企图摆至负方向而被硅元件截止时，在转子励磁绕组内可能感应很高的正向过电压，威胁硅元件以及转子励磁绕组绝缘的安全。静止可控硅励磁电源会因可控硅管的关断出现换相尖峰过电压。从交流侧通过励磁变压器和气隙传递过来的大气过电压、电网操作过电压也会出现在转子系统中。

转子过电压主要可分为：

（1）灭磁过电压。过电压的时间短，持续时间不长，能量较大且集中。

（2）可控硅换相尖峰过电压。在静止可控硅励磁系统中，励磁电源输出的大小由可控硅的导通角控制。在可控硅换相关断过程中，由电路中激发起电磁能量的互相转换和传递，其直流侧产生了尖峰过电压，该尖峰过电压的峰值可达阳极电压的 3 倍左右，容易引起转子系统软击穿事故，甚至引起器件烧毁和停机事故。

可控硅励磁电源出现误强励和误失磁的几率比二极管整流电源高得多，这主要是由于可控硅换相时产生的尖峰过电压引起的。当可控硅触发角 α 与重叠角 β 之和为 $50°$ 左右时，尖峰过电压 U_P 最大。而且过电压的时间极短，持续时间长，能量小。它是一些机组误强励、误失磁的根本原因，必须采取保护措施。

（3）非全相及大滑差异步运行过电压。发电机组在投合和脱离电网时，因开关原因出现非全相运行是可能的。由于误操作，发电机在大滑差下异步运行也会发生。在这两种工况下，定子负序电流产生的反转磁场以两倍转速切割转子绕组，产生很强的转子过电压。其能量来源于电网和机械能转换，该能量透过气隙传递到转子中。由于时间不定，这部分能量可能会远远超过灭磁能量，阀片将全部损坏，与阀片串联的熔断器连续熔断，最后一路熔断时将产生过电压，并将转子绕组绝缘击穿。即使熔断器产生的过电压未击穿转子绕组（或不配备阀片保护），反转磁场的感应电势也可能击穿转子绕组。

此类过电压剧烈，持续时间不定，能量无法估计。这种运行状况出现较少，但危害很大，应引起重视。

13.5.2　发电机灭磁

为了限制发电机的过电压，需要把励磁磁场降低到接近于零。发电机磁场降低过程中所需的时间称为灭磁时间。灭磁时间越短，故障引起的损坏就越小，最简单的灭磁办法是将励磁回路断开，但励磁绕组有很大的电感，突然断开会在其两端产生相当高的过电压，使绝缘击穿。因此，必须采用专门的措施，使过电压控制在允许范围内。

灭磁的基本要求如下。

1. 可靠灭磁

同步发电机组励磁电流的不断增长，转子绕组的电感越来越大，转子所储存的磁场能量也相应随之增大，所以发电机的灭磁装置必须满足有足够大的灭磁容量，除了在正常及机端短路等强励状况下能可靠灭磁外，特别是对于具有高顶值系数的自励可控硅系统，还必须满足在空载误强励、三相短路等极限状况下可靠灭磁的要求。

2. 快速灭磁

发电机组虽然采用了现代快速灵敏的继电保护装置，但这种保护装置的作用是当发电机出现故障时，能尽快地将机组解列，但即使机组已经解列，可故障电流依然存在，不论发电机的故障是一相短路还是部分绕组短路，在故障电流期间，损坏的程度是随绝缘燃烧和铜线熔化的时间而增加的，所以只有在发电机解列的同时，采用快速灭磁才是限制故障电流和使绕组免于全部烧毁最充分有效的措施。

3. 彻底灭磁

发电机的出口母线电压很高，在这种高压机组中，哪怕只要有维持发电机母线电压 10% 的励磁残压，这种残压也足以维持故障点的电弧，为此发电机的灭磁应更加彻底，其灭磁时间应以转子电流下降到定子的电压不足以维持故障点电弧燃烧的电压时才称灭磁结束。

13.5.3　灭磁装置

自动灭磁装置是发电机的一种重要保护装置，其主要功能为，当发电机内部发生短路或由于与之相连接的设备发生危险故障时，最大限度地限制事故范围。灭磁装置除应当快速地使发电机的励磁磁通降低至零值，保证发电机励磁绕组与励磁功率源断开外，还必须在断开的同时吸收储藏在与转子绕组耦合的所有回路中的磁场能。此外，在切断励磁绕组回路时，为防止转子回路出现危及绝缘水平的高值过电压，必须抑制磁场能的快速释放，限制过电压。

氧化锌压敏电阻是电厂普遍采用的灭磁器件。所谓压敏电阻是指它的电阻值随着电压的变化而变化，即当它两端电压很低时，它呈现高阻态，只有很小的电流（微安级）从中流过；但当它两端的电压高于某一数值时，它的电阻急剧降低，容许有很大的电流从中流过。目前用于灭磁的压敏电阻主要是氧化锌压敏电阻，是一种性能优异的非线性电阻，它的残压较低，反应时间短，释放快。氧化锌压敏电阻厚度正比于电压，面积正比于电流，体积正比于能量。图 13.28、图 13.29 为压敏电阻灭磁的接线原理图和伏安特性。

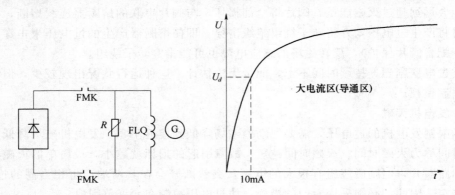

图 13.28　压敏电阻灭磁接线原理图　　　　图 13.29　压敏电阻的伏安特性

当事故发生时，由压敏电阻组成的灭磁回路进行灭磁，此时转子中的大电流流过压敏电阻，由于它两端的电压也很高，故压敏电阻上要消耗大量的能量，使压敏电阻发热。若流过压敏电阻的电流过大或者电流持续的时间过长，使压敏电阻上消耗的能量超过其极限容许值时，压敏电阻会被击穿损坏，损坏后的压敏电阻呈现短路状态。通常把一次流通过程中压敏电阻上允许消耗的最大能量称为压敏电阻的能容量。它是压敏电阻的主要性能指标之一。

大量计算表明，在发电机各种运行方式中，发生空载误强励时，压敏电阻上消耗的能量往往最大，可以采用发电机的空载特性曲线来估算转子绕组的总磁能。在灭磁过程中，励磁绕组的总磁能不会全部消耗在压敏电阻上，因为阻尼绕组，转子绕组本身的电阻在灭磁过程中所消耗的能量约占励磁绕组总能量的 $60\%\sim70\%$。

本　章　小　结

励磁系统是水轮发电机的重要辅助系统。本章从励磁任务、励磁方式、励磁调节及灭磁等几方面对水轮发电机励磁系统进行了介绍。

思　考　题　与　习　题

13.1　水轮发电机的励磁系统由哪几个部件组成？

13.2　励磁系统的主要任务是什么？

13.3　强行励磁起什么作用？

13.4　同步发电机为什么要配备强行减磁装置？

13.5　如何调整励磁电流？

13.6　励磁调节器的作用是什么？

13.7　励磁调节器由几部分组成？各部分的功能是什么？

13.8　为什么需要对发电机进行灭磁？

13.9　灭磁装置的功能是什么？

第 6 篇　水轮发电机常规试验及其原理

第 14 章　定子绕组直流参数试验

14.1　定子绕组绝缘电阻和吸收比的测量

测量定子绕组绝缘电阻和吸收比的主要目的是检测定子绕组绝缘的性能。若进行容量 200MW 以上水轮发电机试验，还应增加极化指数的测量。

14.1.1　试验条件

发电机定子绕组的绝缘电阻及吸收比应在交接时、大小修前后、交流耐压试验前后及长期停机后起动前进行测定。测量时应分相进行，非试验相接地。

测量时，对于额定电压为 1000V 以上的电机应使用电压为 2500V、量程不低于 10000MΩ 的兆欧表。对于额定电压为 1000V 及以下者，采用电压为 1000V 的兆欧表。

14.1.2　试验接线

正常试验时，应测量被测相对地及其他两相的绝缘电阻，试验接线如图 14.1（a）所示。当为了判明故障，需要测量被试相单独对地的绝缘电阻时，可按图 14.1（b）接线；当需要测两相间的绝缘电阻时，可按图 14.1（c）接线。图中 K 为开关。

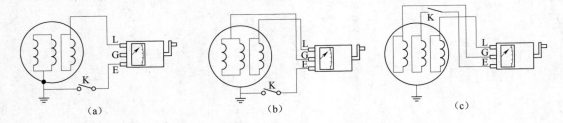

（a）　　　　　　　　　　　　（b）　　　　　　　　　　　　（c）

图 14.1　发电机定子绕组绝缘电阻测量接线图

（a）被测相对地及其他两相的绝缘电阻；（b）被试相单独对地的绝缘电阻；（c）测两相间的绝缘电阻接线图

14.1.3　试验步骤

（1）电机本身不带电，端口出线必须和连接母线以及其他设备断开，如拆除有困难，则要考虑外部连接部分的影响，并作好安全措施。

（2）测量前对被测绕组要经过充分放电。

（3）测量时，待兆欧表摇到额定转速、表针指向"∞"后，再合上开关 K，并起动秒表，记录时间，读取 15s 和 60s 的绝缘电阻值，若测量极化指数则需读取 600s 的绝缘电阻值。读数完毕，断开开关 K，停止摇动兆欧表。

（4）为了消除电机引出线套管表面泄漏电流的影响，除擦拭干净之外，必要时可用软铜线缠绕一圈，再接到兆欧表的屏蔽端子 G 上。

（5）记录试验条件下的温度和湿度。在热态下做试验时，应记录各有代表性处的温度，并取平均值。

（6）测量完毕或倒线时，将所试相接地放电 2～3min。

14.1.4　试验结果的分析判断

由于绝缘电阻值的大小与多种因素有关，因此难以作出统一的规定。有的资料规定，①正常试验时；②测被试相单独对地的绝缘电阻时；③测两相间的绝缘电阻时当接近工作温度时，电机的绝缘电阻值，不应低于按式（14.1）所求得的数值，即

$$R = \frac{U_e}{1000 + \dfrac{S_e}{100}}（M\Omega）\tag{14.1}$$

式中　U_e——电机绕组的额定电压，V；

　　　S_e——电机的额定视在功率，kVA。

式（14.1）仅考虑了发电机的容量和电压，是个极粗略的数值，只能作为对一台发电机的起码要求。由式（14.1）可知，如电压不变，则容量越大，绝缘电阻值越低。这对于大容量的电机来说，并不十分恰当。故由此式决定的数值，仅可作为参考。因此，为了判断所测数值是否合适，对于测得的绝缘电阻值 R_{60} 和吸收比，应当进行纵横比较分析。即本次试验结果与历次试验记录的比较；各相间互相比较；以及各个试验项目的综合比较。所以在《电气设备交接和预防性试验标准》中作了如下规定：

（1）绝缘电阻值不作规定。若在相近试验条件（温度、湿度）下，绝缘电阻降低至初次（交接或大修时）测得结果的 1/5～1/3 时，应查明原因，设法消除。

（2）各相绝缘电阻不平衡系数不应大于 2（不平衡系数系指最大一相的 R_{60} 与最小一相 R_{60} 之比）。

（3）对于沥青云母带浸胶绝缘的吸收比不应小于 1.3，或极化指数不小于 1.5。

但对于环氧粉云母绝缘来说，由于本身的特性，未受潮（或比较干燥）的绝缘电阻吸收比不小于 1.6 或极化指数不小于 2.0。加之目前国产兆欧表的容量较小，吸收比测的不太准，所以在试验标准中，对采用这种绝缘的电机的吸收比未作规定，这需要在今后的实践中，积累更多的经验，提出比较切合实际的数据来。水内冷发电机的吸收比和极化指数自行规定。

14.2　定子绕组直流电阻的测量及定子绕组焊接头的检查

14.2.1　概述

定子绕组的总体直流电阻包括绕组的铜导线电阻、焊接头电阻和引出连线电阻三部分。直流电阻的大小与电机的型式和容量有关。对于某一台发电机而言，线圈及引出线的长度均已固定不变，则绕组的直流电阻也不应变化（随温度的变化除外），所以绕组总体直流电阻的变化，一般是焊接头电阻变化的反映。

国内曾多次发生发电机定子绕组开焊造成的严重事故。开焊的原因有：①制造和安装中的工艺不良，造成残留性缺陷，例如断股、脱锡、虚焊等；②运行中受热和机械的作用使焊接头疲劳老化；③运行中遭受短路及非同期并车的电流冲击，使焊接头脱焊。因此，

必须从试验入手及早发现缺陷，以防患于未然。

发电机在交接及大修时，在受严重的大电流冲击后，必须进行绕组直流电阻的测量。各相或各分支的直流电阻，在校正了由于引线长度不同而引起的误差后，相互间差别以及与初次（出厂或交接时）测量值比较，相差不得大于最小值的 1%，否则应查明原因。因此，当运行机组定子绕组相（或分支）间直流电阻值的差别或与历年相对变化大于 1% 时，即应引起注意。不能仅看相间电阻的不平衡程度，还必须注意各相电阻值的变化。这种变化往往反映了焊头情况的变化。譬如不平衡度虽小于 2%，但某相直流电阻值却是逐年上升的，则该相中就可能存在有质量逐步变劣的不良焊头。

14.2.2 直流电阻的测量方法

新安装的发电机在定子线圈全部连接完毕以及运行机组在大修之后，均应在线圈表面温度与周围空气温度相差不超过 ±3℃ 的实际冷状态下，测量绕组的整体直流电阻。

当定子绕组的各相或分支的始末端单独引出时，应该分别测量各相或各分支的直流电阻值。如果定子绕组只引出三个出线端，无法单独测量各相的电阻，则可以测量每两个出线端之间的直流电阻值，然后根据绕组的不同接线方式（Y 接或 △ 接）计算出各相的电阻值。

直流电阻的测量方法主要有以下两种。

1. 电桥法

由于电机定子绕组的电阻值很小，而精确度要求又高，所以采用电桥法测量电阻值时，宜采用灵敏度及精确度均高的双臂电桥。

若受设备限制，准确度稍低的双臂电桥，经过校正比较准确的也可使用，但应尽量设法减少测量误差。

双臂电桥的灵敏度及精确度与检流计的灵敏度、试验电流的大小及标准电阻的大小等因素有关。检流计灵敏度不高，则不能满足调整指示的要求，将使误差增大。试验电流太小，则灵敏度会降低。而试验电流的大小将决定于标准电阻所允许的电流值。电流太大，则能烧坏标准电阻，过热也会导致误差增大。

在使用高精度单双臂电桥时，必须按照各设备附有的说明正确地使用、调整并选用合适的标准电阻，尽量减少引线所带来的附加电阻，这样才能提高测量精度，减少误差，并保证仪器设备的安全。

2. 电压表电流表法（直流电压降法）

采用电压表电流表法测绕组直流电阻的接线，如图 14.2 所示。所用电压表与电流表的精度应不低于 0.5 级。量程的选择应使表计的指针处在 2/3 的刻度左右。试验电源可采用放电容量较大的蓄电池组（6V 或 12V）、直流电焊机或目前广为应用的各种硅整流器（应使其脉动系数较小）。测量时电压、电流应同时读数。每一绕组或分支电阻最好在三种不同电流下测量，取其平均值。每个测量值与平均值相差不得大于 ±1%，测量电流应不超过绕组额定电流的 20%，通电时间应尽量缩短，以免由于绕组发热而影响测量的准确度。

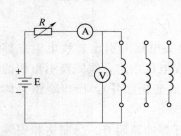

图 14.2 电压表电流表法方式
测绕组直流电阻

采用压降法测量直流电阻时，电流表与电压表的布置有两种不同的方式：对于图 14.3（a），电压表所测量到的电压是被试绕组的电压降与电流表电压降之和，所以被测电阻可用式（14.2）确定，即

$$R_x = \frac{U}{I} - r_A \tag{14.2}$$

式中　U——电压表的读数，V；

　　　I——电流表的读数，A；

　　　r_A——电流表的内阻，Ω。

对于图 14.3（b）来说，电流表所测量到的电流是流进被试绕组的电流与流进电压表的电流之和，所以被测电阻可用式（14.3）确定，即

$$R_x = \frac{U}{I - \dfrac{U}{r_V}} \tag{14.3}$$

式中　r_V——电压表的内阻，Ω。

因此，若电流表和电压表的内阻均为已知，则不论采用图 14.3 中的哪种接线都可以用式（14.2）将被试绕组的直流电阻准确地算出，它们的准确度完全相同。

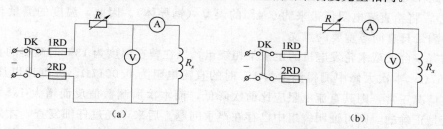

图 14.3　用电压表电流表法测直流电阻时的两种接线测绕组直流电阻
(a) 测大电阻时的接线；(b) 测小电阻时的接线

若 $R_x \gg r_A$ 或 $R_x \ll r_V$，则式（14.2）及式（14.3）可简化为

$$R_x = \frac{U}{I} \tag{14.4}$$

这时所造成的误差，对于采用图 14.3（a）的接线为

$$\delta\% = \frac{r_A}{R_x} \times 100\% \tag{14.5}$$

对于采用图 14.3（b）接线为

$$\delta\% = \frac{R_x}{r_V} \times 100\% \tag{14.6}$$

从式（14.5）及式（14.6）可以看出，为了减少测量误差，电流表的内阻 r_A 应该越小越好；而电压表的内阻应越大越好。所以在应用式（14.4）计算绕组的直流电阻时应该注意是有前提的。这就是对于大电阻的测量应按图 14.3（a）接线；而对于小电阻的测量应按图 14.3（b）接线。如颠倒使用，将使测量误差加大。

当使用外附分流器的电流表或用分流器——毫伏表测量电流时，为了减少测量误差，最好使用与分流器原配的专用测量线。电压表的引线也不宜太长，否则表计读数将比实际电压低，则计算所得的电阻将偏小，因而增加了测量的误差，影响了测量的准确度。

尽管定子绕组直流电阻的测量是一种不复杂的测量，但为了测量的准确及仪表的安全，仍需注意以下几点：

（1）必须准确地测量绕组的温度。

（2）为提高测量准确度，可将三相（或多分支）绕组串联，通以同一电流分别测各相（或多分支）的电压降。

（3）为减少因测量仪表不同而引起的误差，每次测量应采用同一电流表、电压表或电桥。

（4）由于定子绕组的电感大，为防止由于绕组的自感电势损坏表计，因此必须待电流稳定后再接入电压表或检流计，在断开电源前应先断开电压表或检流计。

（5）测量时，电压回路的连线不允许有接头，电流回路要用截面足够的导线，连接必须良好，以免因接触不良而引起误差。

14.2.3　温度的测量

绕组直流电阻的大小与温度有关。对于同一绕组，在不同温度时的直流电阻可能相差很多。因此在测量绕组直流电阻的同时，还必须准确地测量绕组的实际温度。绕组温度每 $1℃$ 的误差，将给直流电阻值带来约 0.4% 的误差（铜导体）。因此，温度的测量与直流电阻本身的测量具有同等重要的意义。

例如有一台大型水轮发电机的定子某相绕组，以往曾在温度为 $13℃$ 时测得的直流电阻为 0.00167Ω；本次大修中测得温度为 $5℃$ 时的直流电阻为 0.0017Ω。温度比以往低 $8℃$，如果绕组情况正常，则其直流电阻应比前次降低，而本次所测数值反而增大 1.8%，如果测量本身是正确的，则可证明绕组中已存在严重问题。后来，经过仔细复查，才发现该相温度计已损坏，实际温度是 $17℃$，却误指为 $5℃$，证明发电机的绕组是完全正常的。由此可见，测量绕组温度也是正确判断其直流电阻好坏状况的重要环节。

测量定子绕组的温度，通常有温度计法和检温计法两种。

14.2.3.1　温度计法

通常我们使用的温度计包括膨胀式温度计（水银或酒精温度计）、热电偶温度计和半导体温度计等多种。在用温度计法测量绕组的温度时，应将温度计紧紧地贴附在可能达到最高温度的表面。用温度计法所测量到的温度是温度计与绕组接触处的表面温度。

在使用膨胀式温度计时，为了加强绕组与温度计间的热传导，可在温度计的感温部分包一些锡箔（或铝箔），为了减少温度计感温部分热量的散失，应用隔热材料（如油灰毛毡等）将感温部分连同锡箔包在测量点上。有交变磁场的地方，不要使用水银温度计。当用外置温度计测量绕组的温度时，应用几支经过校验的温度计，分别置于绕组的上下端部和槽部（如有困难可测量铁芯齿表面温度），埋置时间不少于 15min，取其平均值。

由于温度计只能测量绕组某几点的表面温度，而运行中的发电机绕组各部分温度因通风情况的不同而有所差别，有时此差别可达 $10℃$ 以上。因此，单独测量某几点的表面温度并不能正确代表绕组的实际温度。考虑到这种影响的存在，所以发电机绕组的直流电阻不应在热状态下测量（用测量直流电阻来确定绕组的平均温度时除外）。通常应在发电机停止转动，绕组温度降到不高于周围环境温度 $3℃$ 时进行测量，才比较合适。这时绕组实际上已经冷却，各部温度差别不大，温度测量就可以比较准确。

14.2.3.2 检温计法

电机在制造过程中，于定子槽轴向中部，上下层线圈之间以及下层线圈与铁芯之间，预先埋置电阻测温元件（或热电耦）并配以专用的表头进行温度的测量，这就构成了通常所说的检温计。测温元件预先埋置的部位是发电机制成后往往不能用其他测温方法所能达到的部位。一台发电机制成后预先埋置有十几个或数十个这样的电阻检温元件（或热电耦），均匀地分布在铁芯四周，并应埋在沿着槽的方向预期为温度最高的炽点。测温元件应与需要测定温度的表面直接接触，并应加可靠的保护，以免受到冷却空气的影响。这是一种简单而普通的老式定子测温方法。电阻测温元件通常用铜丝或铂丝制成，当 $t=0℃$ 时，其电阻值为 53Ω（或 46Ω），为测量电阻的变化值，将电阻两端用绝缘导线引出，通过切换开关接到温度比例计（实际是一只电桥）上，从温度比例计上即可直接读出温度值。用这种方法测量铁芯及冷态的绕组温度时比较准确，但用来测量运行中绕组的温度时往往有较大的误差。

14.2.4 直流电阻的温度换算

发电机交接或大修中各绕组直流电阻的测量，往往不可能在与初次（出厂或交接时）值所标明的同温度下进行，这就难于从现场已测得的数值直接与初次值进行比较。绕组直流电阻值的比较必须在同温度下进行。金属导电材料的电阻温度关系可以用式（14.7）决定

$$R_t = R_0(1+\alpha t) \tag{14.7}$$

式中　R_t——温度为 $t℃$ 时导线的直流电阻，Ω；

R_0——温度为 $0℃$ 时导线的直流电阻，Ω；

α——温度为 $0\sim100℃$ 时导线电阻的平均温度系数，在数值上等于温度每升高 $1℃$ 时电阻变化的百分值，对于铜 $\alpha=0.004251/℃$、对于铝 $\alpha=0.004381/℃$。

为了将某一已知温度下的电阻值，直接折算为另一温度下的电阻值，可以将式（14.7）略加演变。

设 R_t 为温度 t_1 时的导线直流电阻；R_2 为温度 t_2 时的直流电阻。根据式（14.7）可得

$$R_1 = R_0(1+\alpha t_1)$$
$$R_2 = R_0(1+\alpha t_2)$$

两式相除得

$$\frac{R_2}{R_1} = \frac{1+\alpha t_2}{1+\alpha t_1} = \frac{\frac{1}{\alpha}+t_2}{\frac{1}{\alpha}+t_1}$$

令

$$K = \frac{1}{\alpha}$$

则对于铜导线

$$K = \frac{1}{0.00425} = 235$$

对于铝导线

$$K = \frac{1}{0.00438} = 228$$

代入上式可得

铜导线

$$R_2 = \frac{235+t_2}{235+t_1}R_1 \tag{14.8}$$

铝导线
$$R_2 = \frac{228 + t_2}{228 + t_1} R_1 \tag{14.9}$$

一般制造厂提供的直流电阻值多为温度为75℃时的数值。为便于比较，一般需要将实测的电阻折算为75℃时的数值。此时，式（14.8）和式（14.9）即可写为

铜导线
$$R_{75} = \frac{310}{235 + t} R_t \tag{14.10}$$

铝导线
$$R_{75} = \frac{303}{228 + t} R_t \tag{14.11}$$

式中　R_{75}——温度为75℃时的电阻值，Ω；

R_t——温度为t℃时的电阻值，Ω。

令
$$K_T = \frac{310}{235 + t}$$

$$K_L = \frac{303}{228 + t}$$

则式（14.10）和式（14.11）更可简写为
$$R_{75} = K_T R_t（铜线） \tag{14.12}$$
$$R_{75} = K_L R_t（铝线） \tag{14.13}$$

为便于计算，表14.1分别列出了部分温度时的K_T及K_L的数值。

表 14.1　　　　　　　　　部分铜线及铝线电阻的温度换算系数表

$t/℃$	K_T	K_L	$t/℃$	K_T	K_L	$t/℃$	K_T	K_L
10	1.265	1.273	25	1.192	1.198	40	1.127	1.131
11	1.260	1.268	26	1.188	1.193	41	1.123	1.126
12	1.255	1.263	27	1.183	1.188	42	1.119	1.122
13	1.250	1.257	28	1.179	1.184	43	1.115	1.118
14	1.245	1.252	29	1.174	1.179	44	1.111	1.114
15	1.240	1.247	30	1.170	1.174	45	1.107	1.110
16	1.235	1.242	31	1.165	1.170	46	1.103	1.106
17	1.230	1.237	32	1.161	1.165	47	1.099	1.102
18	1.225	1.232	33	1.157	1.161	48	1.095	1.098
19	1.221	1.227	34	1.152	1.156	49	1.092	1.094
20	1.216	1.222	35	1.148	1.152	50	1.088	1.090
21	1.211	1.217	36	1.144	1.148	⋮	⋮	⋮
22	1.206	1.212	37	1.140	1.143	74	1.003	1.003
23	1.202	1.207	38	1.136	1.139	75	1.000	1.000
24	1.197	1.202	39	1.131	1.135			

14.3　定子绕组直流耐压及泄漏电流的测定

14.3.1　概述

直流耐压试验与泄漏电流的测量从试验的目的来说有所不同，前者是试验绝缘的抗电

强度，在较高的直流电压下，发现绝缘的缺陷。后者是根据分阶段测得的泄漏电流，了解绝缘的状态。但是它们所用的设备，采用的方法则没有区别，因此在电机试验中，直流耐压与泄漏电流的测定是结合起来同时进行的。

测定泄漏电流的原理与兆欧表测绝缘电阻的原理完全相同，它们都是利用绝缘介质在直流电场作用下，所呈现的吸收特性来判断材料的绝缘性能的。

当绝缘介质加直流电压后，其充电电流会随时间的增长而逐渐衰减至零，而传导电流则保持不变。加压一定时间后，微安表指示趋于稳定，通常读取的 60s 的电流值则等于或近于传导电流。对于良好的绝缘物，其传导电流与一定的外施电压的关系应为一直线。

但是实际上传导电流值 I_n 与电压 U 的关系曲线仅在一定的范围内是类似直线，如图 14.4 中的 OA 段。超过此范围后，离子活动更加剧烈，此时电流的增长要比电压增长快得多。如图中 AB 段呈弯曲状。到 B 点以后，如果电压再增加，则电流急剧增长，产生更多的损耗，以致绝缘破坏，发生击穿。

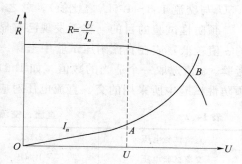

图 14.4　绝缘电阻 R 和传导电流 I_n
与外施电压 U 的关系

在预防性试验中，泄漏试验所加的电压大都在 A 点以下，故对绝缘良好者，其伏安特性近于直线关系。当绝缘有缺陷（全部或局部）或有受潮现象存在时，则传导电流将急剧增加，而其伏安特性就不再成为直线关系了。因此，泄漏试验可以分析绝缘有无缺陷和受潮现象的存在。在发现绝缘局部缺陷，尤其是发现绕组端部的绝缘缺陷上，泄漏试验就更具有其特殊的意义了。

基于上述，直流耐压试验和泄漏电流的测量是电机的重要试验内容之一。在《电气设备交接和预防性试验标准》中规定：电机在交接时，大修前、后，春秋检及小修或更换绕组后，均需进行此项试验。

电机泄漏试验，一般应包括泄漏电流与电压关系的测定，吸收比的测定和对主绝缘进行直流耐压等内容。

为了易于发现绝缘存在的缺陷，泄漏试验最好在接近运行温度下进行。因为热态下，绝缘介质中的分子和离子运动加速，泄漏电流的变化较为明显，易于暴露出绝缘中的薄弱环节。

对于运行的发电机在大修时的泄漏试验，建议在停机后清理污秽前的热态下和冷态下各进行一次。停机后的冷态试验可以与大修后的冷态试验结果相比较，以了解本次大修的质量。停机后的热态试验结果，可以与下一次大修前的热态试验结果相比，以了解绝缘的运行状态。

对于新安装的机组，其绝缘不存在普遍老化的问题，交接时的泄漏试验允许在冷态下进行。但是机组若进行了加热干燥，则可在加热干燥后的热态下进行。

直流耐压的标准是根据直流与工频交流的对应关系制定的。通常用巩固系数来描述这个对应关系，其定义为：在同一绝缘体上，直流击穿电压与工频交流击穿电压之比，即

$$\alpha = \frac{\text{直流击穿电压（峰值）}}{\text{交流击穿电压（有效值）}}$$

根据国内外多年的研究结果表明，对同一种指定的绝缘来说，巩固系数 α 没有一个固定的数值，它与绝缘的老化程度和其他绝缘情况有关。新绝缘无缺陷，α 值高；老化或有缺陷的绝缘，α 值低。交流击穿电压值高的，α 值高；反之则低。对新老绝缘，α 值在 $0.7\sim4.0$ 之间；对新的运行良好的绝缘，α 值大多为 $1.75\sim3.5$，最小值为 1.6；中等老化的绝缘，α 值在 $1.6\sim1.8$ 之间。各国根据研究结果和运行经验，制定了运行中直流耐压试验电压的标准。例如美国 α 值取 $1.6\sim1.7$；日本取 1.6；前苏联取 1.67；瑞典取 1.8。我国自 20 世纪 50 年代后期开始，选用 $\alpha = 1.54\sim1.67$（即大修试验标准，直流 $2.0\sim2.5U_e$ 与交流 $1.3\sim1.5U_e$ 之比值）。总之，大体都在 1.6 左右。

预防性试验的目的，在于发现已有显著老化或有缺陷的绝缘。换言之，这些不良绝缘的 α 值较低，应在直流耐压试验中击穿。对于较好的绝缘，其 α 较高，应通过耐压试验的考验。α 值选取一个适当的数值（如 1.6），主要就是根据这个原则确定的。我国在交接和预防性试验中所采用的交、直流电压对应关系列于表 14.2 中。

表 14.2　　　　　　　　　　直流、交流试验电压的对应关系

直流试验电压	$2.0U_e$	$2.5U_e$	$3.0U_e$
交流试验电压	$1.3U_e$	$1.5U_e$	$1.5U_e$ 以上
巩固系数 α	1.54	1.67	2.00 以下

根据这个对应关系，在《电气设备交接和预防性试验标准》中规定：对于新装的机组，在定子线圈全部嵌装完毕后，必须进行 3 倍额定电压的直流耐压；当机组全部安装完毕，投入运行前，必要时再用 $2\sim2.5$ 倍额定电压的直流作检查性的试验。而对于已运行的机组，在大、小修前后进行预防性试验时，均采用 $2\sim2.5$ 倍额定电压的标准进行直流耐压。

14.3.2　试验接线

随着我国电子工业的发展，高压硅堆已逐渐取代了高压整流管。这不仅取消了笨重的灯丝变压器，而且简化了整个泄漏试验的接线，提高了工作效率。

运用硅堆时，应根据所需电压和电流选配。必要时可以选用两只或两只以上的同型号硅堆串联使用。除了使硅堆的实际使用电压（有效值）低于其反向峰值电压的 $\frac{1}{2\sqrt{2}}$ 倍以外，尚应注意防止过载。硅堆应该水平放置。如改成垂直放置时，由于散热条件变坏，其最大整流电流应降低 30% 使用。当由两只或两只以上的硅堆串联使用时，除应有良好的对地绝缘以外，尚应考虑其间的逆电压的实际分配，防止因过电压而击穿。

在应用高压硅堆的泄漏试验接线时，硅堆无例外地都是接在高电位端。而微安表则根据具体情况，可以接在高电位端，也可接在低电位端。根据微安表所在位置的不同，常用的接线方式只有上述两种。图 14.5 所示是把微安表置于高电位端的接线。

14.3.3　试验步骤与注意事项

14.3.3.1　试验步骤

（1）根据试验设备和被试电机的条件，选择合适的接线方式，绘出接线图。

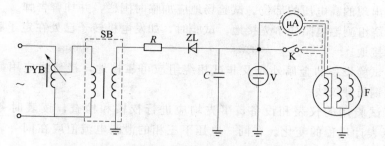

图 14.5 使用高压硅堆的泄漏试验接线图

（2）根据接线图进行接线，并需经第二人复查核对。

（3）表计量程应选择适当。微安表如为多量程者，开始时应置最大量程的一档，微安表应加装保护装置，至少应有短路开关。如果试验电压不是采用静电电压表或直流分压器直接在高压侧测量，而是在低压侧测量，则应根据已确定的试验电压标准及所用高压试验变压器的变比，计算出当高压侧直流电压为 $0.5U_e$、$1.0U_e$、$1.5U_e$、$2.0U_e$、$2.5U_e$ 和 $3.0U_e$ 时，低压侧电压表应有的读数。

（4）耐压前后，用兆欧表测量被试电机的绝缘电阻和吸收比，并记录测试温度。

（5）合电源开关前，微安表的短路开关必须投入，调压器应在零位。

（6）投入试验电源开关，调整调压器，使试验电压逐步升高到所需要的试验电压值。在空载升压的每一阶段，应打开微安表的短路开关，读取试具及接线的泄漏电流，并记录下来。然后将电压降到零，断开电源开关。

（7）用放电棒对高压输出端放电，并施以临时接地。

（8）将发电机的被试相绕组与高压引线连接，解除被试绕组和高压输出端的临时接地。

（9）投入电源开关，均匀调整调压器升压，使高压侧的电压为 $0.5U_e$，当电压升至规定值后，立即起动秒表，打开微安表短路开关，读取加压 60s 时的泄漏电流值 i_{60}，如微安表指针稍有摆动，则可读取摆动范围的平均值。读数完毕，投入短路开关。调整调压器继续升压，按相同的方法读取电压为 $1.0U_e$、$1.5U_e$、$2.0U_e$、$2.5U_e$ 和 $3U_e$ 时的 60s 的泄漏电流值。读完全部读数，迅速将电压降回至零，拉开电源开关，记下被试绕组的温度。

（10）用放电棒对被试相绕组放电。这对于直流耐压试验特别重要。放电开始时应先通过电阻接地放电，然后再直接接地。如开始放电时不通过电阻，则由于放电时间常数（$T=RC$）很小，可能在被试相绕组上诱起危险的高电压。放电电阻可按每千伏试验电压为 $200\sim500\Omega$ 选取（售品放电棒内已配置好，不必另加）。放电时，操作人员应戴合格的绝缘手套，放电时间应不少于 5min。

（11）按上述相同的步骤对其余两相进行试验。

（12）根据测试结果，将各阶段中的泄漏电流值减去相应电压下的空载泄漏电流值，作出实际泄漏电流与电压的关系曲线 $i_{60}=f(U)$；并根据绝缘电阻试验计算吸收比。

14.3.3.2 注意事项

（1）试验时被试发电机上下周围不得有人从事工作，监视人员应远离定子绕组的端部以及其他可能出现的高电压的部位。试验场地应加临时围栏，并挂警告牌。

（2）定子绕组测温电阻应事先接地。试验时，如发电机转子已处在定子膛内，则转子回路也应可靠接地。

（3）所有试验设备的金属外壳及非试相绕组应可靠接地，接地线应用截面积不小于 $10mm^2$ 的多股铜质裸绞线。

（4）所有试验用的仪表和设备，事先均应进行校核和检查，读表时务求准确、迅速，并应注意表计量程的变化。在同一电压下三相的泄漏电流值应在同一表计的倍率下读取。

（5）试验中，相邻阶段的加压速度应尽可能保持一致、均匀，禁止对被试绕组采取突然加高电压的方式进行试验。因为介质中的传导电流仅与所加电压的大小成正比，与所加电压的时间无关。由于发电机定子绕组对地电容值较大，吸收特性延续时间很长。在试验中所读取的 60s 泄漏电流中，往往还包括有吸收电流，并不单纯是传导电流。而吸收电流不但与电压的大小有关，而且与加压的速度有关。如果电压是在逐步缓慢的加于介质上，则在加压的过程中就包含有吸收过程，因此加压完毕 60s 的泄漏电流值，一定比突然加压后隔同样时间所读取的泄漏电流值为小。可见，加压速度越快，测得的泄漏电流值就越大，反之亦然。这就要求在每个相邻阶段的升压速度尽可能保持一样（如每秒钟 1000V），否则对泄漏电流的最后分析判断带来麻烦。

（6）试验中应尽可能保持电源电压的稳定。必要时可以使用稳压器（但电压的波形要尽可能接近正弦），否则由于表针来回摆动，得不到准确的读数。

（7）每次加压前应注意被试绕组的接地线要去掉，放电棒要拿开，调压器应置零位。

14.3.4　试验结果的判断

14.3.4.1　判断方法

1. 在规定的同一试验电压下，三相试验结果之间进行比较

对发电机而言，这是一种最好的比较方式。因为三相绕组所处的客观环境相同。如果绝缘良好，则在相同的最高试验电压下，其泄漏电流应相互接近。如果其中某一相绝缘有缺陷，则该相的泄漏电流将比其他两相显著增大。各相泄漏电流的差别不应大于最小值的 100%；最大泄漏电流在 $20\mu A$ 以下者，相互间差值与历次试验结果比较，不应有显著的变化。

2. 在规定的试验电压下，本次试验结果与历次试验结果进行比较

因为发电机皆有定期检修，对于同一台发电机的定子绕组绝缘，在相同的温度下，如绝缘无变化，则每次试验结果应彼此接近。只有在定子绕组绝缘性能发生变化时，泄漏电流才会有变化。因此，要求本次试验与历次试验结果比较，不应有显著的变化。

3. 根据泄漏电流和时间的关系进行比较

如前所述，绝缘介质的泄漏电流大小和加压时间有关，特别是对于 B 级绝缘材料，吸收现象比较明显。根据绝缘材料吸收特性的不同变化，即可以分析出发电机定子绕组绝缘的状况。在绝缘正常时，泄漏电流应随时间的延长而逐渐减小，如果绝缘中存在缺陷，则在同一电压下泄漏电流将随时间的延长而加大。

4. 根据泄漏电流和电压的关系进行比较

如果在试验中，已使微安表处在高电位端，并采用屏蔽法，消除了高压引线等试验设

备的杂散电流对测量结果的影响后，正常情况下所测得的泄漏电流和电压的关系，基本上反映了发电机定子绕组的内部情况，其特性曲线略呈弯曲是正常的（图 14.6 中的曲线 1）。如果随电压的增加，泄漏电流急剧增大，特性曲线发生急剧弯曲变陡，如图 14.6 中的曲线 2 所示，则说明发电机定子绕组绝缘不良。这时如果再继续升高电压，就可能造成绝缘薄弱环节的首先击穿。但是曲线究竟弯曲到什么程度才算不正常，这是一个较难区分的问题。一般地说，同一相绕组在相邻阶段泄漏电流与所加电压不成比例地上升超过 20%，而且在相同的试验条件下，与历次试验结果进行比较有明显的差别时，则绝缘内部就有存在某种缺陷的可能。

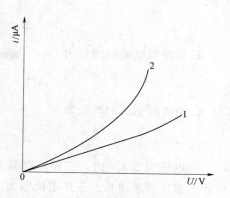

图 14.6　泄漏电流与电压的关系
1—正常；2—不正常

5. 由泄漏电流判断故障点的部位及性质，可参考下列现场经验

（1）泄漏电流在加压过程中比较正常，但在某电压下突然上升或剧烈摆动，形成击穿，常是槽部缺陷。

（2）各相泄漏电流差超过 50% 以上，但吸收现象较正常，则可能是远离铁芯之端部故障或老化较严重的个别线圈的缺陷。

（3）加压过程中无吸收现象，而且三相泄漏电流的不对称系数正常，但在相同电压下，试验值与原始值相比显著增大的，常是整体受潮。

（4）泄漏电流随时间的延长而增大的，当所加电压足以击穿故障点时，泄漏电流上升的速度将越来越大，以至击穿；当所加电压不足以击穿故障点时，泄漏电流增至一定数值后将趋于稳定。这种性质的缺陷多在槽口及接近槽口之端部。

下面举一个实例。一台容量为 70000kVA，额定电压为 13.8kV 的水轮发电机，进行直流泄漏试验的实测数据，见表 14.3。

表 14.3　　　　　　　　　　　　　　泄 漏 电 流 实 测 值

相别	60s泄漏电流/μA			
	10kV	20kV	30kV	34.5kV
A	31	44	67	73
B	32	48	80	150
C	29	43	65	78

从表中可见，在 $2.5U_e$（34.5kV）时，三相之间泄漏电流最大值与最小值之差为（取 B 相与 A 相比较）

$$\Delta i = \frac{150-73}{73} \times 100\% = 105\%$$

当电压由 30kV 增至 34.5kV 时：

A 相泄漏电流的增长为

$$\Delta i = \frac{73-67}{67} \times 100\% = 9\%$$

B 相泄漏电流的增长为

$$\Delta i = \frac{150-80}{80} \times 100\% = 87.5\%$$

C 相泄漏电流的增长为

$$\Delta i = \frac{78-65}{65} \times 100\% = 20\%$$

在电压为 20kV 时，三相差别不大。当加至 34.5kV 时，B 相泄漏电流剧增，相邻阶电流不成比例地增长。三相电流差加大，说明该相有问题。经查找为 B 相 202 号线棒上端部击穿。

14.3.4.2 温度换算

泄漏试验所测得的泄漏电流值与被试绕组的温度有关。在相同的试验电压下，绝缘的温度高，泄漏电流大；温度低，泄漏电流小。由于在不同温度下测得的泄漏电流并不一样，因此在对试验结果进行分析判断，并与历次试验结果进行比较时，就必须在相同的温度下进行，否则这种比较就失去了意义。

这就要求同一台电机历年各次直流泄漏试验最好在相近的温度下（±5℃）进行，以便比较。如果要对在不同温度下测得的数值进行比较，则应根据温度进行换算。

直流泄漏电流与绝缘温度的关系，仍然是指数关系，其经验公式为

$$i_2 = i_1 K^{a(t_2-t_1)} \tag{14.14}$$

式中 i_2——温度为 t_2 时的泄漏电流值，μA；

      i_1——温度为 t_1 时的泄漏电流值，μA；

      α——绕组绝缘物的温度系数；

      K——与绕组绝缘物的温度系数有关的常数。

绝缘物的温度系数与多种因素有关。具体到一台机组，最好能在试验中加以确定。即在绝缘正常的情况下，如能实际测得三个不同温度时的泄漏电流值，根据温度和对应的泄漏电流值在半对数坐标上作出其关系曲线，则从曲线上即可查出在其他温度下的泄漏电流值。进而可以求出该电机的绝缘温度系数。

在缺乏实测数值的情况下，为便于进行分析比较，过去沿用的经验数据可供参考：

对于 B 级浸胶绝缘，$K=1.6$，$\alpha=1/10$；对于 A 级绝缘，$K=e$，$\alpha=0.05\sim0.06$。

试验中经常需将实测值换算到 75℃ 时之值，以便比较。则对于采用 B 级浸胶绝缘的高压电机来说，式（14.14）可以写成

$$i_{75} = i_t \times 1.6^{\left(\frac{75-t}{10}\right)} \tag{14.15}$$

式中 i_{75}——75℃ 时的泄漏电流值，μA；

      i_t——温度为 t℃ 时的泄漏电流值，μA。

由式（14.15）可以看出，温度每升高 10℃，泄漏电流将增大到原有值的 1.6 倍。如设 $K_{tB} = 1.6^{\left(\frac{75-t}{10}\right)}$，则式（14.15）可简化为

$$i_{75} = K_{tB} i_t \tag{14.16}$$

表 14.4 列出了部分发电机定子绕组为 B 级浸胶绝缘的 K_{tB} 值。

表 14.4　　　　　　　　　部分 B 级浸胶绝缘泄漏电流的温度换算系数

$t/℃$	系数 K_{tB}	$t/℃$	系数 K_{tB}	$t/℃$	系数 K_{tB}	$t/℃$	系数 K_{tB}
10	21.222	21	12.655	32	7.546	43	4.499
11	20.247	22	12.074	33	7.197	44	4.293
12	19.318	23	11.519	34	6.868	45	4.096
13	18.431	24	10.990	35	6.554	46	3.908
14	17.585	25	10.486	36	6.253	47	3.729
15	16.777	26	10.004	37	5.965	48	3.557
16	16.007	27	9.545	38	5.692	49	3.394
17	15.272	28	9.107	39	5.431	50	3.238
18	14.571	29	8.689	40	5.181	⋮	⋮
19	13.902	30	8.289	41	4.943	74	1.048
20	13.264	31	7.909	42	4.716	75	1.000

需要指出的是，依靠上述计算公式来进行温度换算时往往会引起较大的误差。温度差越大，换算的误差也越大。尤其对于 B 级环氧粉云母绝缘，温度换算系数究竟取多大才比较切合实际，还有待于在今后的实践中进一步研究。因此，为了减少由于换算所引起的误差，应尽可能在与历次试验相接近的温度下进行发电机的直流泄漏试验。

第15章 定子绕组交流试验

15.1 定子绕组的交流耐压试验

15.1.1 概述

检查电机绝缘状况的试验，基本上可以分为破坏性试验和非破坏性试验两类。工频交流耐压、直流耐压和层间耐压等属于破坏性试验；而绝缘电阻、介质损失角的测量则属于非破坏性试验。电机绝缘的主要缺陷形式是局部损伤，为保证机组的正常运行，除采用非破坏性试验对绝缘作一般性的检查之外，还要做交直流耐压试验。设备能通过这项试验，才能保证它的绝缘水平。工频交流耐压试验是发电机绝缘试验的主要项目之一。它的优点是试验电压和工作电压波形频率一致，作用于绝缘内部的电压分布及击穿性能能够适应发电机的工作状态。电机在交接时、大修前及更换绕组后，均应进行此项试验。交流耐压试验中最关键的问题，就是正确的选择试验电压的数值，即确定最大安全试验电压的问题。一方面试验电压必须高于额定工作电压，使之能有效的暴露绝缘的弱点；另一方面，要考虑因试验电压过高，而引起的绝缘劣化。

试验电压倍数的选择，原则上不能低于电机绝缘可能遭受过电压作用的水平。过电压，主要是考虑操作过电压和大气过电压。在电机作出厂试验时，已进行过相当于大气过电压幅值为 $\sqrt{2}(2U_e+300)$ V 的工频耐压试验。根据我国电力系统的运行经验，由于大气过电压击穿正常绝缘的电机的事例还少见，因此预防性工频耐压试验主要是从操作过电压来考虑。

操作过电压在大多数情况下，其幅值不超过 $3U_x$（U_x 为相电压），约等于 $1.7U$（U 为线电压），实际上一般都不大于 $1.5U$。另外，考虑我国电机实际绝缘水平，也不宜把试验电压提得过高。对于在现场组装的水轮发电机分瓣定子全部组装完毕后，转子吊入前，必须进行交流耐压试验，试验电压对于容量在 10000kW 以上、额定电压在 6000V 以上的电机为（$2U_e+3000$）V。机组全部安装完毕，试运行前，一般可不再作交流耐压试验。如有必要做，则试验电压应为 $0.75\times(2U_e+3000)$V。进行上述试验时，允许电机在冷态下进行。

对于运行的发电机，不论容量大小，交流耐压试验，应在停机后清除污秽前的热态下进行。试验电压应为 $1.5U_e$，但不得小于 1500V。

15.1.2 试验接线

根据试验设备的情况，可以采用不同的接线方式。下面着重介绍利用高压试验变压器的接线方式。接线如图 15.1 所示。

试验时，将 DK 合上，绿灯 LD 亮，然后操作合闸按钮 1AN，交流接触器 CJ 闭合，红灯 HD 亮。这时，即可通过调压变压器进行升压。被试电机所承受的试验电压，可通过

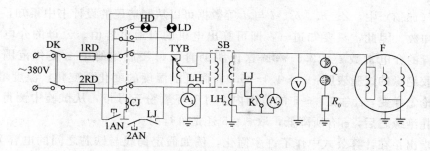

图 15.1 利用高压试验变压器的接线图

TYB—调压变压器；SB—试验变压器；CJ—交流接触器；DK—电源开关；1RD、2RD—熔断器；1AN、2AN—跳合闸按钮；LH₁、LH₂—电流互感器；LJ—电流继电器；A₁、A₂—电流表；V—高压静电电压表；LD—绿灯；HD—红灯；R_0—保护电阻；Q—放电球隙；F—发电机；K—短路开关

高压静电电压表（或电压互感器配以低压电压表）跨接在电机的被试相绕组及地端进行测量。电源侧设有过流保护装置，当被试物击穿而过电流时，可自动切断电源。

高压试验变压器为产生工频高压的主要设备，当被试电机的电容量较大、试验变压器的额定电流不够又相差不多时，可以根据发热计算，考虑适当的过负荷。

15.1.3 试验变压器的选择

15.1.3.1 发电机定子绕组对地电容的计算

在考虑试验变压器容量时，应先大致估算一下被试发电机的电容电流值。因详细计算电机的电容及电容电流都相当困难。国内外一般都采用经验公式。

对低速水轮发电机采用式（15.1）计算：

$$3C_f = \frac{KS^{3/4}}{(U_e + 3600)n^{1/3}} \tag{15.1}$$

式中　C_f——发电机定子绕组每相对地电容，μF；

　　　S——发电机容量，kVA；

　　　U_e——额定相间电压，V；

　　　n——转速，r/min；

　　　K——与绝缘等级有关的系数，对于 B 级绝缘，当 $t=25℃$ 时 $K \approx 40$。

另一种计算方法是：

整个电机的对地电容可以认为相当于平板电容，平板间的电容值应为

$$3C_f = \frac{\varepsilon_r A}{36\pi d} \tag{15.2}$$

式中　C_f——定子绕组每相对地电容，μF；

　　　ε_r——绝缘材料的介电常数；

　　　A——平板间的面积，即铜导线对机壳的面积，cm²；

　　　d——平板间的距离，即电机线圈绝缘单面厚度，cm。

假定电机定子槽数为 Z，槽高为 h_n，槽宽为 b_n，定子铁芯长为 l，则 $A \approx Z(2h_n + b_n)l$，代入式（15.2）可得

$$3C_f = \frac{\varepsilon_r Z(2h_n + b_n)l}{36\pi d \times 10^5}(\mu F) \tag{15.3}$$

在式（15.3）中，Z、h_n、b_n、l 与 d 等数据可以从制造厂的设计书中得知，仅介电常数 ε_r 为未知数。因此，只要知道 ε_r，即可算出电机的对地电容值。云母的介电常数 $\varepsilon_r=6\sim7$，沥青的介电常数 $\varepsilon_r\approx2.5\sim3$。这说明沥青云母浸胶绝缘的 ε_r 变化范围较大。对 6000V 浸胶绝缘的试验表明：$\varepsilon_r\approx4.1\sim5.9$，而且随温度的变化而变化，温度增高，$\varepsilon_r$ 增大。但无论怎样变，ε_r 总在 $4\sim5$ 的范围内。对于环氧粉云母带，从试验中测得 $\varepsilon_r\approx5.5$，考虑到包扎绝缘之后，ε_r 有所降低，取 $\varepsilon_r=5$ 还是可行的。

必须指出：在计算公式中作了许多简化，例如假定铜线与铁芯之间的电容为平板状，而平板面积和平板间的距离，简单的采用槽高、槽宽与绝缘厚度，平板长度简化为铁芯长度，忽略了通风沟的影响，忽略了端部电容、相间电容等。另外在实际上，电容为分布电容，电容电流在每一段上应为向量相加，这里用集中电容代表，加之 ε_r 又有一定范围的变化，这就不可避免地使计算值与实际值产生误差。尽管如此，在这个公式里考虑了电机的结构尺寸、绝缘材料及冷却方式等因素，应该说比式（15.1）进了一步。

下面举一个计算的实例，见表 15.1。

表 15.1　　　　　发电机绕组对地电容的计算值与实测值

结构尺寸与对地电容		电机甲环氧粉云母绝缘（空冷）	电机乙沥青云母绝缘（空冷）	电机丙沥青云母绝缘（水内冷）
机型	型号	TS854/156 – 40	TS854/156 – 40	TS854/90 – 40
	S_N/kVA	85300	85300	85300
	U_N/kV	13800	13800	13800
	$n/(\text{r/min})$	150	150	150
结构尺寸	Z	396	396	288
	h_n/cm	17.35	17.35	98.00
	b_n/cm	2.45	2.45	3.40
	l/cm	156.00	156.00	90.00
	d/cm	0.43	0.43	0.48
电容计算值	$C_f=\dfrac{KS_N^{3/4}}{3(U_N+3600)n^{1/3}}(\mu F)$	0.72	0.72	0.72
	$C_f=\dfrac{Zl(2h_n+b_n)\varepsilon_r}{108\pi d\times10^5}(\mu F)$	0.785（ε_r 取 5）	0.628（ε_r 取 4）	0.128（ε_r 取 4）
实测值	实测电容电流 I_C/A[①]	4.55	3.93	1.05
	根据 I_C 计算 C_f $$C_f=\dfrac{I_C}{\sqrt{3}\omega U_N}(\mu F)$$	0.607	0.524	0.140

① 此电流为发电机线电压升至额定，一相绕组接地时的电容电流。

由表 15.1 可见，三台电机容量、电压及转速完全相同，那么按式（15.1）的计算值，也完全相同。但是由于三台电机的冷却方式、绝缘材料有差别，因此它们的对地电容也不可能一样。而在式（15.1）中就没有反映。尤其对于水内冷机组，由于冷却加强，尺寸减小，这种误差就更大。因此对于水冷电机，在计算电容电流时，一定不能采用式（15.1），而必须采用式（15.3）。式（15.3）反映了电机结构参数的变化，所以既能用于空冷机，又能用于水冷机。

根据对国内已投产的水轮发电机组的统计计算结果表明，多数采用沥青云母绝缘的空冷机组，式（15.1）与式（15.3）的计算结果相近，均可采用。

对于同型号、同容量、同尺寸的电机，只是把绝缘由沥青云母绝缘换为环氧粉云母绝缘，绕组的对地电容量将增大 20% 左右。因此若采用式（15.1）对环氧粉云母绝缘电机进行计算时，式中的系数也必须作相应的变动，否则将产生较大的误差。大中型电机的定子绕组，在下线及绝缘包扎完毕之后，也可用单相低压交流电加在三相绕组上，直接测出电容电流。然后计算出每相对地的电容值；或用电容电桥逐相测量对地电容值。这些办法往往比计算更切合实际些，有条件时可以采用。

例如有一台水内冷水轮发电机，其参数如下：$S_N=343000\text{kVA}$；$U_N=18000\text{V}$，$n=125\text{r/min}$，$Z=378$，$h_n=11.4\text{cm}$，$b_n=4.14\text{cm}$，$l=160\text{cm}$，$d=0.64\text{cm}$，线棒采用环氧粉云母绝缘。可通过 5 种方法，来求得电机绕组的对地电容。

（1）当采用式（15.1）计算时，$C_f=1.75\mu\text{F}$，$K=40$。

（2）当采用式（15.3）计算时，$C_f=0.35\mu\text{F}$，ε_r 取 5。

（3）当采用电容电桥测量时，$C_f=0.41\mu\text{F}$。

（4）当采用加低电压法实测时（单相电源的一端接三相绕组的出线端，另一端接铁芯），当所加试验电压 U_s 为 233V 时，电容电流 I_c 为 0.1A，于是计算可得每相绕组的对地电容为

$$C_f=\frac{I_c}{3U_s\omega}\times10^6=\frac{0.1\times10^6}{3\times233\times314}=0.455(\mu\text{F})$$

$$\omega=2\pi f$$

式中　ω——电源的角频率。

（5）当一相绕组对地加额定相电压（$18000/\sqrt{3}=10400\text{V}$），其余两相接地时，实测电容电流为 1.35A，此时的电机一相绕组对地的电容为

$$C_f=\frac{I_c}{\omega U_s}\times10^6=\frac{1.35\times10^6}{314\times10400}=0.415(\mu\text{F})$$

以上 5 个数据中 $C_f=0.414\mu\text{F}$ 比较合乎实际。由此可知，采用加低电压或用电容电桥在耐压前进行实测是可行的。用式（15.3）进行计算，误差较小，而用式（15.1）计算，误差很大。

15.1.3.2　试验变压器容量的计算与选择

在选择试验变压器时，首先应考虑其电压是否能满足试验的要求，然后还要看其高压侧的电流是否足够。两项要求同时满足，方能选用。

根据被试电机一相绕组的对地电容量 C_f，可按式（15.4）计算出一相绕组加电压，其余两相接铁芯（或地）时的电容电流 I_c 为

$$I_c=\frac{U_s}{x_C}=\frac{U_s}{\dfrac{1}{\omega C_f}}=\omega C_f U_s\times10^{-6}(\text{A}) \tag{15.4}$$

即试验变压器高压侧的额定电流，应不小于上面计算的 I_c。那么试验变压器的容量 S_{SY} 则应大于按式（15.5）计算的数值

$$S_{SY} = U_s I_c = \omega C_f U_s^2 \times 10^{-9} \text{(kVA)} \tag{15.5}$$

【例 15.1】　有一台容量 $P_N = 75000\text{kW}(S_N = 89000\text{kVA})$，$U_N = 13800\text{V}$，$n = 136.2\text{r/min}$ 的水轮发电机，在定子线圈全部安装完毕之后，需进行交流耐压，问需选择怎样的试验变压器？

解：（1）电机一相绕组对地电容量的计算：

按式（15.1）　$C_f = \dfrac{40 \times 89000^{3/4}}{3 \times (13800 + 3600) \times 136.2^{1/3}} = 0.765(\mu\text{F})$

按式（15.3）　$C_f = \dfrac{360 \times 190 \times (2 \times 18.9 + 2.45)}{108 \times 3.14 \times 0.43 \times 10^5} \times 4 = 0.756(\mu\text{F})(\varepsilon_r \text{ 取 } 4)$

两者计算结果相近，取 $C_f = 0.76\mu\text{F}$。

（2）根据试验标准，决定试验电压

$$U_S = 2U_N + 3000 = 2 \times 13800 + 3000 = 30600\text{(V)}$$

（3）试验变压器的容量应不小于

$$U_{SY} = \omega C_f U_s^2 \times 10^{-9} = 314 \times 0.76 \times 30600^2 \times 10^{-9} = 223\text{(kVA)}$$

（4）在试验电压下的电容电流为

$$I_C = \omega C_f U_s \times 10^{-6} = 314 \times 0.76 \times 30600 \times 10^{-6} = 7.3\text{(A)}$$

根据上述计算数据，应选择高压侧电压为 35kV，电流为 7.5A 的试验变压器。若选用已生产的 YDJ－200/35 高压试验变压器（200kVA，高压侧 35kV，5.27A）则略显小；若用待制的新产品 YDJ－F－40/10 试验变压器（高压侧 40kV，10A）则较为理想。

15.1.4　电压的测量及过电压和过电流的保护

现讨论图 15.1 所示的试验接线图中其他试验设备的运用问题。

15.1.4.1　试验电压的测量

由于电机的定子绕组对地电容较大，则电容效应将使试验变压器的高压侧电压升高，再加上电流会在试验设备的阻抗上产生压降，使输出电压有所改变。这样就会使在试验变压器低压侧测得的电压按变压比换算到高压侧时，产生较大的误差。因此在对发电机进行交流耐压时，试验电压应以高压侧的电压为准。对试验电压的测量常用下面两种方法进行：

（1）用静电电压表在高压端直接测量。高压静电电压表是交直流两用、直接接在高压回路中测量电压的仪表。在工频电压下，测出的电压是有效值。

（2）用电压互感器直接在高压侧测量。在被试电机的绕组上并联一只准确度较高的（0.5 级）、电压等级及变比合适的电压互感器，互感器的低压侧用 0.5 级电压表进行测量。

15.1.4.2　过电压保护

在试验接线中应有防止电压突然升高的设备，这就是放电球隙 Q 及限流电阻 R_0（图 15.1），如果施工现场没有放电球隙，也可以用硬金属线临时做成代替。

耐压试验进行之前，应在不带被试物的情况下，预先调整保护球的间隙，使其放电电压比试验电压大 10%～15% 左右。在试验中，当电压突然上升，达到放电间隙的击穿电压时，球隙放电，限制了电压的升高，从而达到保护被试物免受高压击穿的危险。

放电球隙的接地端，应串有保护电阻 R_0，其作用是减少球隙击穿时的短路电流，使球隙的球面不致被电弧烧伤，同时也可以削弱和限制球隙击穿时所产生的突陡波头，从而使匝间绝缘免遭击穿的危险。R_0 的阻值在球径较小时，按 $1\Omega/V$ 考虑，当球径在 750mm 及以上时，按 $0.5\Omega/V$ 考虑。

保护电阻可用 $\phi10\sim\phi20$mm 的玻璃管或硬质塑料管做成，长度 1m 左右，两端装入软木塞，管中注满水，并插入用 $\phi1\sim\phi1.5$mm 的硬铜线弯制成的电极，如图 15.2（a）所示。保护电阻的阻值可以通过改变管中两电极间的距离及水的导电率（改变水的食盐含量），使之满足阻值的要求。阻值的大小可以用兆欧表或万用表的高阻档进行测量。保护电阻制成以后，可用绝缘带直接绑在放电球隙接地侧的绝缘支柱上，如图 15.2（a）所示。

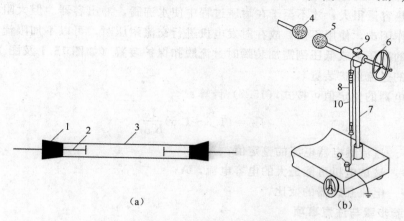

图 15.2　放电球隙及保护电阻

（a）保护电阻；（b）放电球隙与保护电阻的组合

1—软木塞；2—电极；3—玻璃管或塑料管；4—放电球高压端；5—放电球接地端；

6—摇把；7—绝缘支柱；8—水电阻；9—接线柱；10—绝缘带

另外，上述做测量用的电压互感器，还可接一只做保护用的电压继电器，如图 15.3 所示，其接点接在电源开关 KK 的控制回路中，当电压达到继电器的整定值时，继电器动作，跳开电源开关。电压继电器的动作值可按 1.1 倍试验电压整定，即

$$U_{ZD}=\frac{1.1U_S}{K_{YH}} \tag{15.6}$$

式中　U_{ZD}——继电器的动作电压值，V；

　　　U_S——试验电压值，V；

　　　K_{YH}——电压互感器的变比。

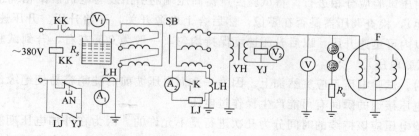

图 15.3　用水阻器作调压设备的发电机交流耐压试验接线图

15.1.4.3 过电流保护

为了使被试物击穿时的短路电流不致将故障范围扩大,同时也为了减轻试验变压器线圈在过流及短路时的电动力,对于试验电压高、电流小的被试物,在高压侧应加装限流电阻(每伏取 $0.1\sim0.2\Omega$)。但对于水轮发电机而言,由于电容电流较大,在电阻上将引起很大的压降,例如限流电阻为 2000Ω,电容电流 5A,则在限流电阻上的压降将高达 10000V,这将直接影响试验电压。如果试验变压器高压侧的电压没有足够的裕度,则试验将无法进行。同时由于限流电阻消耗的功率较大(如上例,$P=5\times10000=50\mathrm{kW}$),只有电阻器的热容量很大,才不至于在耐压过程中使水沸腾,冲出容器。但大阻值、大容量的电阻器制作困难,使用不便。故在对发电机进行交流耐压时,可以不加限流电阻,但在试验变压器的高压侧或低压侧需加装瞬时过流脱扣保护装置(如图 15.1 及图 15.2 所示为装在高压侧的过流保护装置)。

过流继电器的整定值可按式(15.7)计算:

$$I_{ZD}=(1.3\sim1.5)\frac{I_C}{K_{LH}} \tag{15.7}$$

式中　I_{ZD}——过流继电器电流的整定值,A;

　　　I_C——被试电机可能最大的电容电流,A;

　　　K_{LH}——电流互感器的变比。

15.1.5 试验步骤与注意事项

(1)按照现场的试验设备情况,拟定试验接线图。

(2)试验设备和表计及过流、过压保护要选择适当,现场布置要合理,高压部分需保证足够的安全距离。

(3)按接线图接好试验接线,被试电机及试验设备的外壳应安全接地。高压引线可采用裸线,并应有足够的机械强度。所有支撑或牵引的绝缘物亦应有足够的绝缘和机械强度。

(4)接线完毕,应仔细检查全部接线是否正确。升压前应试验跳闸按钮及过流过压保护装置能否切断电源。在试验变压器空载及电流表短路开关闭合的情况下,合上电源开关,空升一次电压,检查回路的接线是否正确。然后,将放电球隙的放电电压调整为试验电压的 $1.1\sim1.15$ 倍,并应重复校核几次,各次的放电电压值应在 $\pm5\%$ 的范围内。

(5)耐压试验前后均应测量定子绕组各相的绝缘电阻和吸收比。测量绝缘电阻前、后,特别是耐压试验以后,必须将定子绕组对地放电,时间不少于 5min。

(6)耐压试验应分相进行。将试验变压器高压端的引出线与电机被试相绕组相连(其余两相接地),检查调压器是否在零位,然后合上电源开关,开始升压。升压速度在 40% 试验电压以内可迅速升压,以后升压速度保持均匀,一般为 20s 左右,升到试验电压(或每秒 3% 试验电压)。

升压时,试验电压不应突然加上。因为一方面电压波前的陡峭容易使绝缘击穿;另一方面,在电压接通的瞬间有可能产生操作过电压。

把试验电压应该持续的时间分为几次进行是不允许的。因为在外加电压期间,在绕组的绝缘中发生积累的变化,这些变化使绝缘的性能降低,并且增加了击穿的可能性。当电压除去以后,这些变化的一部分消失了,像物体受到机械应力后的弹性变形一样。而另一都分则仍留着，类似于剩余变形。如果把试验时间分割为几次，则在每段时间终了时，消失的变化和不消失的变化的总和，将小于全部试验时间连续进行时所发生的变化。

（7）在试验电压下，假如绝缘未被击穿（包括因表面放电而引起的表面击穿），拉开电流表的短路开关，读取在试验电压下的电容电流值。根据对电容电流的观测，判明绝缘正常，加压时间经 1min 后，即可认为试验合格。然后迅速均匀地将电压降至 1/3 试验电压值以下，断开电源，将被试相绕组对地放电，接上地线，再对其余两相进行顺序同上的试验。

（8）在升压和耐压试验过程中，如发现下列不正常的现象时，应立即拉开电源，停止试验，并检查原因。

1）电压表指针摆动很大。

2）电流表指示急剧地增加。

3）发现绝缘烧焦或有焦味冒烟现象。

4）被试物发出不正常的响声。

15.1.6　试验结果分析

（1）在升压过程中，若出现随调压器往上升方向调节，电流下降，而电压基本上不变，甚至有下降趋势，这是由于电源容量不够，波形严重畸变所致，改用较大容量的电源后，便可得到解决。

进行大电容物品试验时，可能出现被试品端电压升高现象，这是电容电流在变压器的漏抗上产生的压降所引起的。

（2）一般情况下，若电流表指示突然上升，则表明被试品击穿。但有时被试品击穿，电流表指示不变化，或者反而下降。这种现象往往与变压器容量不够有关。此时可观察测量高压端电压的表计，当击穿时，指示将突然下降。

（3）在试验的控制回路中，若过流保护整定值适当，则被试品击穿时，过流继电器要动作于跳闸。若整定值过小，可能在升压过程中，由于被试品电流较大，造成开关跳闸。反之，整定值过大，即使被试品击穿，亦不会有所反应。

（4）试验过程中，如被试品发出击穿响声，或断续响声，并伴随有冒烟、跳火、焦味及燃烧等现象都是不许可的。当查明确实发生在绝缘部分时，则认为被试品存在问题或已击穿。

（5）试验过程中，若由于空气湿度、温度或表面脏污等的影响，引起表面滑闪放电或空气放电，则不应认为不合格，在经过干燥、清洁等处理后，再进行试验。

表面放电和表面击穿是有区别的。表面放电开始于某电压，电压降低后即消失，当电压恢复到同一电压时又重新发生。但表面击穿只是在电压比较快的降下时才终止，而当重新加上电压后，在电压小得很多时又开始。表面击穿常常和绝缘表面的烧焦以及绝缘电阻的显著降低同时发生。

在排除外界因素之后，如表面出现局部红火或仍有放电，则可能由于绝缘老化、表面损失等引起，应认为不合格。

15.1.7　寻找故障点的方法

运行中或在交、直流耐压试验中，定子绕组绝缘发生击穿时，故障点的寻找可参考下面的经验方法。

15.1.7.1　故障点接地电阻的确定

运行或耐压试验中击穿时，故障点所处的相别可于停机断电之后，分别测定三相绕组对地的绝缘电阻值加以确定。如故障点在远离铁芯的端部而绝缘电阻无反应时，可以利用直流泄漏试验来分清故障相别。

通过绝缘电阻或泄漏电流的测量，可以确定接地电阻值，根据接地电阻值的大小，再确定寻找故障的方法。通常故障点的接地性质按接地电阻值的大小可以分为 5 种情况：

（1）金属性接地，接地电阻在 1000Ω 以下，接近于零。

（2）低值电阻接地，接地电阻在 3000Ω 左右。

（3）中值电阻接地，接地电阻在 1MΩ 左右。

（4）高值电阻接地，接地电阻在 10MΩ 以上，相间不对称系数在 10 以上。

（5）绝缘电阻、吸收比正常，相间无显著差异。

15.1.7.2　直流加压法

直流加压法用来寻找中值电阻以上接地故障点的位置。

（1）一般首先用直流加压法来判明故障相别，接地性质，确定大体部位，最终判明故障点所在位置。

（2）此法与直流耐压试验法相同，唯微安表的量程应置于最大位置。加压中要密切监视表针的指示，加压速度不宜过慢。发生放电击穿时，可由布置于机内的监视人员观察电火花或音响部位，以分析判断出可疑线棒。为了避免多数线棒多次承担较高的电压，以及较大电容上电荷放电灼伤邻近线棒或铁芯，因此应将可疑线棒的部位断开进行分段查找。必要时，可将可疑部位的线棒抬高试验电压进行查找。

（3）当故障点过分远离铁芯时，阻值往往极高，甚至在直流试验电压下常难以发生击穿，则可借助于爬电火花分清大体部位后，人工造成线棒表面通道（表面包缠微潮的布块或锡箔），以查找部位。但应严格注意试验电压不宜太高，放电次数不宜太多，同时还要注意不要灼伤邻近的线棒。

15.1.7.3　交流加压法

交流加压法用来判断高阻值以上接地故障点的位置。

当端部发生闪络性击穿时，击穿后的阻值往往很高，而且用直流加压法难以在试验电压下击穿，则须以交流加压法使其再行击穿，由机内监视人员观察放电部位之范围。如经交流击穿法试验后，绝缘电阻已降低而仍未确定故障点部位，可换用其他方法再行试验。

15.1.7.4　电流烧穿法

电流烧穿法用来判断低电阻接地故障点的位置。电流烧穿法通常使用 3kV 的耐压试验变压器 SB，加装 1~3A 熔断器，按图 15.4 的接线进行试验。借助于烧穿时所产生的烟雾、气味及微小响声来查找故障点的位置。

使用烧穿法如仍未找到故障点时，则应将其烧穿为金属性接地，继续寻找。

15.1.7.5　金属性接地故障点寻找法

当故障点已呈现金属性接地时，则可用下列两种方法之一进行寻找。

1. 直流电阻测定法

将电机故障相环路断开，测定绕组两侧对地电阻值，由电阻值的比例确定故障点的大致部位，但此法不易准确判定。

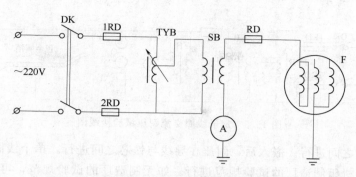

图 15.4　用电流烧穿法寻找故障点的原理接线图

2. 交流电源监视法

将故障相环路断开，在铁芯与绕组的一端加上低压交流电，用钳形电流表逐个测量线圈的端部，观察有无电流通过，便可查明故障点所处的范围。所加电流一般不应大于 5A，以免烧伤铁芯。

15. 2　单个定子线圈的检查试验

15. 2. 1　外观检查

对于需要在施工现场嵌放的瓣与瓣合缝处的定子线圈，在入槽前首先要检查线圈在运输过程中是否发生变形，防晕层和主绝缘是否受到明显的损伤。对于有变形和受损伤的线圈，只有在经过必要的整形和绝缘修补，并经过如下所述的绝缘试验，合格后才能使用。对于采用水内冷的定子线圈，还应检查空心导线的堵塞情况。

15. 2. 2　绝缘电阻的测定及交流耐压试验

为了在下线前对单个线圈进行绝缘电阻值的测量和进行工频交流耐压试验，首先应在线圈的周围包以金属箔（铝箔或锡箔），以便将兆欧表或试验电压接于导线和金属箔之间。所包金属箔的长度，对于发电机额定电压为 3000V 及以下的应较铁芯长出 20mm，即每端长出 10mm；对于发电机额定电压为 6300V 及以上的，应较铁芯长出 40mm，即每端长出 20mm。对经过防晕处理的线圈，则金属箔的长度应与敷有防晕层的长度相等。在包金属箔时应注意与线圈的表面贴紧，防止有间隙，以免在试验过程中产生放电。被试线圈也可以不缠金属箔，而按照线圈的外形制成金属盒子，试验时把线圈放在盒子里，用金属物将盒子的空间填满，再进行试验。测量绝缘电阻时，兆欧表的"L"端与线圈的导线相连，"E"端则与外包的金属箔或金属盒相连。

测量线圈的绝缘电阻值，应使用额定电压为 2500V 的兆欧表。线圈嵌入铁芯槽之后，进行交流耐压之前，应先测量绝缘电阻值，合格之后再进行交流耐压试验。线圈嵌入前后的绝缘电阻值均无规定。但相互之间不应有太大的差别。

单个线圈在出厂前已经作过交流耐压试验，如果在运输中未受损伤，则在制造厂同意的情况下，单个线圈也可以不经过耐压试验而嵌入铁芯槽中。但在嵌入之后的耐压试验则是必需的。

单个线圈的交流耐压，可以按图 15.5 所示的接线进行。嵌入前，耐压在线圈的导线

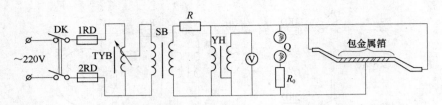

图 15.5　定子线圈交流耐压试验接线图

与外包的金属箔之间进行。嵌入后，耐压在导线与铁芯之间进行。单个线圈的交流耐压试验标准，应按照机组制造厂的试验规范进行。如无制造厂的试验规范，可参照表 15.2 所列出的标准进行试验，耐压时间均为 1min。

表 15.2　　　　　　　　　　　分瓣定子绕组工艺过程中的交流耐压试验标准

绕组型式	试验阶段	容量/kVA		
		10000 以下	10000 以上	
		额定电压/kV		
		10.5 及以下	2～6	6 及以上
		试验标准/kV		
圈式	①合缝线圈下线前	$2.75U_N$	$2.75U_N$	$2.75U_N+2.5$
	②合缝线圈下线后	$2.5U_N$	$2.5U_N+0.5$	$2.5U_N+0.5$
条式	①合缝线圈下线前		$2.75U_N$	$2.75U_N+2.5$
	②合缝下层线圈下线后		$2.5U_N+0.5$	$2.5U_N+1.0$
	③合缝上层线圈下线后		$2.5U_N$	$2.5U_N+0.5$

线圈嵌入铁芯槽后的耐压试验，是检查线圈导线与铁芯之间的绝缘强度。试验时必须将其余不受试验的线圈接地。如有测温电阻，也应同时接地。

合缝处的线圈一般是嵌放几个之后，一起进行耐压试验，因为这样可以减少操作的次数。但究竟嵌放几个之后再进行耐压，可根据下线操作时的把握程度（对绝缘有无损伤）及耐压设备的容量而定。

第16章 转子绕组绝缘试验

16.1 绝缘电阻测量

用兆欧表进行绝缘电阻的测定是最简单的判定绝缘状况的办法。新装机组交接时，运行机组在大修中转子清扫前后以及在小修时均应进行绝缘电阻的测量。对于转子额定电压在 200V 以下的用 1000V 兆欧表进行测量，对于额定电压在 200V 以上的用 2500V 兆欧表进行测量。

对于单个磁极，在运到现场之后，首先要进行外观检查及全面的清扫，最好能用干燥的压缩空气，将在磁极四周的污垢吹净，然后再进行绝缘电阻的测量。测量时，电压应加在磁极线圈与磁极铁芯之间，其值无规定，一般不应低于 5MΩ，各磁极之间的绝缘电阻值不应有很大的差别。集电环的绝缘电阻值也不应低于 5MΩ。整体转子绕组的绝缘电阻值不做具体规定，但一般不应小于 0.5MΩ。

如果绝缘电阻值太低，则应进行干燥。干燥时，用外加直流电源，直流电焊机或硅整流装置均可。通入绕组的电流可按额定电流的 60%～70% 考虑，绕组表面温度以不超过 80℃来控制。为了能使绕组的温度升上去，应采取适当的保温措施。转子绕组加温干燥可以与转子磁极热打键结合进行。

加温干燥之后，在温度不变的条件下，绝缘电阻稳定 3h 以上不再变化，并且其值大于 0.5MΩ 即可认为干燥终了。

只有在绝缘电阻合格的情况下，才允许进行下一项试验——交流耐压。

对于运行的机组，为了监视转子绕组及励磁回路绝缘的变化情况，常用高内阻直流电压表来测定滑环对地电压，然后按式 (16.1) 来确定励磁回路的绝缘电阻值。

$$R = R_V \left(\frac{U}{U_1 + U_2} - 1 \right) \times 10^{-6} \tag{16.1}$$

式中 R——绝缘电阻，MΩ；

R_V——直流电压表的内阻，Ω，其内阻应不小于 $10^5 \Omega$；

U——正负滑环间的电压，V；

U_1——正滑环对地的电压，V；

U_2——负滑环对地的电压，V。

当计算值 R 低于 0.5MΩ 时，应查出原因进行处理，予以消除。

16.2 交流耐压试验

交流耐压是检查转子绕组绝缘缺陷的有效方法。在工地组装的水轮发电机转子，在工序之间需要进行属于制造厂工艺过程中的交流耐压，以便及时发现由于运输、吊装中可能造成的对磁极线圈绝缘的损害。

在工地组装的转子，单个磁极在挂装前或挂装后的交流耐压标准，应按制造厂规定进行。如无规定时，单个磁极挂装前或挂装后，以及集电环、引线、刷架等的耐压试验标准均为 10 倍额定励磁电压加 1000V，但不低于 3000V。转子全部组装完成。吊入定子膛内以前的试验电压为 10 倍额定励磁电压，但不得低于 1500V。转子吊入定子膛内之后交接时的试验电压为 7.5 倍额定励磁电压，但不低于 1200V。加压时间均为 1min。

在加压过程中，如果不发生放电、闪络和击穿，则认为绝缘合格，可以进行下一步的工作。

由于单个磁极甚至整个转子绕组的对地电容很小，试验电压比起定子耐压来说又低得多，电容电流很小，因此试验变压器的容量也不要求很大。如无专用的试验变压器，用变比合适的电压互感器也可。调压设备用自耦调压器即能满足要求。试验接线如图 16.1 所示。

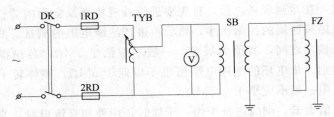

图 16.1　转子绕组交流耐压试验接线图

DK—电流形状；RD—熔断器；TYB—调压变压器；FZ—发电机转子

16.3　直 流 电 阻 测 定

通过直流电阻的测定，可以发现磁极线圈匝间严重的短路及磁极接头接触电阻恶化等缺陷，所以在交接时及大修后均应作直流电阻的测量。

直流电阻的测量应在冷状态下进行。所测的阻值与以前所测的结果比较，其差别不应超过 ±2%，差别在 −2% 以下时则可能有匝间短路，差别在 +2% 以上则可能是接头开焊或接触不良。

在转子组装的过程中，磁极未挂装时，应对单个磁极线圈的直流电阻进行测量，以便在挂装之前及时发现问题予以处理。在整个转子组装完毕之后，要对转子绕组的整体直流电阻及单个磁极线圈电阻进行测量。对于同匝数的磁极线圈其直流电阻相互比较差值应小于 5%。对于阻值过小的磁极线圈应结合其他试验（如交流阻抗和功率损耗试验）来综合分析是否存在匝间短路，并设法消除。

直流电阻的测量可用双臂电桥法或直流压降法，后者运用的比较普遍。如图 16.2 所示是以直流发电机 ZF 为电源，采用压降法测量转子绕组直流电阻的接线图。

绕组通入的电流以不超过额定电流的 20% 为宜，测量应迅速，以免由于绕组发热而影响测量的准确度。

测量压降的电压表（或毫伏表）应装两只专门的探针，并以一定的压力接触磁极的引线。试验进行时，电源由滑环处引入，并维持电流为一定值，然后以探针分别测量各磁极线圈及整个转子绕组上的压降，这样即可根据欧姆定律算出电阻来。

为了便于比较在不同温度下测得的直流电阻值，可根据式（14.8）进行换算，折算至 75℃ 时的电阻值，可运用式（14.12）及表 14.1。

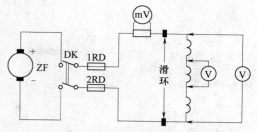

图 16.2　用压降法测转子绕组直流电阻

16.4　磁极接头接触电阻的测定

在机组安装过程中，磁极线圈连接完毕、未包绝缘之前，应进行接头接触电阻的测量，以检查接头的安装工艺和焊接质量是否合乎要求。

接头接触电阻的测量方法多采用压降法。其试验接线及所用设备与测量磁极线圈直流电阻时相同（图 16.2），这两项测量可以结合起来进行。

为了测量得比较准确，接头部位要取相等的长度，用探针测各接头的压降时，每个接头应调换探针位置多测几点，取其平均值，然后根据欧姆定律计算出各磁极接头的接触电阻值来。

由于接头电阻所呈现的分散性，对接头的接触电阻并无具体规定。一般地说接头电阻值应不超过同长度磁极引线的电阻值。各接头电阻相互比较也不应相差过大（如超过 1 倍）。对于电阻过大的个别接头应查明原因予以消除。

16.5　工频交流阻抗的测定

转子的磁极线圈若存在匝间短路，就会造成整个发电机转子磁力的不平衡，使机组的振动增大，甚至可能造成转子过电流及降低无功出力。

磁极线圈交流阻抗的测量在一定程度上能反映出线圈匝间短路的存在。因为短路电流在短路匝中所产生的去磁作用，将使故障磁极的交流阻抗值下降，电流值增大。通过这项测量即可大致判明故障点的所在。用此法对磁极进行检查时，还可以及时发现由于施工中不慎将焊锡等导电物质掉入磁极线圈中所造成的局部短路。

磁极线圈交流阻抗的测量应在磁极挂到磁轭上，磁极线圈的接头已连接完毕，但绝缘尚未包扎之前进行。试验前应先用干燥的压缩空气将磁极线圈逐个清扫干净，并驱除一切杂物，试验电源可用行灯变压器或交流电焊机等降压设备对单个磁极线圈加电压，测每个线圈的交流阻抗如图 16.3 所示。

如果转子线圈对地绝缘良好，也可以将 380/220V 交流电源直接由滑环处加入，将所有磁极线圈均通入电流，然后用带探针的电压表可测量转子整体绕组及每个磁极线圈上的压降。如图 16.4 所示。

测量时转子应处于静止状态。如果转子已吊入定子膛内，则定子回路应断开。所加的电压一般不要超过转子的额定电压。测量时最好接入频率表（因为阻抗和频率有关）。

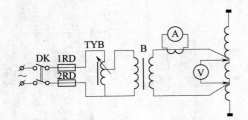

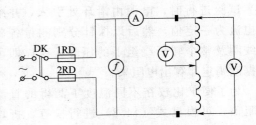

图 16.3　单个磁极线圈交流阻抗的测定　　　　图 16.4　测转子绕组整体及单个磁极
线圈的交流阻抗图

无论是整体交流阻抗或单个磁极的交流阻抗，均根据测得的电流及电压用交流电路的欧姆定律进行计算：

$$Z = \frac{U}{I} \tag{16.2}$$

式中　Z——交流阻抗，Ω；

　　　U——单个磁极线圈或整个转子绕组上所加的电压，V；

　　　I——流经磁极线圈的电流，A。

从反映匝间短路的灵敏度来说，对磁极线圈所加的交流电压越高、电流越大，反应也就越灵敏。有时为了加大电流找出缺陷，可以考虑将 380/220V 的电源（或通过调压器）加入部分磁极线圈的串联回路中，但这时应考虑其匝间的电压最大值不应超过 2.5V。

磁极线圈的交流阻抗值，一般无规定标准，而是互相间进行比较。如果某磁极的交流阻抗偏小很多，就说明该磁极线圈有匝间短路的可能。但是需要指出的是，短路匝的去磁作用，往往也会引起相邻磁极交流阻抗值的下降，从而引起错误的判断。根据已有的经验，在同样的测试条件和环境下，当某一个磁极线圈的交流阻抗值，较其他大多数正常磁极线圈的平均交流阻抗值减小 40% 以上时，就说明磁极线圈有匝间短路的可能，而相邻磁极在这种情况下，其交流阻抗值的下降一般不会超过 25%。

为了找寻被怀疑磁极的故障点，可以采用提高试验电压，加大电流，用手触摸线圈，检查发热部位的办法来找寻短路匝的所在位置。如果有必要，还可以测量磁极线圈匝间交流电压的分布曲线，当发现匝间电压有显著降低点时，即系短路匝的所在处。

16.6　转子绕组接地故障点的寻找方法

转子绕组在运行中或耐压试验中被击穿时，接地故障点用下述方法进行寻找。

1. 重复加压观察法

当故障点接地电阻较大（一般经空气隙击穿时），则常以重复加压的办法，由观察人员听放电声，看烟雾及弧光，以发现故障磁极的所在位置。

2. 电流烧穿法

当故障点接地电阻不大但又非金属性接地时，常可用交流电烧穿法观察冒烟部位。所加电流可以较大，但如在加电流过程中仍未发现故障点，则可将其烧穿为金属性接地，再用以下法寻找。

3. 直流电压表法

当发生金属性接地时，可以用直流电压表法来寻找。试验接线如图 16.5 所示。

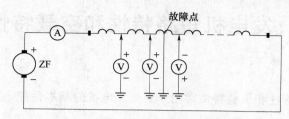

图 16.5　用直流电压表法寻找故障点

利用直流发电机 ZF 为直流电源，由滑环处加入电流，先分别测量正滑环对地及负滑环对地的电压 U_1 与 U_2，按式（16.3）算出接地点与正滑环间的距离占整个转子绕组距离的百分比 K，以判定接地点的大概部位。然后由此部位，用同一块电压表，由转子磁极之间接头处，依次测量对地电压之极性。当连续两测点间接地电压指示反向时，则说明接地点处于此两接头间所包括之磁极内（图 16.5）。欲查明故障磁极内接地点具体部位时，亦可应用此法依次测量每匝对地电压，当两匝间电压指示反向时，则说明故障点在此两匝间，再测量该匝各点对地的电压，当其为零处即为接地点部位。

$$K = \frac{U_1}{U_1 + U_2} \times 100\%$$ (16.3)

例如，一台 15000kW 水轮发电机的转子，共有 14 对磁极，在磁极引线全部连接完毕之后，用 500V 兆欧表测量其绝缘电阻，仅 0.15MΩ，于是开始对转子绕组进行干燥。电源用两台 26kW 的直流电焊机串联供电，电流为 190～250A，由 1 号与 28 号磁极引线加入，经 37h 干燥之后，转子绕组的绝缘电阻仍为 0.15MΩ，说明绝缘存在问题。于是采用测量线圈对地电压的办法以判明故障点。此时仍用直流电焊机对绕组通电，用万能表测负极（28 号磁极）对地电压为 70V 左右，正极（1 号磁极）对地电压接近零，说明故障点在 1 号磁极附近。测 2 号磁极引线对地电压为 0.8V；测 1 号磁极对地电压，电压表反起，烫开 2～3 号磁极间的接头，测绝缘电阻，1～2 号绝缘电阻为 0.15MΩ，3～28 号绝缘电阻为 10MΩ。再烫开 1 号与 2 号磁极间的接头，测绝缘电阻，1 号为 0.15MΩ，2 号为 500MΩ。说明问题出在 1 号磁极。将该磁极吊拔出来，经检查原来在线圈与铁芯之间有电焊渣及铁屑，因而导致绝缘下降（但又不是直接接地）。经处理之后，再挂装到磁轭上，在打完磁极键后，绝缘电阻为 60MΩ，与其他所有磁极连接起来，总的绝缘电阻为 10MΩ，符合要求。

第17章 发电机短路特性和空载特性的测量

空载特性、短路特性和负载特性常用来表征发电机的基本性能，并用于计算发电机的参数。

在发电机交接时，大修或更换绕组后，均应测量空载及短路特性。所测数值与制造厂出厂（或以前测得的）数据相比，应在测量的误差范围以内。下面分别介绍这两个特性曲线的测量方法。

17.1 短路特性的测量

短路特性是指发电机三相对称稳定短路、电机处于额定转速下的定子电流与转子电流的关系曲线。通过这一特性的测量，可以检查定子三相电流的对称性，并结合空载特性用来求取电机的参数。它是电机的重要特性之一。

新安装的发电机，其三相短路特性试验可在励磁系统已经调试完毕后进行。若电机受潮，绝缘电阻及吸收比不符要求，也可以先进行短路干燥，待绝缘合格之后，再进行有关的试验。

17.1.1 试验接线

试验接线如图 17.1 所示。

录制该特性时，需测量定子绕组各相电流及转子电流。测量时，应该用 0.5 级的仪表。测转子电流的毫伏表，最好接到 0.1～0.2 级标准分流器上，标准分流器串接在励磁回路中。如果没有标准分流器也可以利用装设在励磁回路中原有的分流器，但此时应将配电盘上的转子电流表与分流器解开，以免测量中产生误差。

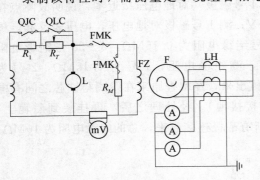

图 17.1 短路特性试验接线图

17.1.2 试验步骤

（1）机端三相短路，投入过流保护并作用于信号，强励停用。

（2）起动机组至额定转速，并维持恒定。

（3）合上灭磁开关 FMK，当三相短路在出口断路器的外侧时，必须同时合上断器。

（4）调节励磁电流，使定子电流逐渐达到额定值为止。注意定子电流每增加额定值的 15%～20% 记录一次表计值。新安装的机组要做过流试验或整定继电保护时，则可以超过额定值，其最大值按制造厂规定。

（5）调节励磁电流，使定子电流降至零，断开灭磁开关。

17.1.3　注意事项

（1）三相短路线应尽量装在接近电机引出线端，且要在电机出口断路器内侧与电流互感器之间，以免在试验中断路器突然断开，引起电机过电压损坏绝缘。如果在电机出线端不便装设或要结合其他试验，则可将短路线装在出口断路器的外侧。但此时应采取必要的措施防止在试验过程中断路器跳闸。例如将直流操作电源切断，用楔子将断路器楔住等。

（2）三相短路线尽量采用铜排或铝排，同时要有足够的截面。连接必须良好，防止由于连接不良发热而损坏设备。

（3）调节励磁电流时应缓慢进行，达到预定数值时，应等指针稳定后，再对各表计同时读数。

（4）在试验中，当励磁电流升至额定值的 $15\%\sim20\%$ 时，应检查三相电流的对称性，如不平衡严重，应立即断开灭磁开关，查明原因。如经事先核对，确认三相电流相差很小时，试验也可只接一块电流表测量。

17.1.4　试验结果的整理

（1）将各仪表读数换算至实际值，定子电流取三相的平均值。

（2）将上述数据绘制短路特性曲线。由于三相稳定短路时，电枢反应为纵轴去磁的，因此电机实际运行于非饱和状态，所以特性曲线为一通过原点的直线。

（3）对已运行的机组应将所得的曲线与交接试验或历年试验数据相比，若对应于相同的定子电流时，转子电流增大很多则说明转子绕组有匝间短路的可能。短路特性测试的实例见 17.2 节中表 17.1 和图 17.2。

17.2　发电机空载特性和励磁机负荷特性的测量

空载特性是指电机以额定转速运转，定子绕组中的电流为零的条件下，定子绕组端电压和转子电流之间的关系曲线。励磁机的负荷特性曲线是在额定转速时，励磁机带负荷的情况下，励磁机的励磁电流和其电枢电压的关系曲线。这两个曲线可以同时录取。在空载情况下，定子绕组的端电压与定子绕组的感应电势完全相等。电势 E 决定于气隙中的磁通 Φ，而 Φ 又决定于转子绕组的励磁安匝 wi_B，其中 i_B 表示转子励磁电流，w 表示转子绕组的匝数。当匝数 w 一定时，电势 E 的大小就决定于转子电流 i_B。所以，如果取转子励磁电流 i_B 为横坐标，$E(U)$ 取为纵坐标，即可作出空载特性曲线 $E=U=f(i_B)$ 来。

空载特性曲线不仅表示了电势 E（或 U）和励磁电流 i_B 的关系，同时也表示了气隙磁通 Φ 和 i_B 的关系。

空载特性曲线也可以用标么值来表示。此时我们选定额定电压 U_N 为电势的基准值，选 i_{B0} 为励磁电流的基准值，这里的 i_{B0} 是发电机在空载时 $E_0=U_N$ 的励磁电流。这样所给出的曲线，不论电机容量的大小和电压的高低都是极近似的，因此可以用来鉴别电机设计和制造的合理性。

空载特性是电机最基本的特性之一，根据它，再配合短路特性，可求出电机的电压变化率 $\Delta U\%$、纵轴同步电抗 x_d、短路比 k_c 和负载特性等。在求取此特性的同时，还可以检查电机三相电压的对称性和对有匝间绝缘的定子绕组进行匝间绝缘试验。

17.2.1　试验接线

试验接线如图 17.2 所示。所用表计和分流器的准确级应在 0.5 级以上。电机的转速可用携带式转速表或可在低电压下正常工作的频率表（如数字频率计）测量，也可以通过测永磁机的电压来反映频率。

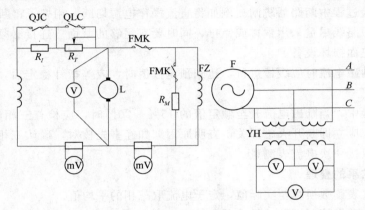

图 17.2　空载特性试验接线图

17.2.2　试验步骤

（1）将电压自动调整装置置于手动位置，强励、强减装置退出工作。将差动、过流及接地保护投入工作。

（2）起动机组，且保持以额定转速运转。

（3）电机在空载下，合上灭磁开关，慢慢调节励磁电流，升压至 $50\%U_N$ 附近，用相序表测量各二次电压回路的相序，用 3 只电压表检查三相电压是否平衡，并巡视发电机及其母线设备是否有异常，同时注意机组的振动、轴承温度和励磁机电刷的工作情况是否正常。如无问题，则继续升压至额定值（若用磁场变阻器调压，则可在其上作空载位置记号）。在定子电压为额定值时，测量电机的轴电压。

（4）慢慢降低电压至零。每降低额定电压值的 $10\%\sim15\%$ 记录一次各表计的读数。

（5）逐渐升高电压至额定值，与降压时一样，每升高额定电压值的 $10\%\sim15\%$，记录各表计读数一次，在额定电压值附近可适当多测几点。

（6）继续增加励磁电流至额定值，此时的定子电压将超过额定值（约为 $1.2U_N$ 左右），记下此时的电流、电压值，并测量电机的轴电压。

如果定子绕组为圈式线圈，有匝间绝缘，则在此最高定子电压下，试验时间持续 5min（相当于过去进行的 1.3 倍额定电压下的层间耐压试验）。

（7）减少励磁电流，降低定子电压。当电压降至近于零时，再切断灭磁开关。在继续保持电机为额定转速的情况下，直接在定子绕组的出线端测量定子绕组的残余电压值。

17.2.3　注意事项

（1）在录取上升和下降曲线时，励磁电流只能向一个方向调节，不得中途反向，否则由于磁滞的作用将影响试验的结果。

（2）三相电压应尽量使用同一型号的电压表进行测量（当确认各相电压差值很小时，

试验可用一只电压表，测一个相间电压），当励磁电流调至某一数值、表计指示稳定后，各表应同时读数。

（3）测定子绕组残压时，灭磁开关应在断开位置，测量人员要戴绝缘手套利用绝缘棒进行测量，使用的仪表应是多量程的交流电压表。

（4）试验过程中，应派人在发电机附近监视，如操作处离电机较远，应设电话互相联系。

（5）试验过程中发现异常现象，应立即跳开灭磁开关，停止试验，查明原因。

17.2.4　试验结果整理

（1）将各仪表读数换算成实际值，定子电压若读取的是三相值，则取其平均值。

（2）试验过程中，若转速不是额定值，则所测电压应按式（17.1）换算成额定转速时的数值。

$$U=U_c\frac{n_e}{n_c}或 U=U_c\frac{f_e}{f_c} \tag{17.1}$$

式中　n_c、f_c——转速及频率的实测值；

$\qquad n_e$、f_e——转速及频率的额定值。

（3）根据整理的数据，在直角坐标上绘制空载特性曲线。由于铁芯磁滞现象的影响，电压上升和下降时测得的曲线是不重合的，通常取其平均值，绘制曲线，即为电机的空载特性曲线。

（4）将空载特性曲线的直线部分（非饱和部分）延长，作直线型的空载特性曲线（也称为气隙线）。

（5）确定额定电压下的励磁电流 i_{B0}，即作一条 $U=U_N$ 横坐标平行的直线，与空载特性相交，由交点所确定的励磁电流即为 i_{B0}。

表 17.1～表 7.3 和图 17.3 给出了一台 $P_N=75000\text{kW}$，$U_N=13800\text{V}$，$I_N=3690\text{A}$，$n=136.4\text{r/min}$ 水轮发电机的空载特性、短路特性以及励磁机负荷特性的实测数据，可供参考。

表 17.1　75000kW 发电机空载特性及励磁机负荷特性试验数据（电压上升时）

项　　目		序　　号												
		1	2	3	4	5	6	7	8	9	10	11	12	13
定子电压 /V	实测值换算至 50Hz 时	1520	3500	5100	5500	6900	8300	9650	11000	12600	13900	15400	16800	17900
		1520	3510	5100	5480	6890	8280	9630	10990	12620	13900	14900	16230	17300
转子电流/A		60	140	200	220	278	340	410	484	584	682	784	982	1264
励磁机电压/V		13.8	42	49.8	54	66	79.2	93	108	128.4	148.8	171	214.8	278.4
励磁机励磁电流/A		0.08	4.87	5.34	5.65	6.94	8.37	9.69	11.19	13.65	17.15	19.15	26.75	38.25
永磁机电压/V		118	117.9	118	118.3	118.1	118.2	118.2	118.1	117.9	118	122	122.1	122
轴电压/V		0.02	0.05	0.09	0.095	0.11	0.115	0.145	0.235	0.41	0.43	0.35	0.18	0.16

注　1. 当转速为额定值时，永磁机的电压为 118V。

　　2. 做本试验时，机组进行了 $1.3U_N$ 层间耐压试验。为了不使转子电流超过额定值太多，采用了提升转速的办法来升高电压。

表 17.2　　　　75000kW 发电机空载特性及励磁机负荷特性试验数据（电压下降时）

项　　目		序　号									
		1	2	3	4	5	6	7	8	9	10
定子电压 /V	实测值换算	16800	1520	13100	12400	11000	9600	8140	6900	4700	2060
	至 50Hz 时	16280	15290	13160	12420	11050	9630	8140	6900	4710	2063
转子电流/A		980	836	620	572	490	416	342	294	190	74
励磁机电压/V		216.6	186.9	137.4	127.8	109.8	93	78	66	44.4	16.5
励磁机励磁电流/A		24.2	21.35	13.3	12.3	11.31	8.55	7.12	5.92	3.67	0.67
永磁机电压/V		122	117.3	117.5	117.9	117.5	117.8	118	118	117.8	117.8
轴电流/V		0.2	0.3	0.43	0.40	0.26	0.14	0.095	0.08	0.057	0.018

表 17.3　　　　　　　　75000kW 发电机短路特性试验数据

转子电流/A	0	250	300	350	450	500
定子电流/A	0	1800	2155	2520	3230	3650

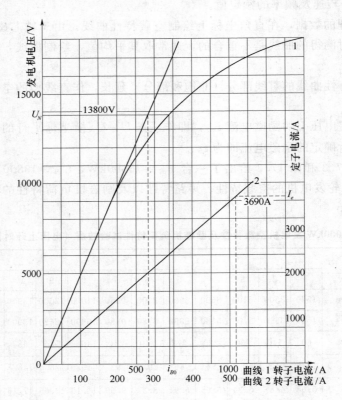

图 17.3　发电机空载特性及短路特性曲线图
1—空载特性；2—短路特性

第18章 发电机单相接地电容电流的测量

18.1 发电机单相接地的电容电流

我国大中型发电机的额定电压均在 20kV 以下，其绝缘是按线电压考虑的，故一般均采用中性点绝缘或经消弧线圈接地的运行方式。

在中性点不接地的系统中，一相接地所以会产生电弧，是因为故障点有电容电流流过。其电流的分布如图 18.1 所示。其电流和电压的相量如图 18.2 所示。图中 C_1、C_2、C_3 为每相导线（或绕组）对地电容。当第 3 相发生接地故障时，该相对地电位为零，而第 1、2 两相的电位将由相电压值升高到线电压值，流过 C_1 及 C_2 的电流 $\dot{I}_1$ 和 $\dot{I}_2$ 将分别超前于 $\dot{U}_{13}$ 及 $\dot{U}_{23}$ $90°$，它们的绝对值为

$$|I_1| = |I_2| = \omega C_1 U_{13} = \sqrt{3}\,\omega C_1 U_x$$

式中 U_x——相电压。

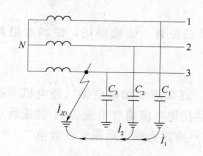

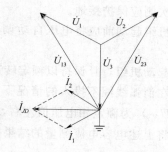

图 18.1　在中性点不接地的系统中，　　　图 18.2　单相接地时的相量图
　　　　当一相接地时的电流分布图

由于 $\dot{U}_{13}$ 及 $\dot{U}_{23}$ 之间的夹角为 $60°$，所以 $\dot{I}_1$ 与 $\dot{I}_2$ 之间的夹角也为 $60°$，$\dot{I}_1$ 和 $\dot{I}_2$ 都是经过接地点形成回路的，所以流过接地点的电流 $\dot{I}_{JD}$ 等于 $\dot{I}_1$ 和 $\dot{I}_2$ 的相量和，其幅值为

$$I_{JD} = \sqrt{3}\,|I_1| = 3\omega C_1 U_x \tag{18.1}$$

而全 $\dot{I}_{JD}$ 与 $\dot{U}_3$ 之间的相角为 $90°$。

当发电机发生一相接地故障时，接地的电容电流要通过定子铁芯形成回路，若电流较大（如 5A），将可能使故障点的铁芯受到损坏，造成检修的困难。

18.2 发电机单相接地电容电流的测量

在电机没有安装完毕之前，电容电流只能根据计算确定，无法进行实测。而计算往往

是有误差的。因此，在电机投入运行之后，应该实测电机在单相接地情况下接地电容电流的大小，并根据实测的结果选择合适的消弧线圈抽头。

18.2.1　试验接线

试验接线如图 18.3 所示。发电机 B 相出口接地。消弧线圈经开关 K 接发电机的中性点。在接地相及消弧线圈的接地线中，经电流互感器各接电流表一只，A、C 相间（非接地相）经电压互感器接电压表一只。

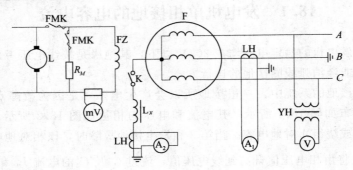

图 18.3　发电机单相接地电容电流的测量

18.2.2　试验步骤及数据处理

（1）按接线图接好试验接线，接地相的地线及电流互感器的一次线应连接牢固，电流互感器二次侧应保护接地。

（2）机组起动前应将电压自动调整装置置手动位置，强励停用，磁场变阻器置最大位置。

（3）起动机组，且保持以额定转速运转。

（4）在消弧线圈不投入的情况下（K 打开），逐渐增加励磁电流，使电机非接地相间的电压（U_{AC}）为额定相电压值左右，记下此时的接地电流值（电流表 A_1 的读数）。

（5）将上述电容电流测量的结果按式（18.2）换算为额定电压下的数值

$$I_c = \frac{U_N}{U'} I'_c \tag{18.2}$$

式中　U'——试验时实际所加的电压，V；

I'_c——试验时实测的电容电流，A；

I_c——对应于额定电压 U_e 的电容电流，A。

由实测的电容电流 I'_c 即可根据式（18.3）求出发电机一相绕组对地的电容值

$$C_f = \frac{I'_c}{\sqrt{3}\omega U} \tag{18.3}$$

式中　U——试验时，非接地两相间的电压。

在试验中，所以不直接升压至额定值，主要是考虑在全电压下，电容电流将要超过 5A，这样做比较安全。同时，电机的电容电流与施加的电压基本上呈线性关系，经过换算也不会带来很大的误差。

（6）根据换算得到的电容电流，按照欠补偿的原则，选择合适的消弧线圈抽头。

（7）在投入消弧线圈（K 合上）的情况下，调励磁电流升电压至额定值，记下经消弧线圈补偿后的接地电流值及流经消弧线圈的电流值（电流表 A_2 的读数）。

（8）降励磁，停机，拆除试验接线。

【例 18.1】　某水轮发电机，$P_N = 225000\text{kW}$，$U_N = 15750\text{V}$，选用一台容量为 120kVA 的消弧线圈，该消弧线圈共有 5 个分接头，各分接头的电流为：① 6.25A；② 7.43A；③ 8.83A；④ 10.5A；⑤ 12.5A。如果消弧线圈按欠补偿的方式运行，应该放在哪一个分接头上？

解：按照前面所述的试验方法，在消弧线圈未投入，当发电机线电压为 8250V 时，测得接地电容电流为 5.92A。换算至额定电压时的接地电容电流，得

$$I_C = \frac{15750}{8250} \times 5.92 = 11.3(\text{A})$$

按欠补偿方式，消弧线圈选第 4 个分接头，电感电流 $I_L = 10.5\text{A}$，此时的脱谐度为

$$V = 1 - \frac{I_L}{I_C} = 1 - \frac{10.5}{11.3} = 1 - 0.93 = 0.07 = 7\%$$

第7篇　水轮发电机监测、控制与保护

第19章　水轮发电机的监测

　　水轮发电机组的运行状态直接影响着机组的安全和机组的寿命，尤其大容量机组更显突出。通过对表征机组运行状态的参量实行监测，以便运行人员及时了解其机组的运行状况，及时发现事故隐患，以采取必要的措施，从而减少事故的发生或避免事故扩大，保证机组安全经济运行；通过对机组运行状态的监测，还可为制订检修计划和方案提供参考依据。

19.1　水轮发电机的电气量监测

　　发电机的额定功率是按照其绕组允许温度、额定电压、额定频率和额定功率因数等运行条件设计的。在实际运行中，各种电气量和非电气量经常变化，当其中某些电气量或温度变化时，运行人员或计算机监控系统将进行相应的调整或控制，使发电机运行在规定范围内，从而使发电机既能发挥最大效益，又能安全运行。

　　水轮发电机运行中主要监视的电气量有电压、电流、频率、功率和功率因数。水轮发电机的电压、电流、频率、功率和功率因数经过相应的电量变送器转换成标准的 $4\sim20\text{mA}$ 或 $0\sim10\text{V}$ 的微电气量，通过电缆传送到数据采集系统及监控计算机中，以实现有效的监测和控制。

　　发电机正常运行时的端电压，允许在规定的范围内变动，若超出此范围，其输出功率将受到限制。正常运行时的电流不应超过其额定电流。事故过负荷时允许在一定范围内短时间运行。正常运行时的有功功率不应超过其额定功率，如电压和电流都在允许范围内其有功功率也不会超过允许值。无功功率最大不应超过其额定功率的80％。发电机正常运行时，其频率允许在额定值的 $\pm0.2\text{Hz}$ 范围内变动，这时发电机的额定输出功率不变；若发电机的频率变动超过 $\pm0.5\text{Hz}$，其输出功率应适当减小。

　　一般发电机的额定功率因数为 $0.8\sim0.9$（滞后），当发电机的功率因数从额定值到1.0的范围内变动时，可以保持输出的额定功率不变。但当发电机的功率因数从额定值到零的范围内变动时，它的输出功率将相应降低。

19.2　水轮发电机非电气量的监测

19.2.1　转速监测

　　转速是水轮发电机组运行状况的重要标志之一。运行中应准确地测量机组的转速并根据转速的变化及时地进行各种必要的控制和操作，以确保水轮发电机组运行于额定转速。

为了保证检测的准确性，水轮发电机转速的检测采取两种方式：一种是采用机械转速继电器；另一种是采用电气转速继电器，当两种继电器都反映转速升高时，才能确认其转速升高。常用的机械转速继电器是在机组大轴上装设霍尔传感器，通过检测霍尔传感器发出的脉冲来监测机组转速，另外也有通过齿盘、离心式飞摆等方式实现机组机械转速测量的。电气转速是通过检测发电机发出交流电的频率或检测永磁发电机发出的交流电压的频率或幅值，从而计算出发电机的转速。当大中型水轮发电机出现事故甩负荷时，如果其转速超过额定转速的 115%，若调速器不能自动迅速将转速降到额定转速或调速器失灵时，事故配压阀动作迅速停机，同时关闭压力钢管的主阀或快速闸门，以防发电机过速造成零部件的损坏。

19.2.2 温度监测

各部温度测量是发电机最基本的监测项目，在机组运行时需要对机组定子铁芯、绕组、推力轴承、上导轴承、下导轴承、水导轴承、冷却油槽、发电机空冷器、变压器、封闭母线、室内隔离开关、厂房室温等各测点进行温度监测。

转子温度在线监测系统已在国内部分电站采用。一种是在发电机定子通风孔内安装高速、高精度的红外测温传感器作为敏感元件，采用专门的高速采集装置，在发电机运行情况下实时监测发电机转子每个磁极的运行温度，将温度信息传递给上位机，并实现转子温度的报警和预警功能。此系统在水口水电站得到应用。另一种是在转子磁极需测温部位安装特制的符合耐压要求的 Pt100 温度传感器，将测得的运行中的转子磁极温度，通过数据采集仪和无线数据传输模块，发送至装设在上机架上的无线数据传输模块，经工业总线传输至上位机。目前第二种系统在三峡电站右岸电站水轮发电机组上得到应用。

一般温度监测是采用自动温度巡测仪或微机监控系统外接温度变送器实现数据采集的。温度的变化在很大程度上与发电机的运行状态、运行时间和环境有关。当机组运行时，各种温度始终在一个规定的范围内变化，如果将具有代表性负荷状态的数据储存起来，就可与以前的数据进行比较，做出合理的判断。采用计算机数据采集系统可对温度数据进行历史记录、故障储存、异常分析、温度趋势分析等。运行人员可以在事故发生前作某些处理，也可为检修计划的制订提供必要的信息。

对温度的监测、控制及调节的元件和仪表种类很多，但目前应用较多的有电触点压力温度计、电触点双金属温度计、电触点玻璃水银温度计、动圈式指示调节仪、数字温度显示调节仪等。数字式温度监测仪与热电阻或热电偶配合使用，可将 $0 \sim 1600 ℃$ 内各种介质、发电机定子线棒和定子铁芯、轴承等的温度直接用数字显示出来，对可调对象的温度进行自动调节。WDJ—1 型智能温度监测仪，可配用铜热电阻或铂热电阻，也可配热电偶进行温度在线监测。当温度超过允许值时，装置可自动发出警报，提示运行人员进行处理。

19.2.3 气隙监测

19.2.3.1 气隙监测概念

水轮发电机定、转子间的空气间隙称为气隙。气隙是反映机组状态和动态性能的一个非常重要的指标，对水轮发电机组的运行性能有着直接的影响。由于气隙位于机组的定转子之间，又是机械力和电磁力的结合点，机组大多数的毛病都可以在这里查出。此外，如果能把机组的其他动、静态参数同气隙关联起来，就会增强对机组运行状态分析和诊断的准确性。

发电机空气间隙的不均匀是造成电磁不平衡的重要原因，由于气隙的不均匀将直接影响其电气特性和机械性能的稳定，并造成机组振动。还可使发电机输出的电压波形中含有高次谐波分量，造成电网的电磁污染。设计选定的气隙值，在机组安装、试运行以后会发生变化，其原因包括：制造、安装、运行工况以及运行条件等诸多因素和定、转子结构部件受电磁力、离心力、热胀力、结构应力等多种作用力的影响，其中与发电机转子和定子的结构特征有较大关系。运行中的发电机，在不同的运行工况下，气隙会发生不同程度的变化，测量数据表明，即使只有 5% 的气隙不均匀也会在转动部件上引起很大的作用力。这个电磁不平衡力作用于导轴承及轴承座上，使主轴摆度增大，振动噪声加剧，加速导轴承磨损。因此，有必要对发电机的气隙进行实时监测。应用气隙监测系统能通过直角坐标或极坐标形式以及相应的数据表全面反映出定、转子圆度、不同心度，准确测定气隙不均匀度。

19.2.3.2　气隙监测方法

静态气隙参数只能提供机组健康状态的部分信息，而动态气隙却能提供更全面、更真实地反映机组运行状态的信息。动态空气间隙监测技术，就是测量水轮发电机在所有运行状态下，定子和转子之间距离的过程，通过对该距离的动态监测，判断水轮发电机组的运行状态，及早地发现故障或事故隐患，为机组检修提供科学依据。

气隙在线监测是预防机组事故的有效措施，尤其是预防气隙事故的发生。气隙事故是发电机运行中转子与定子发生摩擦碰撞。尽管这种情况发生较少，然而，一旦发生此类事故将造成发电机定子和转子等部件的严重损坏，恢复生产需要较长的时间。因此，发电机运行时气隙在线监测是避免突发气隙事故有效的防范措施，在气隙发生变化时提供足够的预警，以便提前发现设备隐患，防止重大事故的发生。

一般情况下，发电机气隙随时间呈缓慢变化，长期连续监测的必要性不大。可在发电机上安装气隙传感器，按规定周期（建议 1～3 个月）用移动式测量装置检测动态气隙。对发现气隙异常或有气隙故障的发电机应设置永久性监测系统在线监测气隙状态。当气隙小于预定的危险值时发出报警信号，如果需要还可以动作跳闸停机。

目前在市场上供应的气隙监测装置主要有以下两种类型：

(1) 定子和转子两处安装的光纤式气隙监测装置。测量采用光纤三角法，装置分别在定、转子上各装两个传感器，可以精确测量接近 75mm 的气隙。

(2) 定子安装的平板电容式气隙监测装置。测量技术运用气隙的静电电容。平板式电容传感器与发电机的磁极构成一个电容器，两者分别等效为电容的一个极板，而极板间的电容大小与极板之间的距离有关。利用此原理检测传感器到磁极表面距离，即为空气间隙。该装置提供的传感器可精确测量接近 20～50mm（最大），精度优于气隙的 ±1% 左右。装置的设置允许有 12 个定子安装式的传感器。

上述两种类型气隙监测装置经电站使用比较后，电容气隙监测装置简便，也能满足要求，所以使用广泛。目前国内电站采集用 FQJ 型水轮发电机定子、转子空气间隙监测仪，应用电容测量技术。可输出标准的 4～20mA 模拟信号供计算机采集。

19.2.4　振动和摆度监测

19.2.4.1　水轮发电机组振动概述

在水轮发电机组运行过程中，有很多原因（如电气、机械和水力等因素）都可能造成机组振动过大甚至超标，有时还可能诱发共振而导致某些部件振动加剧，严重时可能危及机组甚至电站的安全。

水轮发电机组的振动是以水轮机为原动力，水的能量是激发或维持机组振动的最根本能源。发电机是将水轮机的机械能转换为电能的装置，在转换过程中，由于某些方面如设计、加工、安装或参数配合不当也会引起发电机的电磁振动。

水轮发电机组可以分成两大部分：转动部分和固定、支持部分。它们中任何一个部件存在机械缺陷时都可能引起机组的振动。因此，一般来说水轮发电机组有四大振动部件：上机架、下机架、顶盖、转动部分；异常情况下还有其他振动部件，如定子铁芯等。

水轮发电机在运行中的振动波形为某一固定的正弦波，当出现故障时，其主要表现为振动幅值的增加。因此，振动幅值是表征水轮发电机运行的重要参数。此外，振动中还含有相位和频率的信息，能够反映出机组的故障状态，因此，振动监测也就越来越显得重要。

19.2.4.2　振动监测方法

机组的动态力是无法直接测量的，但是它将作用于机组的支撑构件上，动态力使其发生变形。因此，振动监测是利用振动传感器将机组内部的动态性能变化通过振动信号进行检测。

一个完整的振动测量系统应包括：相对轴的振动和轴承的绝对振动。对于轴承振动的测点应尽可能靠近轴承或传力部件的位置。测量应该沿刚度的主轴方向和沿大轴中心的径向。如果有些部件向基础传力，则传感器的最佳位置应仔细考虑。振动测量中大多数是采用加速度计和速度探头，在选择传感器类型时应考虑不同传感器的特性（如传感器的谐振频率等）。

大轴振动测量一般用接近式传感器，两个传感器轴向应装在同一平面上，在径向位置彼此应相差 90°。传感器输出的信号通过电缆送至数据采集系统，进行汇总分析。

19.2.4.3　摆度监测

对机组摆度监测的技术要求与振动相似，其特点是监测对象为水轮发电机大轴，位移量程比振动大。摆度测量多采用电涡流式位移传感器，同时电涡流传感器比较适应于水电厂环境，运行稳定，测量准确，目前被普遍采用。

19.2.5　局部放电监测

19.2.5.1　局部放电概念

由于电、热、机械和环境应力作用，发电机绝缘结构逐渐发生老化，这些应力的联合作用会使绕组产生松动、绝缘分层，甚至在绕组端部产生导电路径，由于绝缘结构的电气和机械强度的下降，往往导致绝缘故障。对高压绕组来说，局部放电现象是绕组绝缘老化的一个症状，也可为发电机检修提供依据。

当绝缘层内部或绝缘层与股线之间形成气隙时，发电机绝缘的整体性被破坏。在绝缘层存在缺陷时，随着电压升高和电场强度的增加，存在气隙部位将产生不同程度的放电现象（大约 2kV，气体被击穿），这种微细的放电现象对绝缘是十分有害的。通过对局部放电的检测能了解发电机的绝缘状况。

为了判断绕组的状况，目前，在一些国家已经采用 TEAM 参数法进行对绕组的考核。TEAM 含义如下：

　　T——温度（可高达 140℃）；

　　E——电场强度（平均为 1.3kV/mm）；

　　A——周围环境影响（如湿度）；

　　M——机械强度（应力）。

这 4 个因素都将导致绝缘系统在运行中的老化。目前已有多种方法能对局部放电进行检测，如采用声、光、电和化学原理制成的各种检测装置。

19.2.5.2　局部放电的在线监测

发电机的局部放电在线测量，在这种检测方式下，由于发电机运行过程中强电场或磁场可能会对检测传感器和电缆产生一定的干扰，这种干扰信号幅值有时会比所研究的局部放电信号大许多倍，而且常常在频率范围上重叠。因此，消除干扰对在线局部放电测量是至关重要的。

在线测量目前都采用局部放电在线分析仪（PDA）。该分析仪用来检测从常设耦合器传来的 PD 脉冲的极性、数量和幅值。采用 RS232 接口与 PC 机连接，通过微机进行操作和控制。能够测量、显示和打印，并有强大的报表生成和趋势、难点分析等功能。

局部放电在线监测系统是在多年局部放电测量经验的基础上研制而成的。系统主要由数据采集单元（DAU）、控制系统（PC 机）和本地网及远程计算机三部分组成。目前应用较为成熟的产品为加拿大 IRIS 公司生产的 Hydro Trace 水轮发电机局部放电在线监测系统。

本　章　小　结

水轮发电机的状态监测是水轮发电机运行的一项重要内容，反映发电机运行状态的参量可分为电气量和非电气量。本章介绍了水轮发电机主要的电气量和非电气量的监测内容和监测方法。

思　考　题　与　习　题

19.1　水轮发电机运行时需要监测的电气量和非电气量有哪些？

19.2　转速监测有哪两种方法？

19.3　水轮发电机运行时需要监测哪些部位的温度？

19.4　为什么要对水轮发电机进行气隙监测？

19.5　气隙不均匀对发电机有什么影响和危害？

19.6　造成水轮发电机振动的主要因素有哪些？

19.7　水轮发电机为什么会出现局部放电现象？

第 20 章　水轮发电机控制

在现代电力系统中，发电机组大多数是并联于电网运行的，不仅要求机组本身性能好、运行可靠，而且还要求在各机组间合理地分配电网中的有功和无功负荷，以实现整个电网的经济运行。这些要求集中地反映在发电机组调速和调压及保护等方面。

20.1　转速与有功控制

发电机转速与有功功率的调节主要取决于原动机的调速系统。在发电机并入电网之前，调速系统只能调节发电机的转速，当机组并入电网之后，调速系统主要用来调整发电机的有功功率。在调节有功功率的同时，可在一定程度上改变电力系统的频率。

为了保证发电机组并联运行的稳定性，调速器应具有向下倾斜的有差特性，调速特性的离散度（实际的调速特性和线性特性之差）应尽可能小，并能根据电网经济运行的需要通过改变调速系统的给定值（转速或者功率）转移或者承担电网所分配给的功率。

当电力系统发生频率波动时，水轮发电机调速器的自动控制作用和负荷的频率调节效应是同时进行的。由于发电机调速器是按照偏差负反馈原理工作的，所以具有正的、向下倾斜的调差特性。因此，当电力系统频率下降时，同步发电机输出功率将增加，此时，发电机调差系数越小，发电机组所分担的变动负荷越大，反之亦然。另外，负荷自身的频率调节效应具有正的调节效果，即当电力系统频率下降时，负荷所吸收的功率也相应减少。这一特点有助于在电力系统频率变动时功率重新取得平衡。因为当系统负荷突然增大时，发电机组输出功率因调节系统的时延而不能及时跟上，电力系统频率必然下降，而负荷吸收功率的减少，显然有助于系统功率的平衡。

20.2　电压与无功控制

在发电机并入电网之前，调压系统只能调节发电机的端电压。当发电机并入电网后，调压系统主要用来调整发电机的无功功率，在调节无功功率的同时，也能在一定程度上改变电力系统的电压。

电压质量对电力系统本身也有影响。电压降低时，会使电网中的有功功率损耗和能量损耗增加，过低还会危及电力系统运行的稳定性；而电压过高，各种电气设备的绝缘都会受到威胁，在超高压输电线路中还将增加电晕损耗。用电设备只有在额定电压下工作，对其效率和寿命才是十分有利的。另外，对电力系统来讲，电压及无功功率的控制对其本身设备的正常运行、减少线路损耗及维护系统稳定都具有重要意义。

产生无功功率一般不消耗能源，但在传输过程中将产生有功功率损耗，电力系统根据用户总的无功负荷需要并考虑电网中的无功消耗情况后，分配各电厂的无功负荷。水电厂机组间分配无功负荷有不同的方式，如某些机组只承担无功负荷（称为调相），其他机组承担有功负荷（不承担无功负荷或按额定功率因数运行）。但在一般情况下，只要设备技术条件允许，都采用运行机组共同承担有功和无功负荷的方式。

改变调压系统的电压给定值就可调节发电机承担电网中无功功率的大小。这也是维持电网电压恒定的主要措施。调压是通过调节发电机励磁绕组的励磁电流来实现的。为了保证电网的稳定性，调压特性也应该是向下倾斜的有差特性，调压特性的离散度也要尽可能小。为了克服短期的故障失压，调压系统还应该有足够大的强励能力和响应速度。为此，人们用反馈控制和复合控制原理来设计励磁调节器。

调节系统无功功率的方法很多，在发电机侧，可通过控制发电机的励磁调节无功功率。通常发电机发出无功功率，采取滞后运行（功率因数滞后）方式，但在负荷减轻，电压升高时，减少励磁电流，从系统吸收无功功率，发电机进入进相运行（功率因数超前）状态。几乎所有的发电机都安装有自动励磁调节装置或者是自动功率因数调节器，自动地控制励磁电流，保持电压和功率因数一定。一般大型发电机用自动励磁调节装置保持电压稳定运行，小容量的发电机，端电压受系统电压所左右，电压不能保持一定，所以多采用自动功率因数调节器保持功率因数恒定方式运行。

功率三角关系如图 20.1 所示。其中 S 为发电机的视在功率；P 为发电机的有功功率；Q 为发电机的无功功率。同步发电机在额定有功功率 P 条件下运行时，所能发出的最大无功功率 Q 与发电机额定功率因数有关，若保持有功功率不变提高功率因数运行，无功容量 Q 减少到 Q'，而有功功率 P 由于受原动机出力的限制不能多发；若视在功率 S 不变，如果降低功率因数运行，有功功率 P 减少到 P'，无功功率 Q 的输出可以增加至 Q''，这是不宜采取的方法。但是无功功率 Q 的增加应以励磁电流不超过额定值作为限制条件，因此视在功率 S 可能低于额定出力。

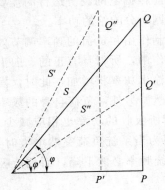

图 20.1 功率三角关系

如果距离发电机的用户很远，发电厂对用户端电压影响较小，用发电机供给无功功率是不经济的，因为无功功率通过电网输送时，导致线路损耗增大。离用户较近的大容量发电厂一方面要协助维持系统的额定电压；另一方面还要维持附近变电所的二次侧的目标电压，所以，要在能满足上述运行目标的电压下进行规定电压的运行。

还需要指出的是，电压和无功负荷分配控制不仅是一个电压品质和无功负荷在机组间的合理分配问题，而且还与电力系统的稳定性有关。电力系统中的水电厂，大都是远距离输电给用户的一个电源点，通过励磁系统的最优控制提高系统的稳定性常常是关系到系统全局的安全性及动态可靠性的重要问题。

20.3 并列与保护控制

根据发电机运行操作程序，为在故障状态下保证发电机和电力系统的安全，还需要配备相应的自动操作和保护装置。

20.3.1　并列控制

大中型发电机组采用自动同步装置（准同步或自同步）来保证机组在正常或紧急状态下能迅速起动并投入电网运行。为了实现发电机组的自动准同期或手动准同期并列，必须要有用于同期操作的自动装置、显示仪表和元件，如自动同步装置、同期仪表、同期检查继电器等。自动准同步装置是实现自动准同期并列的控制设备。目前自动准同期装置已广泛采用微机控制的数字式自动准同期装置。

水轮发电机组有时需要工作在调相运行状态或抽水蓄能的水泵状态，有时又要工作在发电机状态，因此机组应该有相应的控制装置，以保证这些运行状态的自动切换。在故障状态下，应能迅速地从并联电网中解列出来，甚至在必要时停机。

20.3.2　保护控制

20.3.2.1　保护装置的作用

除并网控制装置外，通常还设有发电机内部故障和外部故障的保护装置。当发电机处于异常运行状态时，由保护装置发出相应报警信号或自动跳闸，以消除异常运行状态，这类装置称为继电保护装置。目前的保护装置其核心部件已采用微型计算机，即微机保护装置。

20.3.2.2　发电机保护

发电机的故障类型主要有：定子绕组相间短路；定子绕组同一相的匝间短路；定子绕组单相接地；转子绕组一点接地或两点接地；部分转子绕组匝间短路；发电机失磁。

发电机的不正常运行状态主要有：由于外部短路引起的定子绕组过电流；由于负荷超过发电机额定容量而引起的三相对称过负荷；由外部不对称短路或不对称负荷（如单相负荷、非全相运行等）而引起的发电机负序过电流和过负荷；由于突然甩负荷而引起的定子绕组过电压；由于励磁回路故障或强励时间过长而引起的转子绕组过负荷等。

发电机定子绕组或输出端部发生相间短路故障或相间接地短路故障，将产生很大的短路电流，大电流产生的热、电动力或电弧可能烧坏发电机线圈、定子铁芯及破坏发电机结构。

转子绕组两点接地或匝间短路，将破坏气隙磁场的均匀性，引起发电机剧烈振动而损坏发电机；另外，还可能烧伤转子及损坏其他励磁装置。

发电机异常运行也很危险。发电机过电压、过电流及过励磁运行可能损坏定子绕组；大型发电机失磁运行除对发电机不利之外，还可能破坏电力系统的稳定性。其他异常工况下，长期运行也会危及发电机的安全。

针对上述故障类型及不正常运行状态，发电机应装设以下继电保护装置：

（1）对 1000kW 以上发电机的定子绕组及其引出线的相间短路，应装设纵联差动保护。

（2）对直接接于母线的发电机定子绕组单相接地故障，当发电机电压网络的接地电容电流大于或等于 5A 时（不考虑消弧线圈的补偿作用），应装设动作于跳闸的零序电流保护；当接地电容电流小于 5A 时，则装设作用于信号的接地保护。

对于发电机变压器组，一般在发电机侧装设作用于信号的接地保护，当发电机侧接地电容电流大于 5A 时，应装设消弧线圈。

容量在 100MW 及以上的发电机，应尽量装设保护范围不少于 95％的接地保护。

（3）对于发电机定子绕组的匝间短路，当绕组接成星形且每相中有引出的并联支路时，应装设横联差动保护。

当发电机同一相定子绕组只有一个支路时，防止匝间短路保护的接线比较复杂且可靠性不高。而且在一般情况下，匝间短路总是伴随着单相接地故障，因此，就不考虑装设匝间短路的保护，而由接地保护动作报警或切除故障。

（4）对于发电机外部短路引起的过电流，应采用下列保护方式：

1）负序过电流及单相式低电压起动过电流保护，一般用于 5 万 kW 及以上的发电机。

2）复合电压（负序电压及线电压）起动的过电流保护。

3）过电流保护，用于 1000kW 以下的小发电机。

（5）对于由不对称负荷或外部不对称短路而引起的负序过电流，一般在 5 万 kW 及以上的发电机上装设负序电流保护。

（6）对于由对称负荷引起的发电机定子绕组过电流，应装设接于一相电流的过负荷保护。

（7）对于水轮发电机定子绕组过电压，应装设带延时的过电压保护。

（8）对于发电机励磁回路的接地故障，一般装设一点接地保护，小容量机组可采用定期检测装置。

（9）对于发电机失磁的故障，在发电机不允许失磁运行时，应在自动灭磁开关断开时连锁断开发电机的断路器；对采用半导体励磁以及 100MW 及以上采用电机励磁的发电机，应增设直接反应发电机失磁时电气参数变化的专用失磁保护。

（10）对于转子回路的过负荷，在 100MW 及以上并采用半导体励磁系统的发电机上，可装设转子过负荷保护。

为了快速消除发电机内部的故障，在保护动作于发电机断路器跳闸的同时，还必须动作于自动灭磁开关，断开发电机励磁回路，以使转子回路电流不会在定子绕组中再感应电势，继续供给短路电流，降低事故所造成的损失。

本 章 小 结

水轮发电机在并网之前的控制主要是频率和电压的控制，频率控制是通过控制机组转速实现的，电压控制是通过调整励磁电流实现的。当水轮发电机并入电网后，其控制的主要任务是有功负荷和无功负荷的调节与分配。

并列操作是水电厂中一项重要且频繁的操作，在水电厂微机监控系统中，并列操作广泛采用微机控制的数字式自动准同期装置完成。除并网控制装置外，水电厂还设有发电机内部故障和外部故障的保护装置。与保护介绍了发电机的故障类型及相应的保护内容。

思 考 题 与 习 题

20.1　水轮发电机转速控制与有功功率调整是通过什么途径实现的？转速调节与有功功率调节有什么关系？

20.2　水轮发电机电压调节与无功功率分配是通过什么途径实现的？电压调节与无功功率调节有什么关系？

20.3　水轮发电机为什么要装设保护装置？

20.4　水轮发电机保护内容可分成哪两类？

第8篇 水轮发电机增容改造

第21章 水轮发电机的增容改造

对于运行多年的水电站，要使其更好地发挥作用和提高其出力，特别是在丰水年的汛期，为了减少水库的溢流，同时增加调频调峰能力，对其原有的机组进行增容改造，使其充分发挥现有的潜力，是非常必要的。

21.1 增容改造目标和改造原则

21.1.1 改造目标

水电站机组通常从以下3个方面作为增容改造目标。

1. 扩大电站发电能力或达到原设计水平

水电站经常会出现水力资源富裕的现象，在这种情况下，通过对机组的适当增容改造，增加发电机的容量，从而提高电站的发电能力。也有少数电站，由于某种原因，机组投运后没有达到电站原设计的发电能力。因此，可通过对机组的技术改造，增加机组的出力，使之达到电站原设计水平。

2. 提高机组的健康水平

机组经长期运行后，零部件易发生老化，特别对接近或超过服役期的零部件如绕组等，经常会出现故障，降低机组的健康水平。因此，通过技术改造，可提高机组的健康水平和安全可靠性。

3. 提高机组的自动化水平

对于已经运行20年以上的老机组，由于受当时的条件和技术水平的限制，无法达到现代的自动化水平。因此，只有通过技术改造来提高机组自动化水平。

21.1.2 改造原则

1. 方案论证可靠

应在原电站工程和机组设计的基础上，实事求是地做好增容改造方案的论证，进行必要的经济技术比较，力求技术先进、经济合理、方案可靠。

2. 新技术、新材料和新结构应用

增容改造时，应根据原机组的实际状况，尽量采用新技术、新材料和新结构。使机组通过增容改造后，在技术上达到先进水平，并能延长机组的寿命。

3. 控制投资的回收率

在进行增容改造时，应充分考虑投资机组改造费用的回收率，以得到最佳的经济效益。一般投资的回收率最好控制在3～5年之内。

4. 工程应符合有关规程和标准的要求

水电机组的增容改造必须严格执行有关规程和规范。机组改造结束后应按有关规程进行验收，修改有关图纸和规程，并整理归档。

21.2　发电机增容改造的可行性

21.2.1　水轮机增容改造的可行性

水轮发电机增容改造前，首先应对电站和水轮机的水力参数和出力进行可行性分析，能否满足发电机增容改造的需要。如经分析水轮机方面有潜力或通过水轮机适当改造后可以满足发电机增容的要求，在此种情况下，进行发电机的增容改造是有基础的，可以进一步研究发电机增容改造的可行性。

21.2.2　发电机增容改造的可行性

发电机增容改造前，主要考虑定子绕组截面积增加后，原定子线槽能否容纳下；转子绕组的容量是否满足要求；发电机冷却系统能否满足要求；推力轴承承受力能否满足增容后的要求。这些都需要进行周密的电磁、冷却、受力等计算，才能得出结论。

由电机设计的基本原理可导出发电机额定容量 S_N 与定子线负荷 AS、主要尺寸及绝缘厚度等之间的关系如下：

$$AS \approx 2800\sqrt{\tau x'_d}\sqrt{\frac{\lambda_i}{\delta_i}\frac{\delta_i}{\lambda_i}}(\text{A/cm}) \qquad (21.1)$$

$$S_N = KB_\delta D_i^2 l_i n_N \cdot AS$$

$$\approx 0.65 \times 10^6 \sqrt{D_i^5 n_N^3 x'_d l_i}\sqrt{\frac{\lambda_i}{\delta_i}}(\text{kVA}) \qquad (21.2)$$

式中　τ——极距，cm；

$\quad x'_d$——直轴瞬变电抗，p.u；

$\quad \lambda_i$——定子绕组绝缘热传导系数，W/(cm·℃)；

$\quad \delta_i$——定子绕组绝缘单边厚度，cm；

$\quad D_i$——定子铁芯内径，cm；

$\quad l_i$——定子铁芯长度，cm；

$\quad n_N$——发电机额定转速，r/min。

由式（21.2）可知，发电机的额定容量 S_N 不仅与电机的主要尺寸（D_i、l_t）、额定转速和直轴瞬变电抗有关，还与定子绕组绝缘厚度及热传导系数有关。

假定发电机的主要尺寸和额定转速不变，则发电机的额定容量有以下关系：

$$S_N \propto AS \propto \sqrt{x'_d \frac{\lambda_i}{\delta_i}} \qquad (21.3)$$

由式（21.3）可知，增容改造的发电机在不改变其转速和电机主要尺寸的情况下，适当提高定子线负荷 AS 值，改变定子绕组的绝缘等级或厚度及热传导系数。发电机是存在增容的可行性的。

21.3　水轮发电机增容改造的途径

水轮发电机增容改造首先取决于水轮机的性能。如果水轮机转轮性能优良，出力裕量大，这就为发电机的增容改造奠定了良好的基础。其次，就是发电机本身充分发挥其应有的潜力，同样也可以获得增容改造的良好效果。如改造其定转子绕组，可以减少其铜损，降低绕组温升；改造其通风，可以减少通风损耗；这些改造措施都能降低机组的内部损耗，使其出力相应提高。另外，绕组温升降低，对机组运行的安全可靠性也十分有利。

水轮发电机增容改造的途径是多方面的，同时也要根据被增容改造发电机的自身条件来决定。从总体上分析，主要有以下几种途径。

21.3.1　定子部件

从发电机增容改造的可行性分析可知，定子绕组是增容改造的主要部件。定子绕组增容改造的方法主要有以下几种。

1. 改进定子绕组绝缘结构

过去的水轮发电机，其定子绕组多为 A 级绝缘，由于沥青绝缘的传导系数较低，仅为 0.006，在绝缘温升允许范围内，发电机的出力必然受到影响。而现在广泛使用的 B 级、F 级环氧粉云母带绝缘，其热传导系数为 0.0022，较 A 级绝缘高。如果将原有的 A 级绝缘换成 B 级绝缘或 F 级绝缘，那么在绝缘厚度相同的条件下，就可使发电机定子的出力提高约 17%。另外，在相同电压等级条件下，采用 B 级或 F 级环氧粉云母带绝缘，其厚度可比原 A 级绝缘的厚度减薄约 10%～20%。绝缘厚度的减薄有利于绕组散热，即发电机又有了增容发电的余量。同时，由于绝缘厚度减薄，在原有槽形不变的情况下，就可相应的增加绕组铜线截面，降低定子损耗，降低绕组温升，提高机组效率，增大机组输出功率。因此，对发电机定子绕组进行改造，可谓一举多得。这样发电机既能增容多发电，又提高了效率，不仅增强了绝缘等级，还确保了机组的安全可靠运行。

2. 定子绕组采用新换位方式

中型水轮发电机定子绕组普遍采用条式线圈，线棒通常在槽部采用 360°罗贝尔换位方式，以抑制由于槽漏磁引起的股线环流。但随着单机容量的增大，其没有换位的端部由于端部漏磁引起的股线环流的影响就会越来越大。多台水轮发电机的测试表明，在额定工况下，由于股线环流的影响，引起线棒内部股线铜温分布不均。最高与最低铜温之差达 30～40℃，在绕组内存在局部过热点，严重影响绕组的绝缘寿命和发电机的出力。

为了解决上述问题，可采用以下三种股线新换位方式来减少或抑制股线环流。

（1）槽部虚换位。这种换位方式就是在定子槽部设置一段适当长度的空换位，利用槽部的不平衡电势去抵消端部的不平衡电势，即所谓的"以槽补端"，从而达到抑制股线环流的目的。

（2）槽部小于 360°换位。此种换位方式即槽部股线换位电角度小于 360°，又称为"不完全换位"，其理论也是"以槽补端"，但在工艺上却优于虚换位。如果铁芯长度不够，难以生产虚换位线棒，可采用小于 360°换位的股线换位节距。如某水轮发电机带电测试表明：对于 360°换位，股线最大温差为 31.5℃；而对于小于 360°换位，股线最大温差仅为 18.5℃。可见，槽部不完全换位能有效地抑制股线环流。

（3）端部换位。端部换位即线棒股线除在槽部进行 360°换位外，在上、下两端部还各进行适当角度的换位。利用端部的换位来抵消或抑制端部漏磁所产生的股线环流，这就是"以端补端"的原理。

以上 5 种新的换位方式，对于不同的机组，均需进行仔细的分析计算，以确定采用一种适合的新换位方式才能达到最好的抑制环流效果，最终实现发电机增容发电的目的。

3. 更换定子铁芯的改造

对于一些铁芯有损坏的老电机，需要更换铁芯时，应采用高导磁，低损耗硅钢片。为了消除由于定子对缝间隙造成的电磁振动，可采取现场整圆堆叠硅钢片，并适当减少通风沟高度（6～8mm），增加通风沟数，以改善通风冷却条件，也可利用更换硅钢片的机会，重新设计线棒尺寸，适当增加定子槽数，以提高电负荷。定子齿压板及定子绕组端箍宜改为不锈钢制造，以减少附加损耗，降低槽口处铁芯温度。

21.3.2　转子部件

根据国内外水轮发电机增容改造的经验，在发电机增容为 10%～15%时，一般转子部分可不作变动。但转子电流和电压将有所增加，所以有时增容也会受到转子绕组温升的限制，在这种情况下，也要对转子部件做出相应的改造，通常有以下几种方法。

1. 变化功率因数

在允许的情况下，适当改变发电机的功率因数（提高），使其转子电流不超过允许值，以有效地将转子温升控制在规定的范围内。

2. 增加转子绕组散热面积

增加转子绕组的散热面积也是降低转子绕组温升的有效办法。如果转子改造时更换转子绕组，可以将转子绕组改成散热匝结构（图 21.1）。为此，可有效地降低转子绕组温升，为发电机的增容创造了条件。

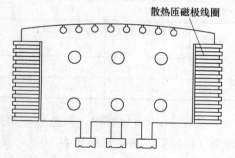

图 21.1　散热匝结构磁极线圈

3. 改变转子绕组匝数和截面积

发电机增容改造常受到转子绕组温升的限制，因为发电机容量增大，势必增大相应的励磁电流。在原绕组铜线截面积不变的情况下，势必增加铜线的电密。如果原有绕组的散热容量没有余量，必然使转子绕组温升超限，从而影响机组运行的安全可靠性。因此，转子绕组的改造也是发电机增容改造中一项很重要的工作。

转子绕组的改造通常是在不影响发电机的通风冷却性能和保证极间最小安全距离的前提下，适当增加转子绕组的铜线截面或绕组的匝数，以降低铜线损耗或减小励磁电流；或采用散热匝结构，使转子绕组的温升控制在安全范围内，以保证机组增容运行的安全可靠。

由电磁设计可知，转子绕组的温升与其电流密度的平方成正比，而转子电流又与转子绕组匝数的 2 倍成反比，即

$$\theta_{\mathrm{Cu2}} \propto b_f J_{\frac{2}{2}} \propto b_f \left(\frac{I_{fN}}{F_{\mathrm{Cu2}}}\right)^2 \tag{21.4}$$

$$I_{fN} \propto \frac{1}{2W_2} \tag{21.5}$$

式中　　θ_{Cu2}——转子绕组温升，K；

　　　　b_f——转子绕组铜线宽，cm；

　　　　J_2——转子绕组电流密度，A/mm^2；

　　　　I_{fN}——转子额定电流，A；

　　　　F_{Cu2}——转子绕组铜线截面积，cm^2；

　　　　W_2——转子绕组匝数。

　　由式（21.4）和式（21.5）可知，在条件允许下适当增加转子绕组匝数和铜线截面积，可以有效地降低转子绕组的温升。

　　有的发电机转子磁极温升超限，主要原因是由于空气间隙过大或通风不好造成的，此时可以采取在磁极背部适当加垫，缩小气隙间隙和改造通风来解决。如太平湾水电厂的 2 号机，改造前试验发现转子磁极温升较高，而且励磁电流超限，实测定子与转子气隙平均为 20.22mm，经电磁参数计算，确定气隙间隙改为 16mm（实际平均 16.13mm）并对通风系统适当改造，以增大转子磁极的进风量。改造前后在提高 10% 额定容量工况下，实测结果见表 21.1。

表 21.1　　　　　　　　　　　太平湾水电厂的 2 号机在改造前后的实测结果

名称	视在功率 /MVA	有功功率 /MW	无功功率 /Mvar	进风温度 /℃	出风温度 /℃	定子电压 /kV	定子电流 /A
改造前	59.7	54.5	26.1	16.16	37	11.66	2956
改造后	59.6	54.0	26.0	14.54	37	11.66	3020

名称	定子绕组温升 /℃	定子铁芯温升 /℃	转子电压 /V	转子电流 /A	转子绕组温升 /℃	功率因数
改造前	44	46.3	388	1225	67.2	0.901
改造后	49.46	46.56	348	1090	54.08	0.901

　　从表 21.1 可以看出，改造后在相同工况下，转子励磁电流下降 135A，转子绕组温升降低 13.12℃，确定机组增容 10%，发电机各部温升都在允许范围内。

21.3.3　改造通风系统

21.3.3.1　改造通风系统

　　我国现在运行的水轮发电机，多数为封闭式空气冷却方式，如图 1.67 所示。发电机运行中的铁损、铜损及其附加、风磨损等发热量，均由在发电机内循环的空气带走，通过冷风器交换给冷却水带走，从而保持发电机在一定温度下的热平衡，此种通风系统风量利用率不高且通风损耗大。因此近年来，在大型水轮发电机上都采用端部回风通风系统，如图 1.69 所示。此种通风系统，冷风直接冷却定子绕组端部，大大提高了冷却效果，风量的利用率高，而通风损耗小。因此，在有条件的情况下，可以将老式的通风系统进行改造，以得到更大的增容效益。

21.3.3.2　优化风路结构

　　有的发电机虽然总风量足够，但由于通风系统结构存在问题，造成风量分配不均，发电机局部温度过高，同样影响发电机的出力。尤其在一些老的发电机中，通风系统经过长期运行后，造成风路不畅，形成旋涡，增加了通风损耗，直接影响发电机的冷却。因此在改造发电机时应重视对风路的优化。具体的优化方案应视不同的电机结构和存在的问题，采用不同的方案。

21.3.3.3　更换冷却器，提高冷却效果

水轮发电机大多数空气冷却器采用绕簧式结构，此种结构由于早期的制造工艺不到位，因此直接影响了冷却器的传热效果。目前采用新工艺，在同样的水速和风速条件下，经测试传热系数增大约 30%。在散热能力上，经测试挤片式空气冷却器大大优于其他形式的冷却器。因此在实施通风系统改造时，特别对运行 8 年以上的冷却器应给予更换。

在改造发电机通风系统时，如果只追求加大冷却风量，虽然可以降低发电机温度，但要增加风磨损失而降低发电机效率。所以在改造发电机前，必须进行发电机通风和温升试验，再根据发电机改造的出力目标，确定通风系统的改造方案。

通过对 20 世纪 80 年代前投入运行的多个电站的通风测试表明，发电机的通风损耗普遍占其额定容量的 0.8% 以上，个别电站甚至高达 1%，而目前比较优良的发电机通风损耗只占其额定容量的 0.4%。因此，改造原有的风路系统，改进通风结构，减少通风损耗，同样可以提高发电机的效率和出力。例如，某机组进行通风改造后，总风量由改造前的 $184\text{m}^3/\text{s}$ 减少为 $122.9\text{m}^3/\text{s}$，相应的通风损耗也由 2400kW 下降为 1013kW，发电机效率提高 0.6%，单机每年可多发电能约 800 万 kW·h，经济效益可观。

21.4　增容改造应注意的问题

1. 电机机械强度

由于机组增容发电，其电磁力矩也相应增加，因此必须校核定转子等主要部件的强度和刚度是否满足增容发电的要求。

2. 推力轴承

由于增容，水推力可能会增加，推力轴承负荷加大，原有推力轴承是否还能安全运行，这个问题必须予以考虑。如果原有推力轴承容量不够，则应采取相应措施提高轴承的承载能力。

3. 冷却器换热容量

发电机增大容量后，在运行过程中其内部发热量也相应增加，因此必须核算原有冷却器是否有足够的容量将增容后的损耗所产生的热量带走。如果原有冷却器容量不够，则应加大冷却器的容量。

21.5　水轮发电机增容改造的实例

【例 21.1】　某水轮发电机通过增容改造，由原 150MVA 增加到 175MVA，增容 25MVA。计算温升：定子由 66℃变为 68℃，转子由 74℃变为 80℃。每年可多发电 2.16 亿 kW·h，经济效益相当可观。

增容改造措施如下：

（1）定子绝缘由原来的 A 级沥青绝缘改为 F 级环氧粉云母带绝缘，减小了绝缘厚度，提高了绝缘等级。

（2）定子股线由原来的 52 根 2.44mm×6.9mm 铜线（总截面为 847mm^2）改为 50 根 2.5mm×7.5mm 铜线（总截面为 910mm^2），增大了铜线截面。

（3）定子绕组由原来的 360°常规换位改为小于 360°的不完全换位，减小了股线环流，降低了股线温差，使股线温度均匀，保证了机组的运行安全可靠。

（4）改造励磁绕组，绕组匝数由原来的 23.5 匝增加为 25 匝；导线截面尺寸由原来的 8.9mm×86mm 改为 8.5mm×88mm，使励磁绕组的温升不超过 F 级绝缘允许值。

【例 21.2】　某水轮发电机通过增容改造，由原来 45MVA 增加到 48MVA，增加 3MVA，效率由 97.37％增加到 97.92％，一年发电即可增加 1050 万元的收益。定子绕组温升由 59K 降到 56.6K；转子绕组温升由 77.2K 降到 64.34K。发电机进行如下改造：

（1）全部更换定子冲片和定子绕组。

（2）重新调整电磁方案，适当降低转子绕组温升，使定转子温升匹配更加合理。

（3）采用高导磁低损耗的优质硅钢片，降低铁芯损耗。

（4）采用整圆叠片，提高铁芯整体刚性，减小定子铁芯的振动。

（5）采用 F 级新绝缘材料，以提高定子线棒的电气性能和导热性能。

【例 21.3】　增加发电机有效冷却风量达到增容。某水轮发电机安装在广东省境内，夏季气温高，冷却水的温度偏高（达 32℃），此时发电机定子温升偏高。同时该地区由于电力紧缺，也希望能增加发电机的出力，为此，对该机组进行增容改造如下。保持原通风系统不变，加大空气冷却器的出风面积（即冷却器尺寸由原来的 1.2m×1.3m 改为 1.4m×1.6m），减小出口风阻增加发电机的风量，发电机的总风量由原来的 39.1m^3/s 增加到 43.4m^3/s，风量增加了 10％，因而使定子绕组的最高温升由原来的 83.6K 下降为 75.6K，降低了 8K，转子绕组平均温升由原来的 61K 下降为 53.6K，下降约 7K。从而可以看出，定转子绕组的温升均比 B 级绝缘的容许温升低，均有较大的裕度，可以增加一定的出力。

【例 21.4】　改变发电机通风系统风量分配，提高发电机额定出力。某水轮发电机改造前经测试：当发电机有功功率为 400kW，功率因数为 0.9 时，定子绕组最高温升仅为 50K，离 B 级绝缘容许温升 90K，温升裕度大，转子绕组的平均温升已达 84.2K，离 B 级绝缘容许温升裕度不大，为此，对该发电机的通风系统进行了改造，即采取减小发电机端部的出风量以提高转子的进风量，从而达到降低转子温升。经测试，改造前，上、下端部出风量为 1.63m^3/s，占总风量的 70％，而中部的出风量为 0.68％，只占总风量的 30％；改造后，发电机上、下端部风量为 1.23m^3/s，占总风量的 60％，中部风量为 0.85m^3/s，占总风量的 40％，改善了发电机通风系统的风量分配，冷却风得到了合理利用，从而降低了转子绕组温升，当机组由 400kVA 增容到 500kVA 时，定子绕组温升为 70.9K，转子绕组温升为 86.5K，仍有一定的温升裕度，从而使机组的增容改造获得了成功。

本 章 小 结

增容改造的目的是进一步挖掘机组的潜力，提高电站经济效益。水轮发电机在进行增容改造时，首先应遵循改造原则，在经过充分的增容改造可行性论证后，确定改造途径。改造结束后，还要进行改造前后的效果比较。本章简要地介绍了水轮发电机增容改造的相关内容，并列举了改造实例。

参 考 文 献

［1］ 韩冬，方红卫，严秉忠，等. 2013 年中国水电发展现状［J］. 水力发电学报，2014，33（5）：
1-5.

［2］ 严秉忠. 中国水电发展规划目标及保障措施［J］. 西北水电，2013（2）：1-3.

［3］ 国家能源局. 水电发展"十三五"规划：2016—2020 年. http：//www.nea.gov.cn

［4］ 陈锡芳. 水轮发电机结构运行监测与维修［M］. 北京：中国水利水电出版社，2008.

［5］ 董毓新. 中国水利百科全书：水力发电分册［M］. 北京：中国水利水电出版社，2004.

［6］ 汤蕴璆. 电机学［M］. 北京：机械工业出版社，2014.

［7］ 曾令全. 电机学［M］. 北京：中国电力出版社，2014.

［8］ 水轮发电机试验［M］. 北京：电力工业出版社，1980.